2014—2015年
中国工业和信息化发展
系列蓝皮书

2014-2015年中国无线电应用与管理
蓝皮书

The Blue Book on the Radio Application and
Management in China（2014-2015）

中国电子信息产业发展研究院　编著

主　编／　樊会文
副主编／　乔　维

U0322598

人民出版社

责任编辑：邵永忠　侯天保
封面设计：佳艺堂
责任校对：吕　飞

图书在版编目（CIP）数据

2014 ～ 2015 年中国无线电应用与管理蓝皮书 / 樊会文　主编；
中国电子信息产业发展研究院　编著 . —北京：人民出版社，2015. 7
ISBN 978-7-01-015000-0

Ⅰ . ① 2… Ⅱ . ①樊… ②中… Ⅲ . ①无线电通信—白皮书—中国—
2014 ～ 2015 Ⅳ . ① TN92

中国版本图书馆 CIP 数据核字（2015）第 141327 号

2014-2015年中国无线电应用与管理蓝皮书
2014-2015NIAN ZHONGGUO WUXIANDIAN YINGYONG YU GUANLI LANPISHU

中国电子信息产业发展研究院　编著
樊会文　主编

人民出版社 出版发行
（100706　北京市东城区隆福寺街 99 号）

北京艺辉印刷有限公司印刷　新华书店经销

2015 年 7 月第 1 版　2015 年 7 月北京第 1 次印刷
开本：710 毫米 ×1000 毫米　1/16　印张：19.5
字数：328 千字

ISBN 978-7-01-015000-0　定价：88.00 元

邮购地址　100706　北京市东城区隆福寺街 99 号
人民东方图书销售中心　电话（010）65250042　65289539

代 序

大力实施中国制造2025 加快向制造强国迈进
——写在《中国工业和信息化发展系列蓝皮书》出版之际

制造业是国民经济的主体，是立国之本、兴国之器、强国之基。打造具有国际竞争力的制造业，是我国提升综合国力、保障国家安全、建设世界强国的必由之路。新中国成立特别是改革开放以来，我国制造业发展取得了长足进步，总体规模位居世界前列，自主创新能力显著增强，结构调整取得积极进展，综合实力和国际地位大幅提升，行业发展已站到新的历史起点上。但也要看到，我国制造业与世界先进水平相比还存在明显差距，提质增效升级的任务紧迫而艰巨。

当前，全球新一轮科技革命和产业变革酝酿新突破，世界制造业发展出现新动向，我国经济发展进入新常态，制造业发展的内在动力、比较优势和外部环境都在发生深刻变化，制造业已经到了由大变强的紧要关口。今后一段时期，必须抓住和用好难得的历史机遇，主动适应经济发展新常态，加快推进制造强国建设，为实现中华民族伟大复兴的中国梦提供坚实基础和强大动力。

2015 年 3 月，国务院审议通过了《中国制造 2025》。这是党中央、国务院着眼国际国内形势变化，立足我国制造业发展实际，做出的一项重大战略部署，其核心是加快推进制造业转型升级、提质增效，实现从制造大国向制造强国转变。我们要认真学习领会，切实抓好贯彻实施工作，在推动制造强国建设的历史进程中做出应有贡献。

一是实施创新驱动，提高国家制造业创新能力。把增强创新能力摆在制造强国建设的核心位置，提高关键环节和重点领域的创新能力，走创新驱动发展道路。加强关键核心技术研发，着力攻克一批对产业竞争力整体提升具有全局性影响、带动性强的关键共性技术。提高创新设计能力，在重点领域开展创新设计示范，推广以绿色、智能、协同为特征的先进设计技术。推进科技成果产业化，不断健全以技术交易市场为核心的技术转移和产业化服务体系，完善科技成果转化协同推进机制。完善国家制造业创新体系，加快建立以创新中心为核心载体、以公共服务平台和工程数据中心为重要支撑的制造业创新网络。

二是发展智能制造，推进数字化网络化智能化。 把智能制造作为制造强国建设的主攻方向，深化信息网络技术应用，推动制造业生产方式、发展模式的深刻变革，走智能融合的发展道路。制定智能制造发展战略，进一步明确推进智能制造的目标、任务和重点。发展智能制造装备和产品，研发高档数控机床等智能制造装备和生产线，突破新型传感器等智能核心装置。推进制造过程智能化，建设重点领域智能工厂、数字化车间，实现智能管控。推动互联网在制造业领域的深化应用，加快工业互联网建设，发展基于互联网的新型制造模式，开展物联网技术研发和应用示范。

三是实施强基工程，夯实制造业基础能力。 把强化基础作为制造强国建设的关键环节，着力解决一批重大关键技术和产品缺失问题，推动工业基础迈上新台阶。统筹推进"四基"发展，完善重点行业"四基"发展方向和实施路线图，制定工业强基专项规划和"四基"发展指导目录。加强"四基"创新能力建设，建立国家工业基础数据库，引导产业投资基金和创业投资基金投向"四基"领域重点项目。推动整机企业和"四基"企业协同发展，重点在数控机床、轨道交通装备、发电设备等领域，引导整机企业和"四基"企业、高校、科研院所产需对接，形成以市场促产业的新模式。

四是坚持以质取胜，推动质量品牌全面升级。 把质量作为制造强国建设的生命线，全面夯实产品质量基础，提升企业品牌价值和"中国制造"整体形象，走以质取胜的发展道路。实施工业产品质量提升行动计划，支持企业以加强可靠性设计、试验及验证技术开发与应用，提升产品质量。推进制造业品牌建设，引导企业增强以质量和信誉为核心的品牌意识，树立品牌消费理念，提升品牌附加值和软实力，加大中国品牌宣传推广力度，树立中国制造品牌良好形象。

五是推行绿色制造，促进制造业低碳循环发展。 把可持续发展作为制造强国建设的重要着力点，全面推行绿色发展、循环发展、低碳发展，走生态文明的发展道路。加快制造业绿色改造升级，全面推进钢铁、有色、化工等传统制造业绿色化改造，促进新材料、新能源、高端装备、生物产业绿色低碳发展。推进资源高效循环利用，提高绿色低碳能源使用比率，全面推行循环生产方式，提高大宗工业固体废弃物等的综合利用率。构建绿色制造体系，支持企业开发绿色产品，大力发展绿色工厂、绿色园区，积极打造绿色供应链，努力构建高效、清洁、低碳、循环的绿色制造体系。

六是着力结构调整，调整存量做优增量并举。把结构调整作为制造强国建设的突出重点，走提质增效的发展道路。推动优势和战略产业快速发展，重点发展新一代信息技术产业、高档数控机床和机器人、航空航天装备、海洋工程装备及高技术船舶、先进轨道交通装备、节能与新能源汽车、电力装备、新材料、生物医药及高性能医疗器械、农业机械装备等产业。促进大中小企业协调发展，支持企业间战略合作，培育一批竞争力强的企业集团，建设一批高水平中小企业集群。优化制造业发展布局，引导产业集聚发展，促进产业有序转移，调整优化重大生产力布局。积极发展服务型制造和生产性服务业，推动制造企业商业模式创新和业态创新。

七是扩大对外开放，提高制造业国际化发展水平。把提升开放发展水平作为制造强国建设的重要任务，积极参与和推动国际产业分工与合作，走开放发展的道路。提高利用外资和合作水平，进一步放开一般制造业，引导外资投向高端制造领域。提升跨国经营能力，支持优势企业通过全球资源利用、业务流程再造、产业链整合、资本市场运作等方式，加快提升国际竞争力。加快企业"走出去"，积极参与和推动国际产业合作与产业分工，落实丝绸之路经济带和 21 世纪海上丝绸之路等重大战略，鼓励高端装备、先进技术、优势产能向境外转移。

建设制造强国是一个光荣的历史使命，也是一项艰巨的战略任务，必须动员全社会力量、整合各方面资源，齐心协力，砥砺前行。同时，也要坚持有所为、有所不为，从国情出发，分步实施、重点突破、务求实效，让中国制造"十年磨一剑"，十年上一个新台阶！

工业和信息化部部长

2015 年 6 月

前　言

　　随着无线通信技术的快速发展，无线电应用加速普及，无线电频谱资源在经济社会发展、国防建设中的重要作用日益凸显，对提高社会生产效率、安全保障水平和人民生活质量起到了不可估量的作用。

　　当前，从无线通信技术的发展来看，高速化、宽带化、泛在化是未来无线电技术的主要发展方向。从无线电应用来看，4G已经进入大规模商用阶段，5G的布局和准备工作已经开始；专用移动通信在公安、民航、铁路、交通、广电、气象等领域应用愈加广泛；卫星通信在渔政、防汛、救灾、勘探科考等方面发挥了重要作用；工业物联网及智慧城市应用加速推进，移动互联网加速普及。从无线电相关产业看，移动互联网、工业物联网、移动支付、卫星导航与定位服务迅猛发展。总体来看，无线电技术及应用呈快速发展态势，无线电相关产业发展迅速，前景广阔，但与此同时，各类无线电新应用的发展及无线电管理亦面临诸多挑战：首先，无线电频谱资源供需矛盾更为突出。当前网络信息通信技术正步入无线、移动、宽带、泛在的新阶段，无线电技术应用在两化融合中所涉及的领域和环节不断拓宽。未来，宽带网络将持续演进升级，移动互联网带来数据流量激增，万物互联带来无线感知设备几何级数增长，依赖于频谱资源的无线电技术将更加丰富和普及，对频谱资源的依赖度将越来越高。其次，无线电技术应用快速发展和法制建设相对滞后之间的矛盾日益凸显。随着无线电技术的发展和应用的普及，电磁环境日益复杂，产生无线电干扰的设备类型更加多样，干扰造成的危害性增大。而由于《无线电管理条例》发布较早，各地法制建设进程差异较大，无线电管理法律法规体系不够完善，现行无线电管理法律法规在施行过程中仍存在法律依据不足、处罚力度不足等问题。最后，现有无线电监管能力手段与日益繁重的无线电管理任务不相适应。随着无线电新技术和应用的迅速发展，无线电频谱资源的使用逐渐向更高频段拓展，对更高频段、更广区域的监测能力还需进一步加强。重大任务无线电安全保障和航空、铁路专用频率保护等工作压力明显加大，其重要性、敏感性不断提升。利用无线电设备进行违法犯罪行为日渐增多，且呈现出技术翻新快、智能化程度高等特点，监测和查处难度不断提升。

如何更好地开展无线电管理工作，合理规划及高效使用无线电频率，协同保障各行业各部门用频需求，管好无线电用频秩序，做好无线电安全保障，是需要无线电管理机构不断深入研究的重大课题。当前正值国家全面深化改革推进的重要时期，未来无线电管理工作重点将聚焦在以下七个方面：一是全面深化改革，创新无线电管理工作的方式方法；二是做好频率台站管理工作，为两化深度融合提供无线电频谱资源支撑；三是维护空中电波秩序，保障无线电使用安全；四是加强频谱资源国际协调管理相关工作，维护国家频谱权益；五是加强无线电管理法制建设，深入推进依法行政；六是加强无线电管理机构自身建设，进一步加快政府职能转变；七是加强无线电宣传和培训，推动业务工作顺利开展。当前我国已经进入经济发展新常态，无线电管理机构需要积极适应新常态，把握频谱资源规划和配置、台站设备管理、无线电干扰处理防范和无线电安全保障等方面工作的新要求。要按照中央全面深化改革、全面推进依法治国的总要求，加快完善无线电管理法律法规体系，继续推进简政放权和行政审批制度改革，重点做好频率使用情况核查、打击非法设台等工作，着力解决群众关心的热点、难点问题，服务经济社会发展，从而不断提升无线电综合管理能力，为相关产业持续健康发展、促进信息化时代经济转型升级提供有力支撑。

由工业和信息化部赛迪研究院无线电管理研究所编撰的《2014—2015年中国无线电应用与管理发展蓝皮书》，以无线电技术、应用与管理为主要研究对象，介绍了国际无线电技术和应用的发展现状及与无线电管理相关的国际组织和机构的发展概况和主要职责，具体从技术与应用的角度分别详细阐述了我国无线电技术与应用的发展历程、发展现状、主要问题和对策建议，以专题的形式从管理角度叙述和分析了当前无线电管理领域正在解决的主要问题，分区域详细介绍了我国各个省市自治区的无线电管理机构的机构组成、主要职责和2014年主要工作动态，深入研究了我国无线电应用及管理的政策环境，并对2014年出台的重点政策进行解析，以案例形式详述了我国无线电技术、应用和管理方面出现的热点事件，并对其进行简要评析。该书还探讨了国内外无线电技术、应用和产业发展趋势，提出适用于我国无线电管理工作的理论和方法，并对我国无线电管理工作进行展望。相信本书对我们了解和把握无线电技术和应用发展态势，研判产业发展趋势，促进无线电管理思路、模式和方法的创新具有重要意义和参考价值。

　　当前正值我国全面深化改革和经济结构调整的关键时期，无线电技术应用正在为促进两化深度融合和工业通信业持续健康发展，推动经济社会发展和国防建设等方面发挥着越来越重要的作用，希望本书的研究成果能为主管部门决策、学术机构研究和无线电相关产业发展提供参考和决策支撑，为促进各项无线电管理工作的开展和无线电相关产业发展贡献一份力量。

工业和信息化部无线电管理局局长

目　录

代　序（苗圩）
前　言（谢飞波）

综 合 篇

第一章　2014年全球无线电领域发展概况 / 2
　　第一节　全球无线电技术及应用发展概况 / 2
　　第二节　全球无线电管理发展概况 / 8

第二章　2014年中国无线电领域发展概况 / 13
　　第一节　中国无线电技术发展概况 / 13
　　第二节　中国无线电应用发展概况 / 15
　　第三节　中国无线电管理发展概况 / 20

专 题 篇

第三章　无线电技术及应用专题 / 28
　　第一节　公众移动通信 / 28
　　第二节　专用移动通信 / 33
　　第三节　卫星通信 / 35
　　第四节　物联网及智慧城市 / 38
　　第五节　移动互联网 / 41

第四章　无线电管理专题 / 46
　　第一节　《无线电管理条例》修订 / 46
　　第二节　无线电管理深化改革 / 48
　　第三节　无线电频率规划 / 50
　　第四节　无线电安全 / 56
　　第五节　军民融合频谱共享 / 59
　　第六节　业余无线电 / 62

区 域 篇

第五章　华北地区 / 70
第一节　北京市 / 70
第二节　天津市 / 73
第三节　河北省 / 78
第四节　山西省 / 81
第五节　内蒙古自治区 / 85

第六章　东北地区 / 89
第一节　辽宁省 / 89
第二节　吉林省 / 97
第三节　黑龙江省 / 101

第七章　华东地区 / 106
第一节　上海市 / 106
第二节　江苏省 / 109
第三节　浙江省 / 112
第四节　安徽省 / 115
第五节　福建省 / 117
第六节　江西省 / 122
第七节　山东省 / 131

第八章　华中地区 / 136
第一节　河南省 / 136
第二节　湖北省 / 144
第三节　湖南省 / 152

第九章　华南地区 / 159
第一节　广东省 / 159
第二节　广西壮族自治区 / 169
第三节　海南省 / 174

第十章　西南地区 / 181
第一节　四川省 / 181
第二节　云南省 / 189
第三节　贵州省 / 194

第四节 西藏自治区 / 197

第五节 重庆市 / 203

第十一章 西北地区 / 209

第一节 陕西省 / 209

第二节 甘肃省 / 213

第三节 青海省 / 216

第四节 宁夏回族自治区 / 223

第五节 新疆维吾尔自治区 / 227

政 策 篇

第十二章 2014年中国无线电应用及管理政策环境分析 / 236

第一节 《中共中央关于全面深化改革若干重大问题的决定》 / 236

第二节 国务院关于落实《政府工作报告》重点工作部门分工的意见 / 238

第三节 《通信短信息服务管理规定》（征求意见稿） / 240

第四节 《关于向民间资本开放宽带接入市场的通告》 / 243

第十三章 2014年中国无线电应用及管理重点政策解析 / 246

第一节 《中华人民共和国无线电管理条例（修订草案）》（征求意见稿） / 246

第二节 《中华人民共和国无线电频率划分规定》（2014版） / 250

第三节 《无人机系统频率使用事宜》（征求意见稿） / 253

第四节 《1447—1467兆赫兹（MHz）频段宽带数字集群专网系统频率使用事宜》（征求意见稿） / 256

热 点 篇

第十四章 2014年无线电技术与应用热点 / 262

第一节 移动通信飞速发展 / 262

第二节 虚拟运营商面临的机遇和挑战 / 265

第三节 技术融合是无线城市建设的方向 / 266

第四节 物联网颠覆传统服务模式 / 267

第五节 抢占产业制高点需力争5G标准 / 268

第六节　Wi-Fi蓬勃发展带来信息安全困扰 / 271

第十五章　2014年无线电管理热点 / 274

第一节　治理"伪基站"和"黑电台"取得初步成效 / 274

第二节　TD-LTE-A标准助力4G发展 / 276

第三节　无线电管理信息化建设稳步推进 / 277

第四节　我国宽带提速尚有绊脚石 / 278

第五节　无线电管理法律法规体系建设进入新阶段 / 279

第六节　虚拟运营市场进一步规范 / 280

展 望 篇

第十六章　无线电技术发展趋势展望 / 284

第一节　5G潜在关键技术有望突破 / 284

第二节　LTE-Hi渐行渐近 / 285

第三节　MIMO与OFDA将深度融合 / 286

第十七章　无线电应用及产业发展趋势展望 / 287

第一节　无线电应用发展趋势展望 / 287

第二节　无线电相关产业发展趋势展望 / 290

第十八章　无线电管理发展相关建议 / 294

第一节　加快频谱资源市场化配置研究与试点 / 294

第二节　研究制定频谱共享有效机制 / 294

第三节　建立打击"伪基站"、"黑电台"长效机制 / 295

第四节　加大5G频率规划与标准制定的力度 / 295

后　记 / 297

综 合 篇

第一章　2014年全球无线电领域发展概况

第一节　全球无线电技术及应用发展概况

一、LTE网络建设全面提速

全球移动设备供应商协会（GSA）2015年1月发布的统计数据显示，2014年全球范围内共推出96张新建LTE商用网络。截至2014年年底，全球拥有LTE商用网络的国家和地区达到了124个，这一数字比2013年增加了27个。与此同时，全球LTE商用网络数量在2014年上升至360个，如图1-1所示。

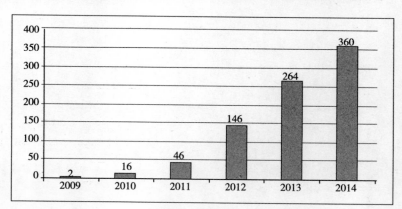

图1-1　全球LTE商用网络数量（2009—2014）

数据来源：GSA《LTE演进报告》，2015年1月。

另外，全球共有611家电信运营商在174个国家和地区投资LTE网络。在正式商用的360张商用LTE网络中，仅使用FDD技术部署的LTE网络占312张，仅使用TDD模式部署的LTE网络占31张，其余17张采用FDD和TDD混合组网模式。值得注意的是,2014 年,TDD 的部署在全球所有地区均呈现出增长趋势,到 2014 年年底,超过八分之一的 LTE 网络采用了 TDD 模式[1]。

从频谱的使用方面来看,1800MHz、2.6GHZ 以及 800MHz 频段是运营商部署 LTE 网络优先考虑的频段。其中,76 个国家和地区的 158 个商用 LTE 网络使用了 1800MHz 频段,占所有已部署 LTE 网络的 44%,是使用最广泛的 LTE 频段。2.6GHz 和 800MHz 频段是除 1800MHz 频段外,LTE 网络使用最广泛的两个频段。其中,超过 25% 的 LTE 商用网络使用的是 2.6GHz 频段,约有 20% 的 LTE 商用网络使用的是 800MHz 频段。

二、全球5G研发加速推进

全球各主要国家和地区对 5G 的研发都给予了极高的重视,并且已经在各方面取得了一定的进展。目前,全球比较认可的 5G 商用时间节点是 2020 年,随着时间的推进,5G 逐渐从一个概念慢慢地转变为触手可及的新技术应用。国际上,韩国、英国和欧盟地区走在了 5G 研发的前列,而美国、日本等国也在加快 5G 研发的步伐。

韩国:2014 年初,韩国制定了"未来移动通信产业发展战略",其中将 5G 作为重点研发内容。计划第一阶段于 2015 年年底进行 pre-5G 核心服务的试运行,第二阶段于 2017 年底提供 5G 模拟服务,并将在平昌冬奥会期间试运行,第三阶段于 2020 年推出全面的 5G 商用服务。

英国:2014 年 3 月,英国首相卡梅伦正式宣布,萨里大学、伦敦国王学院和德累斯顿大学共同研发 5G 网络;11 月,英国萨里大学 5G 创新中心(5GIC)携手华为及其他 5GIC 的重要成员联合宣布启动全球首个 5G 通信技术测试床。

欧盟:2014 年 11 月,在"2014 未来 5G 信息通信技术国际研讨会"上,欧盟 5G PPP 主席 Werner Mohr 博士简要介绍了欧盟地平线 2020 计划 5G 基础设施公私合营项目的最新进展。

美国:2014 年 10 月,美国 FCC 决定,启动"调查通知"程序,调查该机构以及整个行业通过采取何种措施,能让一批新的超高频无线电波转变为可用于移动通信的频率。此前,超高频电波被认为无法用于移动网络。对于有关新一代无线技术(即 5G 技术)的研究工作而言,FCC 的这项调查将可为其提供监管上的支持。

---

[1] 晓瑗:《GSA:全球LTE商用网络已达360张》,《人民邮电》2015年1月14日。

日本：2014年5月，日本总务省决定，于年内成立官民一体的高速通信技术研究协议会，汇集日本DoCoMo、KDDI、软银移动等大型移动通信运营商与设备生产商等各种资源，加快5G的开发，并争取在2020年投入使用，使日本成为世界上率先提供5G服务的国家。

此外，国外主流企业，如爱立信、三星、诺基亚等都在积极开展5G技术研究与标准化的工作，并呈现了跨国合作的态势。

三、物联网市场空间进一步提升

据权威市场调研公司IDC于2014年发布的《2014—2020年全球和区域物联网发展报告》显示，全球物联网市场未来6年有近5万亿美元的增长空间，到2020年，其规模将达到7.1万亿美元（如图1-2所示）。

根据该报告，全球物联网市场规模在2013年大概为1.9万亿美元，其中全球发达地区占据了90%的物联网设备。并且，除了市场消费端以外，物联网还在受新兴技术影响很大的商务领域找到了结合点。当前，商业领域正在采取必要举措深入了解物联网及其整体价值，技术供应商不断改善其解决方案，物联网市场将逐步由供应驱动转变为需求驱动。

2013年至2020年期间，全球物联网基站年复合增长率将达17.5%，数十亿的物联网设备在IDC定义的"第三方平台"上实现互联互通。由于物联网涉及的相关行业和参与主体众多，为了激发物联网市场更大市场空间，需要加强政府、企业和科研机构的合作来充分挖掘物联网更大的潜力。

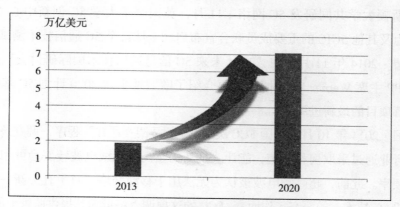

图1-2 全球物联网市场规模增长趋势

数据来源：IDC《2014—2020年全球和区域物联网发展报告》，2014年7月。

四、NFC移动支付渐成主导

NFC 移动支付正在逐渐成为移动支付的主流趋势。2014 年，苹果推出了具备 NFC 功能的 iPhone 6/6 plus，并且通过与 Touch ID（指纹识别）相结合，能实现更安全的 Apple Pay 快捷支付功能，由于苹果手机的市场认可度和市场占有率，相信能够进一步提升 NFC 移动支付在消费者中的接受度。除了苹果手机，目前全球知名手机厂商如三星、小米等已在部分中高端机型配备 NFC 功能模块。而国内大型通信运营商，如中国电信、中国移动等，逐步要求部分 3G/4G 手机定制机型标配 NFC 功能模块。据调研机构数据显示，2014 年安卓系统手机中 2000 元以上的机型中具备 NFC 功能的占比为 57%，3000 元以上的机型中有具备 NFC 功能的占比高达 76%，NFC 功能已成为中高端安卓系统手机的标配，如图 1-3 所示。伴随技术的演进、规模化的生产，NFC 硬件的成本将逐渐下降，NFC 模块也将逐渐向安卓系统中低端机型普及。相较于远程移动支付，NFC 近场支付可以在无移动网络场景下完成支付过程，这也是 NFC 近场支付的优势。2014 年，全球近场支付标准、受理环境、应用场景、应用内容等基础条件都在持续成熟，NFC 近场支付将在未来逐渐占据主导地位。

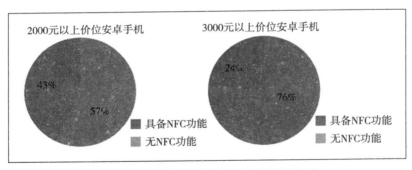

图1-3　安卓系统手机中NFC功能机型占比

数据来源：平安证券，2014 年 9 月。

五、LTE成为无线专网宽带化演进趋势

在全球数据流量猛增的大背景下，宽带化升级已成为我国无线专网的发展趋势。视频传输、数据查询等高速宽带通信业务在公共安全、交通运输、政务和能源等行业需求巨大。无线专网从模拟集群到数据集群再到宽带集群发展，已经得到各方的认可。目前，国际上无线专网仍有很多还停留在 2G 时代，对于有数据、

视频等大带宽需求的行业，需要同时建两张网，一张用于语音集群，一张用于宽带数据传输，且需要两部终端支持，这给无线专网的发展带来了巨大挑战。因此，如何实现数字集群和宽带接入的共网化、宽带化成为当前市场需求的主流。

从国家和地区层面来看，各国对宽带集群发展非常迫切，美国2012年启动公共安全专网 FirstNet 建设，带动亚太和中东等地区 LTE 公共安全或政府专网市场的迅速发展。而我国也从2012年开始，逐步在北京、天津、上海、广东等城市陆续开展基于1.4GHz频段的 TD-LTE 专网规模试验，主要为专网共网模式，我国 TD-LTE 宽带集群系统已经在南京青奥会、云南鲁甸地震等重大事件中发挥重要作用。除此之外，我国还率先制定了 TD-LTE 宽带集群标准，成立宽带集训 B-TrunC 产业联盟，推进标准化和产业发展。未来，1.4GHz 频谱有望正式发放，进一步刺激国内 LTE 宽带集群发展进程。

六、移动互联网加速渗透

从手机用户及移动宽带用户数量来看，全球手机用户量正逼近全球人口总量。据国际电信联盟预计，到2014年年底，全球手机用户量将达到69亿左右，占全球人口总量的95%，其中亚太地区占一半以上。另外，全球移动宽带用户数也由2013年的19亿上升至2014年的23亿，详见图1-4所示。

从智能手机出货量来看，根据 IDC 的报告，2014年，全球智能手机出货量将超过12亿台，同比增长23%。4年后，该数字将达到18亿台，其中印度、印尼等主要的发展中国家的出货量将会翻一番多。到2018年，中国市场的智能手机出货量在全球总出货量的占比将接近三分之一。

从移动操作系统份额来看，谷歌的安卓系统在可预见的未来仍将是份额最高的智能手机操作系统，IDC 预计2014年其市场份额将达到80%。安卓仍将是低价设备的增长驱动力。IDC 报告指出，iPhone 在发达市场继续表现强势，那些地区的购机补贴力度很大，而 iPhone 未来的增长则将由新兴市场驱动。

从移动互联网公司的投资来看，根据 Digi-Capital 的最新研究报告，2014年，私有投资者对移动互联网公司的投资达到创纪录的192亿美元。巨额资金涌向移动电商（42亿美元）、旅行与交通（33亿美元）、实用工具（18亿美元）和游戏（11亿美元）领域。还有10个其他的行业融资额超过5亿美元，例如食品饮料等等。

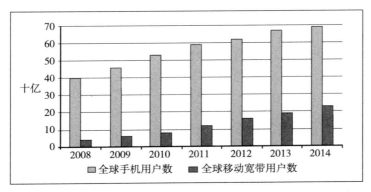

图1-4　全球移动电话用户和移动宽带用户数量（2008—2014）

数据来源：ITU，2014年6月。

七、无线充电生态环境逐渐成熟

首先，在标准方面，2014年年初，无线充电的两大阵营PMA和A4WP达成初步协议，双方将接受彼此的无线充电技术，这标志着PMA和A4WP两大标准的无线充电设备均可互相兼容。同时，PMA已经决定将停止研发基于磁感应的无线充电标准，在磁共振方案中将与A4WP保持一致。PMA标准的支持者包括AT&T、麦当劳、金霸王和星巴克等，美国无线电充电公司Powermat同样采用的是PMA标准，其在美国大型机场、电影院、大型商场等地已经部署超过了1500个充电点。在欧洲，已与Powermat公司合并的芬兰PowerKiss公司也在欧洲地区的机场、咖啡馆、酒店和快餐店等地安装了1000多个充电点。作为PMA支持者的星巴克除了在美国大建充电点，还将进军欧洲和亚洲市场。而A4WP推出面向消费市场的品牌"Rezence"也已经得到了市场的认可。不难看出，PMA和A4WP两种无线充电标准的兼容，势必会加速无线充电技术的普及。除了PMA和A4WP两种阵营，WPC在2014年也动作频繁，其于2014年年中正式推出Qi 1.2版本，采用了磁共振技术，新版本无论是在充电距离还是充电功率方面都有了不小的进展，并且还支持多设备同时充电。

其次，在芯片方面，2014年2月，联发科首次推出支持多模（Qi/A4WP/PMA）兼容的无线充电解决方案MT3188。其后各大厂商纷纷进入该领域：博通提供全套的无线充电解决方案，旨在建立一个完整、可交互操作的无线充电生态系统；高通积极同其他无线充电芯片商合作，致力于开发兼容磁感应和磁共振技术的多模无线充电的接收器和传送器芯片；恩智浦（NXP）在2014年年底已经推出了支持多模（Qi/A4WP/PMA）的无线充电接收芯片。

2014年被业界称为无线充电迅猛发展的一年，各大厂商逐渐打通了整条产业链。多模产品出现，既保留了不同标准应对不同设备不同生活场景的可能，又降低了普及的难度。每一种方案都能找到适合的存在方式，PMA适合老旧设备、超薄设备、特殊材质设备、全新门类设备的无线充电改造，并拥有着出色的中央控制系统，A4WP和Qi在技术的衍生方向（磁共振）上将趋于一致，将越来越多的设备囊括进来，距离会越来越远，而其余新技术也会逐渐在实用和商用中不断磨合，展现出无线充电产品的多样性。

第二节　全球无线电管理发展概况

一、数字红利频谱的释放和再分配进程加速

在国际上，700MHz频谱作为LTE部署的首选频段，相对于其他更高频段优异的无线传播特性，在LTE网络部署初期，对LTE网络的快速覆盖起到了至关重要的作用。随着广播电视的技术进步，通过模数转换能够节省出大量的频率资源。目前，大多数发达国家已接近完成电视广播系统的模/数转换，发展中国家也已开始电视广播系统的模/数转换，并且确立了释放700MHz数字红利的原则和程序，加快了数字红利频谱释放和重新规划的步伐。美国、德国、瑞典等国家已经规划了700MHz数字红利频段用作移动通信并已在该频段商用LTE网络，并且绝大部分均为LTE-FDD网络。除此之外，墨西哥、巴西、马来西亚等发展中国家也正在实施700MHz频段的相关规划，尤其在我国所属的亚太地区，APT（亚太电信组织）于2010年推出了面向700MHz频段的2×45MHz频段计划。

2014年，700MHz数字红利频谱的全球释放进程又得到了进一步加速，许多国家和地区纷纷表态支持或者已经着手进行该频段的释放和再分配工作。

- 英国：2014年12月，英国电信监管机构Ofcom宣布计划分配700MHz频段用于移动宽带，英国的移动运营商将又迎来一个提高网络容量的机会。此前，Ofcom曾宣布计划在2015年年底或2016年年初拍卖2.3GHz至3.4GHz的频谱。Ofcom表示，最迟到2022年，700MHz频段可用。
- 法国：2014年12月，法国总理曼纽尔·卡洛斯·瓦尔斯（Manuel Carlos

Valls）宣布，将于 2015 年 12 月面向电信运营商拍卖 700 MHz 频率，并计划在 2017 年 10 月 1 日至 2019 年 6 月 30 日完成转让，但有些地区的运营商可最早在 2016 年 4 月用上所购得的频谱。目前，这一频率的频谱被 DTT 广播公司使用，预计转让将增加移动运营商提供超高速移动互联网服务的能力，同时也可以推广 DTT 高清广播。

- 欧盟：2014 年 9 月，欧盟发布报告，指出应在 2020 年前后将 700 MHz 频段（694–790 MHz）分配给无线宽带，这一时限可前后浮动两年，为确保广播公司平稳过渡提供充足的准备时间。
- 加拿大：2014 年 2 月，在历经 108 轮竞拍之后，加拿大结束了 700MHz 频谱的拍卖。共有 15 家运营商竞拍 97 个地区的频谱牌照，最后 8 家运营商胜出，而加拿大政府也实现了每个地区的频谱牌照至少颁发给四家运营商的目标。
- 智利：2014 年 3 月，智利电信监管机构 Subtel 向该国三家移动运营商分配了 700MHz 无线频谱。
- 新西兰：2014 年 1 月，新西兰电信公司以 8300 万新元（约合 6900 万美元）的价格从政府手中购得最后一批无线电频谱，使该公司能够在更多农村地区部署 4G 移动服务。

二、各国不断探索频谱共享的可行性

随着移动互联网时代的到来，移动接入和无线数据流量呈现指数式增长的趋势，引发了日益增长的无线电频谱需求。如何有效利用有限的频谱资源，解决频谱供需矛盾，已成为各国政府普遍关注的问题。频谱共享是提高频谱利用率、解决频谱短缺的重要手段之一，也是当前国内外无线通信领域的研究热点。频谱共享技术的核心思想是改变传统的频率静态分配的使用方式，允许多个无线系统在不相互干扰的情况下，动态共用相同的频率资源。美国、欧盟、印度等国纷纷推出频谱共享计划，缓解频谱紧张局面。

（一）美国

一是推出动态频谱共享计划。为了扩充带宽和促进创新，美国联邦通信委员会（FCC）于 2012 年 12 月对无线电监管制度做出了几十年以来最大的一次调整：新规定将最新的可用频谱在不同的时间和地点出租给不同的公司，而不是通过拍卖给出价最高者。该规定被视为是无线电管理史上的一个决定性的里程碑，不仅能释放出更多的频谱，也将使"尤其适合消化不断增长的无线数据流量的动态频谱共享"成为可能。根据该新规，无线运营商、企业和研究人员可以在不同的地区和不同的时间保留一小段可用频谱，这一系统由中央数据库管理。这一方式能够保证频谱可以使用，而且不会在某些地区因新用户间的频谱冲突而发生干扰，而如果新频谱在没有任何监管下投入使用，就可能发生干扰。在一些环境下，大多数运营商已经在使用 WiFi（使用 2.4GHz 至 5GHz 的未授权波段）在火车站和体育场等"热点"处增强 3G 和 4G 网络的覆盖。

二是制定频谱高速公路计划。针对美国频谱使用现状，为了弥补现行政策的不足，有效解决"频谱短缺"问题，促进美国经济发展和确保世界领先地位，美国总统科技顾问委员会（PCAST）提出频谱高速公路计划，该计划预计可以使现有频谱容量扩大 1000 倍。频谱高速公路计划是确定 1000MHz 的联邦频谱，通过改善频谱管理手段，实施新的频谱结构和无线电系统架构，使不同无线业务在一段频谱内形成动态共享，从而极大提高频谱的使用效率。将无线通信和公路运输做类比，宽带频谱可看作高速公路，不同无线业务可看作是在高速公路上行驶的车辆，频谱动态共享可看作机动车可以从一条车道切换到另一条车道。频谱管理系统可看作交通规则和指挥系统，不同无线业务应遵守一定的管理规则，才能避免碰撞，有效共享。频谱高速公路的宗旨是尽量保证现有无线业务不发生改变，其他业务通过新的管理机制有秩序地接入使用，其重要特征为频谱的共享使用而不是独占，通过大的频带划分，使其可容纳各种兼容性应用以及各种适合宽带的新技术应用。

三是平衡军地双方的用频需求。美国国防部于 2014 年 2 月 20 日发布电磁频谱战略（EMS），目的是增加可用频谱，在维持重要的军事能力的同时，满足商业无线通信工业日益增长的需求。美国国防部的电磁频谱战略及其配套路线图和行动计划将建立关键目标，专注于发展高效、灵活、可适应的频谱使用系统。最终通过共同的努力，找到使更多的频谱用于商业用途的方法，当国防部需要完成任务时，提高访问频谱的技术，同时找到提高频谱共享的技术。

（二）欧盟

一是推出无线电频谱共享计划。欧盟委员会于 2012 年 9 月出台了一项应对移动和无线数据流量增长的计划，该计划拟赋予不同无线技术共享无线电频谱的使用权。利用新技术可以将无线电频谱分享给多个用户（如互联网服务供应商）或使用电视频道间的空白频段。欧盟各国协商分享频谱的方法有望带来更大的移动网络容量，也能催生新的市场，例如对已分配的频谱进行二次分配。一项研究表明，为无线宽带寻找更多的共享频谱资源可以为欧盟带来巨大的经济净收益。如果为无线宽带增加 200MHz 到 400MHz 共享接入的频谱，到 2020 年，欧洲经济的净增值能达数百亿欧元。按照无线电频谱政策规划（RSPP），欧盟委员会正在为提出的措施寻求尽可能广泛的政治支持，以便促进欧盟地区无线技术的创新和发展，从而确保当前分配的频谱资源能够得到最大限度的利用。

二是转向新兴频谱共享技术。为满足日益增长的无线互联需求，欧盟相关部门加大对频谱共享技术的研发创新投入力度，逐步转向新兴频谱共享技术。2007年，欧盟发布了第七框架计划（2007—2013），投资大约 5000 万欧元资助认知无线电、动态频谱共享和频谱整合等新技术的科研项目，这些项目促成了频谱共享技术的不断进步。欧盟现在已经能够使用认知无线电技术，通过使用位置定位信息来识别广播频段之间未使用的频谱（即所谓的"白频谱"），这些频段所提供的服务可以与电视发射机提供的服务在超高频率（UHF）频段共存，在德国、斯洛伐克和英国进行的试验显示，这一技术已达到实际应用水平。此外，欧盟当前已将动态频谱共享技术应用于无线雷达频段，允许无线局域网与雷达共享5GHz 频段。

（三）印度

一是印度政府允许运营商共享 2G 频谱。2011 年 7 月，印度电信部（DoT）批准了一项允许当地运营商共享频谱的计划框架，并通过了一项"政府允许电信服务提供商之间共享频谱、确保频谱高效利用"的提案，旨在缓解部分规模较小的运营商运营能力不足的局面。此后，根据印度电信部 2012 年出台的一项新政策，运营商被允许共享其 2G 频谱，并支付他们所共享部分的频谱授权费用。该项规定还要求频段共享不得超出反垄断相关规定，目前在印度，没有任何实体允许在单独区域拥有 25% 以上的频谱资源。印度电信部同时规定，不允许运营商在他们未持有该频谱的区域共享频谱，因此运营商之间无法借此条款达成漫游协定。

二是印度政府支持私营运营商共享 3G 频谱。印度启动 3G 商用的私营运营商包括：巴帝电信（BhartiAirtel）、沃达丰爱莎（Vodafone Essar）、Idea Cellular、信实电信、塔塔电信（Tata Teleservices），以及 BSNL 和 MTNL。在频谱拍卖中没有一家运营商获得印度全部 22 个电信服务区域的牌照，因此需要签署漫游和频谱共享协议来获得全国范围的覆盖。2011 年，巴帝、沃达丰及 Idea 无线之间达成协议，在它们未拥有 3G 频谱的区域实现 3G 业务漫游。在这三家运营商中，巴帝拥有 13 个电信服务区域的 3G 频谱、Idea 拥有 11 个区域的频谱、沃达丰则拥有 9 个区域的频谱，然而后者更集中在大城市，所支付费用是 Idea 的两倍。三家运营商已通过合资公司 Indus Towers 共享基站，合资公司拥有约 11 万个站点。印度政府支持三大私营运营商之间的这一频谱共享协议。

第二章　2014年中国无线电领域发展概况

第一节　中国无线电技术发展概况

一、TD-LTE成为我国4G市场主导

2012 年初，由我国主导制定的 TD-LTE-Advanced（下称"TD-LTE-A"）被国际电信联盟确定成为 4G 国际标准，正式成为两大 4G 国际标准之一。2013 年12 月，工业和信息化部（简称"工信部"）向中国移动、中国电信和中国联通三家运营商发放了 TD-LTE 牌照，标志着我国 4G 商用大幕正式开启。从国内发展来看，截至目前，我国 TD-LTE 基站数量超过 70 万，占全球 4G 基站总数的40% 以上，基本覆盖国内所有城市，发展势头迅猛，已成为全球最大 4G 网络；手机终端超过 300 款，TD-LTE 4G 用户数突破 1 亿，占 4G 用户总数的 90% 以上；从国际发展来看，截至 2014 年 10 月底，全球已有 42 张 TD-LTE 商用网络正式运营，78 张网络在建。TD-LTE 终端数量超过 1000 个（含手机、平板、上网卡等）。与 TD-SCDMA 相比，TD-LTE 无论是在国内，还是国外，都有着较快的成长速度，TD-LTE 的国际化推动效果明显。

4G 产业蓬勃发展之际，我国 5G 研发工作已提上日程。5G 将改变未来的生活和服务型态，具备支撑未来物联网大数据流量的能力，将为通信产业带来新的契机。预计 8—10 年内，5G 技术标准将确定。尽早在基础标准方面确立优势，就可以在 5G 竞争中占领制高点，并在未来产业化的过程中，获得更多的先机。我国的 3G 技术着手太晚，TD-LTE 技术的国际发展仍与 FDD-LTE 存在差距。5G 技术研发上，我国已经与英国、韩国等先进国家同步启动，并积极从技术标准入手，开始提前布局。2013 年我国成立 IMT-2020 推进组，旨在推动自主研发

的5G技术成为国际标准，首次确立了我国将在5G标准制定过程中起引领作用的目标。另外，我国还持续加快推动专项研究"新一代宽带无线移动通信网"向5G转变、国家863计划"5G系统前期研究开发"等。2014年我国科技部投入1.6亿开始5G技术前期研发项目立项，积极组织技术研发和5G标准建设。现在我国在5G技术研发上正有条不紊地迈出步伐。

二、物联网研发处于世界前列

物联网作为战略性新兴产业，被视为计算机产业和互联网产业之后的第三个万亿美元级产业，市场潜力十分巨大。美国研究机构Forrester预测，物联网的最终产业价值将达到互联网的30倍。思科公司预测，到2020年，物联网将创造14.4万亿美元价值。

有鉴于此，越来越多的国家将物联网确立为增强国家竞争力和科技创新的重点，纷纷出台国家战略。美国将物联网确定为国家创新战略重点；欧洲制定了推动物联网14点行动计划；日本将物联网定为U-JAPAN计划的四大核心领域之一；韩国出台IT839计划，将物联网作为三大建设重点之一。我国是最早开始物联网核心技术研究的国家之一，目前总体技术水平处于世界前列，特别是在传感网领域，我国是主要标准制定国之一。我国早在1999年就启动了物联网核心传感网技术研究，研发水平已处于世界前列，在世界传感网领域，我国是标准主导国之一，专利拥有量高；2011年工信部制定了《物联网十二五发展规划》，2013年国家出台了《国务院关于推进物联网有序健康发展的指导意见》，大力推动物联网产业的发展。各地纷纷出台产业政策，通过打造智慧城市、培育产业集群和扶持骨干企业，发展物联网相关产业。

我国是拥有完整物联网产业链的先进国家之一。我国先进的宽带网络为物联网数据传输提供了必要的网络基础设施；我国是世界第二大市场，具有发展物联网产业所需的规模化市场；我国拥有大量ICT产业人才，为物联网产业发展提供足够的人才支撑。目前，国内物联网产业已经初步形成了环渤海、长三角、珠三角和中西部四大区域集聚发展的产业布局。根据中国物联网研究发展中心预测，到2015年，我国物联网整体市场规模将达到7500亿元，我国物联网将很快形成一个万亿元规模的市场。

三、NFC技术应用快速普及

NFC是指近距离无线通信技术，是由RFID（非接触式射频识别）技术发展而来。一直以来，支持NFC的终端的匮乏是制约其普及推广的主要限制因素。随着我国3G、4G的快速发展，NFC功能逐渐成为标配，NFC应用领域快速增加，特别是在移动支付方面，NFC近场支付呈现爆发式增长。

2014年，我国NFC应用开始进入规模普及阶段。首先，我国NFC的受理终端大规模扩大，应用便利性大幅提高。根据中国银联的数据，2013年初，支持NFC近场支付的POS终端仅有150万台。2014年一季度末，已经快速扩张到近300万台，表明中国NFC近场支付的硬件受理环境正在快速改善。其次，智能手机正加速普及NFC功能。一方面，高通等芯片厂商不断降低NFC芯片成本，NFC功能正在成为中低端智能手机的标准配置；另一方面，三大运营商都在大力推广NFC智能手机，中国移动2013年就向市场投放1000万部NFC手机终端，宣布每台支持NFC终端补贴30元，同时4G卡发行NFC-SWP卡；中国电信宣布2014年发行2000万张NFC卡，4G终端标配NFC。第三，国家标准出台，推动手机支付业务发展。2014年3月，中国人民银行发布《中国人民银行关于手机支付业务发展的指导意见》，鼓励商业银行、支付机构、银行卡清算机构、通信运营商、手机终端厂商、芯片制造商等产业链各方，积极探索近场支付在内的手机支付商业模式和业务模式，并出台补贴POS机改造成本政策。

第二节　中国无线电应用发展概况

一、4G大规模商用

2013年12月4日，工业和信息化部正式向三大运营商颁发TD-LTE运营牌照，标志着我国开始进入4G时代。由于TD-LTE是对中移动TD-SCDMA系统的平滑升级，中移动率先开始进行大规模组网建设。中国联通和中国电信则受制于自身3G制式，选择通过"FDD+TDD混合组网"名义申请试验牌照发展自身的4G网络。

4G发牌以来，我国4G市场发展日新月异，市场规模井喷式扩张，4G发展速度上远远超过3G。一是我国4G用户高速增长，2G和3G均呈加速向4G用户升级转换趋势。根据工信部统计数据，2014年，我国新增4G和3G用户分别为9728万和8364万，而到了2015年1月，3G用户当月减少21万户，4G用户净增 2058.9 万户，总数达到 1.18 亿户，在我国移动电话用户占比 9.1%。二是 4G 终端的出货量明显增长，款式不断丰富。根据中国信息通信研究院报告，2014 年，我国手机市场整体出货量中 4G 手机占比快速上升，全年 4G 手机出货量 1.71 亿部，已占全年累计国内手机出货量的 38%，新增 4G 手机机型 792 款。其中，12 月份 4G 手机出货量 3139 万部，占整体手机出货量的 70%，如图 2-1 所示。三是受 4G 移动电话用户快速增长和流量套餐资费持续下降等影响，手机接入流量呈现爆发式增长，已成为推动移动互联网流量高速增长的主要动力。根据工信部通信业经济运营情况报告，2015 年 1 月，我国移动互联网接入流量达 2.47 亿 G，同比增长 86%。其中，手机上网流量达 2.2 亿 G，在移动互联网总流量中的占比达到 89.1%。

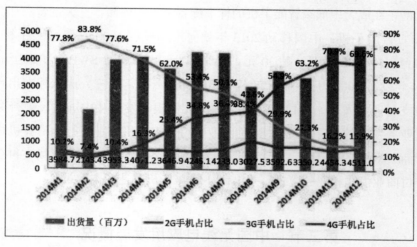

图2-1　2014年国内手机出货量情况

数据来源：中国信息通信研究院，《2014 年 12 月国内手机市场运行分析报告》。

　　2015 年 2 月 27 日，在 TD-LTE 4G 牌照发放 14 个月之后，工业和信息化部正式宣布向中国联通与中国电信发放 FDD 4G 牌照，意味着我国 4G 市场进入三家运营商同场竞争的局面。

二、智慧城市有序推进

　　"智慧城市"，是信息时代城市发展的新模式。它利用先进的信息技术，整合城市各项关键信息，在城市规划、建设、管理、服务等方面实现智能化，使城市运转更高效、更环保、更便利。当前，我国正处于城市化快速发展时期，交通、环保等各项"城市病"问题丛生。为实现城市科学合理发展，建设智慧城市已成为不可阻挡的历史潮流。发展智慧城市是实现城市可持续发展的需要，是信息技术发展的需要，也是提高我国综合竞争力的战略选择。

我国政府高度重视智慧城市建设，先后出台了一系列政策规划，提供了良好的政策环境。2013 年 8 月，国务院发布的《关于促进信息消费扩大内需的若干意见》明确提出在有条件的城市开展智慧城市试点建设。2014 年 3 月，中共中央、国务院出台的《国家新型城镇化规划（2014—2020 年）》指出"推进新型城市建设的核心理念之一是建设智慧城市"。8 月底，经国务院同意，国家发展与改革委员会（简称"国家发改委"）、工业和信息化部等八部委联合发布了《关于促进智慧城市健康发展的指导意见》，落实国务院有关部署。刚刚举行的 2015 年的"两会"政府工作报告进一步提出，发展智慧城市，保护和传承历史、地域文化。

2013 年初，为规范和推动智慧城市的健康发展，住房和城乡建设部（简称"住建部"）首先启动了国家智慧城市试点工作。首批通过的国家试点智慧城市共 90 个。据统计，截至目前，住建部已公布 202 个试点城市。此外，国家发改委、科技部、工信部等部委纷纷启动"智慧城市试点示范城市"、"宽带中国示范城市"、"信息消费试点城市"等智慧城市范畴的试点。这些城市扣除重合部分，所有国家级试点城市已接近 300 个。

我国三大电信运营商也积极参与智慧城市建设。2010 年中国移动"无线城市"战略、2011 年中国电信"宽带中国·光网城市"工程、2012 年中国联通"智慧城市"战略，都是以骨干通信网为依托，加强城市各方面网络支撑能力的战略措施。

智慧城市涉及环节多，产业链广，市场十分巨大。总体来看，我国各地智慧城市建设模式不一，进展各异。根据最新的《中国智慧城市发展水平评估报告》显示，无锡、上海、北京等城市位列智慧城市发展水平评估前三名。

三、"宽带中国"建设取得明显成效

2012 年 7 月，国务院《"十二五"国家战略性新兴产业发展规划》明确提出，实施宽带中国工程，加快构建下一代国家信息基础设施。2013 年 8 月，又专门发布了《"宽带中国"战略及实施方案》，"宽带中国"正式上升为国家发展战略。宽带作为信息基础设施，也正式成为国家战略性公共基础设施，成为和水、电、气、

路一样重要的基础设施，对推进经济社会发展发挥着无可替代的作用。

在各级政府的大力支持下，实施"宽带中国"战略一年多以来，我国宽带建设取得长足进展。据工信部最新公布的数据，2014年，全国建成完成4G基站73.3万个，1.38万个行政村接入宽带，新增光纤入户覆盖家庭8859万户。截至2014年年底，我国3G、4G移动宽带用户超过5.8亿户，其中4G用户达9700万户，固定宽带用户规模超过2亿户；我国用户平均可用下载速率达到4.2Mbps，一年内提升20%，使用8Mbps及以上接入速率的宽带用户比例达到了40.9%，主流用户固定宽带接入速率正在从4Mbps升级为8Mbps，用户上网体验正在得到进一步改善。

为规范和加速"宽带中国"建设，2014年10月9日，工业和信息化部与国家发展和改革委员会联合发布了2014年"宽带中国"示范城市（城市群）名单，确定北京、天津、上海、长株潭城市群等39个城市（城市群）为2014年度"宽带中国"示范城市（城市群）。

四、移动支付爆发式增长

移动支付由用户手持终端、支付服务、刷卡终端构成。近年来，随着移动支付政策、标准、受理环境、应用场景、应用内容等基础条件的逐步成熟，我国多方合作，正在形成巨大的移动支付产业链。

在智能终端日益普及、功能日趋强大的背景下，移动互联网的各种应用进一步增加，领域进一步拓展，正在从娱乐主导型向消费主导型转变，移动支付和手机购物在消费中的比例持续增加。阿里巴巴集团最新财报显示，2014年第四季度，阿里集团第四季度移动交易总额为3270亿元（约合530亿美元），较上年同期增长213%，较上一季度增长64%，移动交易总额约占财季所有交易总额的42%，上一财季为36%。"双十一"期间，仅天猫商城一天就完成交易超过570亿元，其中移动端占比超过40%。艾瑞咨询的最新统计数据显示，2013年中国第三方移动支付市场开始高速扩张，同比增长高达707%，2014年交易规模已达59924.7亿元，同比上涨391%。支付宝、财付通两家企业占据了93.4%的市场份额，其中支付宝的市场份额为82.8%，财付通为10.6%。

于此同时，随着移动互联网的快速发展、智能手机迅速普及，第三方支付通过APP方式介入线下支付或者说近场支付的环境已经渐趋成熟。

支付宝开始拓展线下移动支付市场业务，目前，支付宝钱包用户已经可以在大量超市、餐馆、甜品、面包店、便利店等多个日常消费场所使用。

NFC 近场支付正加速普及。NFC 近场支付不需要使用移动网络，可以在网络信号弱的地方同样使用，有利于提高支付便利性和用户实际体验。

五、无线专网呈现LTE宽带化升级趋势

在公网宽带化的大背景下，无线专网通信也呈现出从模拟向数字演进的趋势，专网宽带化成为业界发展的共识。早在 2008 年，我国宽带无线产业相关的技术、产品、业务及应用的研究、开发、制造、集成、服务和运营的企事业单位就建立了宽带无线专网应用产业联盟。2013 年，成立了我国宽带无线专网产业技术研究院。TD-LTE 是我国研发的国际主流第四代移动通信标准，依托 TD-LTE 技术研发实力和完整的产业链，我国已经率先推出 TD-LTE 专网宽带集群产品，并在政务网和重点行业开展商用。

我国基于 TD-LTE 的宽带政务网建设已经启动。北京市政务物联数据专网是我国第一张无线宽带政务网，采用 BOT（建设 - 运营 - 转让）模式建设，由政府统一建设运营、使用并支付运维费。项目 2011 年开始建设，目前已经完成一期建设，基本涵盖北京市主要城区，开展了物联数据和移动视频监控等业务。北京市政府 TD-LTE 政务专网上的建设成功，对于推动整个无线专网宽带化乃至整个 TD-LTE 产业的发展都是具有重要示范意义。目前，除政务专网以外，国内公共安全、能源等无线专网传统行业和领域都开始部署或规划原有专网的宽带化升级。

六、移动互联网业务高速增长

移动互联网（Mobile Internet）是一种通过智能移动终端，借助无线移动通信方式获取业务和服务的新兴产业，主要包含智能手机、平板电脑等终端、手机操作系统、数据库和安全软件等软件和休闲娱乐类、工具媒体类、商务财经类等不同应用与服务三个方面。随着技术和产业的快速发展，LTE（长期演进，4G 通信技术标准之一）和 NFC（近场通信，移动支付的支撑技术）等网络传输层关键技术也已经被纳入移动互联网技术的范畴之内。

在我国互联网的发展过程中，基于 PC 的互联网市场已趋于饱和，移动互联网却正在呈现井喷式发展。首先，伴随着移动终端价格的下降及 WiFi 的广泛铺设，我国移动网民呈现爆发趋势。据中国互联网信息中心发布的《第 35 次中国互联

网络发展状况统报告》显示，截至 2014 年底，中国网民规模 6.49 亿，互联网普及率 47.9%。其中手机网民规模达 5.57 亿，占比从 2013 年的 81% 提高到 85.8 %。手机进一步巩固其第一大上网终端地位。我国移动互联网发展进入全民时代。另一方面，移动互联网流量持续激增。根据工信部通信业经济运营情况报告，2014 年，受 4G 移动电话用户大幅增长、移动套餐中流量资费持续下降等因素推动，移动互联网接入流量消费达 20.62 亿 G，同比增长 62.9%，比上年提高 18.8 个百分点。其中，手机上网流量达到 17.91 亿 G，同比增长 95.1%，在移动互联网总流量中的比重达到 86.8%，成为推动移动互联网流量高速增长的主要因素。

第三节　中国无线电管理发展概况

一、法律法规及标准体系进一步完善

法律是无线电管理工作的重要手段，夯实无线电管理法制基础，是有效开展各项管理工作的重要保障。十八届四中全会为我国建设法治国家指明了方向。推进依法行政，提升无线电管理服务能力是我国无线电管理领域当前和今后的一项重要任务。

2014 年，我国无线电管理条例修订工作取得重大进展。5 月 6 日，国务院法制办公室与工业和信息化部联合发布了《中华人民共和国无线电管理条例（修订草案）（征求意见稿）》（以下简称征求意见稿）。征求意见稿总计 80 条细则，包括总则、管理机构及其职责、无线电频率和卫星轨道资源管理、无线电台（站）管理、无线电发射设备管理、发射无线电波的非无线电设备管理、涉外无线电管理、无线电监测和监督检查、法律责任及附则等 10 部分内容，以适应新形势下无线电业务快速发展对无线电管理工作提出的新需求。

我国现行无线电管理工作的主要法律依据还是 1993 年颁布的《中华人民共和国无线电管理条例》（以下简称《条例》）。进入 21 世纪以来，移动通信、物联网、智慧城市等各类无线电新技术和新业务日新月异，电磁环境日趋复杂，1993 年版《条例》中的一些条款不能对这些新情况进行有效的规范和管理，已无法适应无线电管理新形势的要求，迫切需要进行修订。征求意见稿对原条例进行了多方面的修订、补充、完善，反映了新形势下各类无线电业务对无线电管理工作提出的新需求。新《条例》制定的具体细则，将对我国采取拍卖、招标、交易等市

场化方式配置频谱资源提供直接的法律依据。同时，新《条例》将无线电安全纳入国家安全的顶层设计，明确规定了无线电设备产业链中的研制、生产、进口、销售和维修等环节的程序和规范，做到从"源头"治理非法无线电台站，对维护空中电波秩序将起到直接的作用。新版《条例》出台后，必将改变频谱资源管理的方式和力度，有效规范各类无线电业务，为我国无线电管理依法行政创造良好的法律环境。

2014 年，我国还出台了一系列无线电管理部门规章和地方法律法规。工信部发布了《边境（界）地区电磁环境监测规范》，研究起草了《无线电频率使用许可管理规定》《边境地区（陆地）地面无线电业务频率和台（站）协调管理办法》和《地球站国际协调与登记管理暂行办法》等一系列规章和规范性文件。《吉林省无线电管理条例》和《西藏自治区无线电管理条例》分别于 2014 年 6 月 1 日和 7 月 1 日起正式施行。

加强无线电管理标准与规范建设，是我国无线电管理"四个体系"建设的一个重点。2014 年，我国完成了全国无线电管理机构无线电管理标准制定情况调查统计，发布了《卫星频段监测数据库结构技术规范》等 22 项技术规范，包括监测类 10 项，台站管理类 7 项，信息化标准类 5 项。这批规范的集中颁布，是我国无线电管理标准化规范化建设的重大阶段性成果。

二、深化改革工作稳步推进

2014 年，是全面贯彻落实十八届三中全会精神的重要一年，全国无线电管理机构按照深化改革的总体要求，进一步转变政府职能，推动无线电管理工作改革发展，加大简政放权，加强事中事后监管工作。

一是巩固全国无线电台站规范化管理工作成效，进一步简政放权，大力推进台站属地化管理工作。明确除涉及国际协调、国家主权等的无线电台站外，台站管理原则上均交给地方负责管理，并且研究推动台站管理逐步从省一级继续下放到地市一级管理。

二是进一步减少行政审批事项。正式取消了"外国组织或者人员运用电子检测设备在我国境内进行电波参数测试审批"和"无线电设备发射特性核准检测机构认定"两项行政审批事项。

三是各地方进一步优化行政审批流程，提高行政效率。天津行政审批窗口实施首问责任制,并利用台站管理系统新增的短信平台,主动提醒用户换发执照。广东审批事项在省网上办事大厅统一受理,网上办理率达100%。

三、频谱资源得到科学规划与有效配置

频谱资源是各项无线电业务得以开展的前提和基础,是重要的国家战略资源。在两化深度融合的大背景下,频谱更是移动互联网、无人机等许多战略新兴产业发展不可或缺的资源保障。2014年,我国科学规划和配置频谱资源,满足了各行业用频需求,特别是保障了战略新兴产业发展用频。

我国正式颁布新版《中华人民共和国无线电频率划分规定》(以下简称《划分规定》)。2012年年初,世界无线电通信大会(WRC-12)出台了新版《无线电规则》,对国际无线电频率划分规定进行了全新修订。作为成员国,我国需作出相应调整。在参照2012年国际《无线电规则》的基础上,根据国内无线电技术和应用飞速发展的实际需要,我国于2012年启动了《划分规定》修订工作。2013年11月,工业和信息化部正式公布了新版《划分规定》,并于2014年2月1日正式施行。此次修订依据世界无线电通信大会(WRC-12)议题结论对航空业务、无线电定位业务、卫星广播业务、275GHz以上频率划分等方面的内容进行了修订,根据国内无线电业务发展规划和交通运输部、全军频管办、气象局等部门意见对划分表和脚注的相关内容进行了修订。修订内容繁杂,数量较大,共涉及535处。新版《划分规定》是我国划分和调整无线电频率的法定依据,为新形势下高效利用无线电频率资源,防止各种无线电系统和台站、各类无线电业务之间的相互干扰问题提供了依据。

我国及时为新兴业务应用进行了频率划分和配置。2014年,为推动LTE技术和应用的发展,我国制定了1800MHz频段LTE FDD与TD-LTE混合组网频率分配方案,向中国联通和中国电信颁发了混合组网试验牌照,顺利完成56个城市混合组网试验所需的频率资源配置。为推动宽带专网发展,规定1447—1467MHz频段为宽带数字集群专网系统频率。为加速无人机产业发展,消除制约产业规模化发展的障碍,制定了在840.5—845MHz、1430—1446MHz及2408—2440MHz频段增加无人机相关应用频率分配的方案。同时,组织开展了市场化配置频谱资源研究、5G等系统用频需求、无线能量传输等的预研工作,为下一步频率规划工作奠定基础。

同时，各地统筹保障各行业用频需求，服务当地经济社会发展。顺利完成了保障政务、机场、港口、码头等部门和场所通信指挥调度所需频率，协调了新兴产业试验用频，清理回收了部分闲置频率资源。

四、卫星轨道与国际频率协调顺利完成

随着无线电应用的快速普及，设备的大量应用，空中交织着大量无线电信号。做好无线电频率、卫星网络国际协调以及合作交流是维护我国国民正常通信、广播电视等基本权益的要求，也是维护我国国家主权的体现。2014 年，我国成功举行了与俄罗斯、越南、香港等国家和地区的机制性双边会谈，就广播电视、公众移动通信等频率使用以及边境台站设置进行了双边协调，达成双边协议。我国与蒙古无线电主管部门建立了双边协调关系。与美国、日本、澳大利亚、韩国等国家开展了卫星网络协调，积极向国际电联申报卫星网络资料，保障我国未来卫星频率和轨道资源的需求。配合我国航天工程需要，开展了专项卫星频率轨道资源双边或多边协调，督促项目管理单位开展卫星频率轨道资源申报和协调工作。新疆、内蒙古、甘肃、黑龙江、辽宁、吉林、广西、西藏、云南等多个省份积极向国际电信联盟申报相关台站资料，涉及广播、陆地移动通信等多种业务。

2014 年我国还参加多次国际会议，积极推动我国研发的技术标准成为国际标准。

五、无线电台站设备管理进一步加强

台站管理是我国无线电管理一项重要职责。改革开放以来，随着经济发展和技术进步，我国无线电台站设备大量涌现，种类不断增加，形式日趋多样。加强台站设备管理是从源头上杜绝无线电干扰隐患、保障各项无线电业务的顺畅运行、维护好空中电波秩序的必要措施。为此，全国无线电管理机构不断加强无线电台站的设置、使用和管理的规范化、制度化建设。

2014 年，我国进一步规范了业余无线电台的管理，加大了无线电发射设备型号核准和进口审查力度。3 月份，工业和信息化部无线电管理局发布了《关于进一步明确和规范业余无线电台管理有关工作的通知》。全年全国组织考试 200 多场，新核发操作证书 1 万余份，基本建成了全国业余无线电台统一数据库。同时，进一步加大对无线电台设备研制、生产等环节的管理，重点加强了无线电发射设备管理和服务，严把型号核准关，从源头上消除隐患。建立了无线电设备型号核

准行政许可受理网，简化了申请流程，缩短了受理时限，提高了服务效率。全年颁发无线电发射设备型号核准证7000余个。

六、无线电安全保障工作圆满完成

近年来，为维护国家安全和社会稳定，信息安全的力度不断加强，这进一步提高了对无线电安全保障能力的要求。2014年，各级无线电机构进一步加强技术设施的同时，加强制度建设和落实，完善对重点地区、重大活动的无线电监测。一是顺利完成重大活动无线电安全保障。北京APEC国际会议期间进行了无线电管制和监测，及时进行了干扰排查，保障会议期间无线电通信顺畅。浙江、江苏、海南等省完成了世界互联网大会、南京青奥会、博鳌亚洲论坛年会等重大活动无线电安全保障任务。二是全国无线电管理机构认真做好对专用频率的保护性监测和干扰查处。各地查处了大量干扰飞机盲降着陆系统、火车调度系统、民航塔台调度系统等重大案件。三是各地进一步加快无线电管理应急体系和无线电管理应急机动力量建设。新疆等地编制完善了无线电管理应急预案。四是我国各级无线电管理部门配合教育部积极开展防范和打击利用无线电进行考试作弊非法活动的相关工作，受到有关部门高度肯定。

七、无线电管理五年规划稳步推进

改革开放以来，为适应我国无线电业务快速发展的需要，加强无线电管理技术设施建设，我国先后开展了多个"五年计划"建设。"十二五"以来，我国已经建成覆盖全国的短波监测网和卫星监测网，基本上建成了超短波监测网及先进的无线电设备检测实验室，为依法实施无线电管理提供着有效支撑。

2014年是"十二五"规划实施的第四年，一批重点工程已经取得重大成果。国家无线电监测中心北京监测站卫星定位一期、卫星监测二期工程完成，卫星监测定位能力跃居世界前列。无线电管理一体化基础平台建设基本建成，无线电管理信息化建设取得重大进展。上海市建设完成无线电监测网格化项目二期、宁夏回族自治区无线电监测测向系统标准校验场等地方重大基础设施相继完成。

但是，随着物联网、移动互联网等产业迅猛发展，对无线电监管能力和手段又提出了新的和更高的要求。因此，已启动全国无线电管理"十三五"规划编制工作。

八、打击非法设台专项行动成果显著

2014 年，全国无线电管理机构配合开展了打击伪基站专项治理行动，有效遏制了非法设台现象的蔓延。同时，开展了打击非法广播电台和卫星电视干扰器等非法设台专项治理行动。

在查处伪基站方面，2014 年 2 月，为加强对专项行动的组织协调，中央网信办、公安部会同工信部等有关部门建立了专项行动联席会议机制。国家最高法、最高检等部门专门出台了《关于依法办理非法生产销售使用"伪基站"设备案件的意见》。为期半年的专项行动取得了积极的效果，共查处伪基站案件 1996 起，有效打击了伪基站犯罪的势头。据《中国电子报》报道，专项行动结束后，公众对伪基站垃圾短信的投诉量下降了 87%，境内网上涉及伪基站违法信息数量下降了 90%，社会各界反应良好。

除伪基站外，今年全国还重点开展了查处非法广播电台（简称"黑广播"）和卫星电视干扰器的工作。随着国家加大对广播播放广告的管理力度，许多违规产品广告无法在正规广播渠道播放，而目前国内无线电广播设备市场是放开的，任何人都可以轻易购买到广播设备，这为一些不法分子提供了可乘之机。今年 4 月起，全国查处了多起黑广播电台案件，该类案件呈现突发态势。为此，各地无线电管理机构积极配合公安部门收集黑广播违法犯罪线索，开展查处工作。一方面加强日常监测，另一方面联合公安等组成联合执法机构，清理整顿开展非法无线电发射设备市场销售活动。据不完全统计，全国已经查处黑广播几百起，没收大量非法广播设备。查处卫星电视干扰器是治理非法无线电设备、维护空中电波秩序的又一重点。 近两年，各地非法发射卫星电视干扰信号的现象较为严重，投诉举报频繁。随着打击非法设台专项行动的开展，2014 年工信部收到的群众投诉卫星电视干扰事件较 2013 年大幅减少。

专 题 篇

第三章　无线电技术及应用专题

第一节　公众移动通信

在过去的十几年里，全球电信业发生了翻天覆地的变化，移动通信正逐渐演变成推动社会进步的不可替代的工具。

一、发展历程

第一代移动通信系统产生于 20 世纪 80 年代初。它是基于模拟模式传输的。第一代移动通信系统（1G）使用模拟语音调制技术，速率为 2.4kbit/s。第二代移动通信系统（2G）发起于 20 世纪 90 年代初期。2G 主要以 GSM 和 CDMA 为主，数据传送速率可达 115/384kbit/s。2G 技术在发展中不断得到完善，但随着规模不断扩大，频谱资源及其紧张，语音质量和数据通信不能满足需要。第三代移动通信系统（3G），最基本的特征是具有智能信号处理能力。3G 的通信标准共有 WCDMA、CDMA2000 和 TD-SCDMA 三大分支，它们间存在兼容性困难、频谱利用率低、速率还不够高等问题。

二、发展现状

（一）4G

第四代移动通信系统（4G），是集 3G 与无线局域网于一体，能够传输高质量视频图像的技术。4G 系统下载和上传速度分别达到 100Mbps 和 20Mbps。4G 网络分为物理网络层、中间环境层、应用网络层。物理网络层提供接入和路由选择功能。中间环境层有 QoS 映射、地址变换和完全性管理等功能。各层之间的接口开放，便于发展和提供新的应用及服务。

（二）5G

我国 5G 研发与国际水平同步。一是 2013 年 2 月，在工信部、国家发改委、科技部等相关政府部门的大力支持下，我国的 5G 研发平台——IMT-2020（5G）推进组（以下简称"推进组"）正式成立。二是国家重点基础研究发展计划（"973"计划）对 5G 基础理论领域的研究进行了布局。国家高技术研究发展计划（"863"计划）早在 2013 年启动了对 5G 研究的专项资金资助。国内运营商及设备厂商，如中国移动以及华为、中兴、大唐等同样对 5G 关键技术的前瞻性研究投入了大量的人力和物力。

我国"863"计划中的 5G 实践推进时间表为：2014 年启动 5G 总体技术、无线传输关键技术、无线网络关键技术、技术评估与测试等研究课题；2015 年计划启动软基础试验平台、毫米波室内接入、新型调制编码、无线网络安全等关键技术研究。

我国 5G 国家科技重大专项已经于今年启动，其将与"863"任务相衔接，支持"863"项目的研究成果转化应用到 IMT-2020 国际标准化进程中。该专项计划在 2015 年开始启动毫米波频段移动通信系统关键技术研究与验证、5G 网络架构研究、5G 国际标准评估环境、5G 候选频段分析与评估、下一代 WLAN 关键技术研究和标准化与原型系统研发以及低时延、高可靠性场景技术方案研究与验证。

总体来看，我国 5G 推进计划与 ITU 的 5G 推进时间表相匹配，即 2013 年开始 5G 需求、频谱及技术趋势的研究工作，2016 年完成技术评估方法研究，2018 年完成 IMT-2020 标准征集，2020 年最终确定 5G 标准。

三、主要问题

（一）缺乏在关键技术方面取得突破的能力

经过不断的努力，尽管我国在移动通信领域取得了一定的成绩，为 5G 发展打下了一定的基础，但在关键技术方面，尤其从产业角度来看，在产品的核心芯片领域，尤其是基带芯片方面，仍然缺乏自主研发的能力，影响产业向高附加值方向发展。

（二）缺乏在"自主研发"和"开放合作"中寻找平衡点的能力

虽然我国具有了设计主导产业发展的技术标准的能力，但是由于缺乏开放合作性，因此如果不能将自主研发的核心技术融入到国际主流标准中，将影响后续产业"走出去"进程，难以实现技术、标准和产业方面的整体性突破。

四、对策建议

（一）加大 5G 候选频段研究力度

移动通信的发展离不开无线电频谱资源的支撑，其频谱需求成为各国重点关注的问题之一。4G 时代，频谱资源的稀缺问题已经凸显，5G 时代的频谱资源供给将面临更严峻的挑战。因此，部分发达国家在其移动通信发展的过程中，均从国家层面对未来移动通信发展的短、中、长期的频谱需求进行了评估和预测，为本国频谱策略的制定提供数据支撑。不仅如此，在国际电信标准领域有着举足轻重地位的 ITU 也将 2015 年世界无线电通信大会（WRC-15）的首要议题（1.1 议题）定为"审议为作为主要业务的移动业务做出附加频谱划分，并确定国际移动通信（IMT）的附加频段及相关规则条款，以促进地面移动宽带应用的发展"。

WRC-15 相关议题的国内研究小组已经对我国 2020 年的移动通信频谱需求进行了预测，其值为 1490MHz—1810MHz。目前，IMT 潜在候选频段主要包括 3300—3400MHz、3400—3600MHz、4400—4500MHz 和 4800—4990MHz 等。因此，短期内 IMT 将重点考虑 6GHz 以下潜在候选频段，而在面向 WRC-19 时将考虑 6GHz 以上高频段。

在低于 6GHz 的 5G 候选频段中，对于已经分配给运营商使用的 IMT 频段，应该统筹规划，可以通过频谱重整（Refarming），为 5G 的发展释放出更多的频谱资源；对于已经划分给 IMT 但国内尚未规划使用的频段，例如 700MHz、3.5GHz 等，应该结合我国实际情况，考虑将相关频段纳入到 IMT 频率的整体规划中来；对于 WRC-15 可能划分给 IMT 的频段，需要尽量争取，为 5G 的发展谋求更多的频率资源。在高于 6GHz 的 5G 候选频段中，特别是毫米波，必须先通过理论分析和实际测量，对其在移动通信中使用的可行性进行验证，同时还应考虑高频段使用后与当前系统的兼容性以及我国现行的频率管理政策，审慎给出建议。

（二）集中力量突破 5G 关键技术

尽管目前对于 5G 标准还没有统一的定义，但是一些潜在的关键技术已经成为国际上大多数权威组织的共识，也是移动通信研究的热点。一是超密集异构网络部署。在移动数据流量保持快速增长的趋势下，超密集异构网络部署将成为现有移动通信网络面对移动数据业务挑战的一种有效解决方案。通过超密集异构部署，可以直观有效地提升网络容量，因此也成为了国际上研究的重点对象。当前该领域已经取得一定的研究成果，但是未来5G网络中还有一些未突破的研究内容，首先是密集多小区场景中基于干扰协调的干扰消除方法；其次是密集多小区场景中能量与频谱高效协作的波束成形方法。

二是D2D（device to device）通信。目前，随着移动社交、近距离数据分享等应用的高度普及，近距离数据通信的使用频率和业务量逐渐增大。但是，传统的蜂窝系统在近距离通信业务中缺乏足够的灵活性，在面对不同业务时，很难达到实时性和可靠性方面的高要求。而D2D通信有助于无线数据流量的大幅提升、改善功率效率以及增强实时性和可靠性，能够对现有蜂窝通信系统起到非常好的支持和补充作用。未来5G网络中D2D通信仍有一些亟待解决的问题，例如无线频谱资源管理、干扰抑制等。

三是大规模MIMO（Massive Multiple Input Multiple Output）。MIMO可以在不增加带宽或总发送功率耗损的情况下大幅增加系统的吞吐量及传送距离，该技术在近几年受到关注。现有4G网络的8端口多用户MIMO不能满足频谱效率和能量效率的数量级提升需求，而大规模MIMO系统可以显著提高频谱效率和能量效率。

集中力量突破5G潜在关键技术，力求掌握更多的知识产权，进而推动我国5G通信设备和终端形成产业规模，在国际产业分工体系中占据有利地位。

（三）坚持标准制定与产业"走出去"相结合

随着全球一体化进程的加速，世界各国的经济、文化、科技等领域的交流日益密切。作为信息化领域排头兵的移动通信技术，更是呈现出各国间高度渗透和交互的态势。众所周知，我国移动通信与欧美发达国家相比起步晚、底子薄，从1G到4G时代，我国移动通信经历了旁观、跟随、追赶、并驾齐驱四个阶段。一方面，在短短的20多年里，我国移动通信领域的技术、标准、硬件制造都取得了革命性的成果；另一方面，从产业角度来看，我国主导的TDD制式标准虽然在国内得到了快速发展，但是相比FDD制式标准，TDD产业的国际化进程不容乐观。从3G、4G技术标准制定和产业推广实践来看，只有主导的标准成为国际主流才能真正使我国移动通信产业"走出去"，进而在国际市场实现主导技术标准的更大价值。因此，在重视自主创新的同时，也要积极开展国际合作，最终促成5G技术标准的统一。

在这个过程中，一是要理顺自主创新和国际合作的关系。国际合作是技术进步与经济发展的外因，自主创新是技术进步与经济发展的内因，内因是发展的决定因素，要坚定支持自主研发不动摇；二是要积极做好专利储备工作。拥有强大的专利储备，不仅能够帮助我国移动通信产业链各方在国际市场的竞争中占据主动位置，更能够防御来自外国企业的"攻击"。尤其是目前世界各地区对形成统一的 5G 标准有着强烈的共识，如果未来 5G 标准统一，那么哪个国家拥有更多的高质量专利，就意味着拥有更多产业话语权；三是要加大 5G 研发的开放性。利用 IMT–2020（5G）推进组，与国际相关标准化机构（3GPP、IEEE 等），5G Forum、5G PPP、20B AH 等国外 5G 研究组织开展多种形式的技术交流活动，共同参与并推动 5G 技术标准的研究和制定。

（四）促进产业链各方协同发展形成合力

抢占 5G 研发的制高点，其最终目的是让我国未来的 5G 产业发展能够取得先机。技术的创新研发是产业发展的基础，但是要使技术应用产生规模化效应，必然需要相关产业链各方的参与和支持。在推进我国 5G 研发的进程中，一是要依托 IMT–2020（5G）推进组为平台整合国内产业力量。推进组包括了我国主要的电信运营商、设备终端制造商、高校以及科研院所等机构，汇聚了我国移动通信业产学研用的主体力量。在此基础上，进一步推动和建立产学研用一体化的 5G 研发及应用产业体系，加强平台中各参与者之间的互动，从而能够有效加快 5G 的研发进度；二是尽早开展 5G 产业化布局。从我国 3G 和 4G 的技术研发、标准争夺到最后的产业化进程来看，在标准争夺后更加需要关注的是产业之争。移动通信产业链涉及相关行业众多，结构比较复杂，包含运营、系统设备制造、测试设备制造、终端制造、网络优化、网络管理等多个环节。涉及硬件、软件及服务提供诸多参与主体，产业链各方的协同对于整个产业的持续健康发展有着不可替代的重要作用。因此，在推进 5G 研发的同时，必须重视产业的提前布局，尤其是对于我国移动通信产业链中薄弱的环节，例如基带芯片领域，一定要强化政府引导、加大研发力度，争取在 5G 时代实现我国移动通信产业均衡健康发展的基础上，进一步提升我国移动通信产业在国际市场的核心竞争力。

第二节　专用移动通信

专用无线通信是指在一些行业、部门或单位内部，为满足其进行组织管理、安全生产、调度指挥等需要所建设的通信网络。

一、发展历程

我国是世界上拥有专用通信网规模最大的国家之一。从 2007 年开始，我国专网建设进入了快速发展阶段。公共安全、军队等安全部门，以及油田、电力、轨道交通、内河航运、机场、港口等重点行业，大力发展专网建设方案，从而形成百花齐放、多缤多彩的局面。

二、发展现状

（一）产业发展现状

目前，我国无线专网通信技术呈现宽带化发展趋势。2013 年，LTE 网络在全球的快速普及带动了无线宽带专网建设的浪潮。一方面，国际上基于 LTE 技术的无线宽带专网建设成为主流。美国已经宣布启动在政务和公共安全行业将 LTE 技术作为公共安全移动宽带标准，同时在澳洲、俄罗斯、德国等国的不同行业也都进行了 LTE 实验网的建设。另一方面，我国基于 TD-LTE 技术的政务宽带专网表现突出，目前已有北京、天津、上海和南京等城市开始建网和使用。除政务专网以外，国内公共安全、能源、高铁、民航、交通运输等行业和领域都在积极部署或者正在规划原有专网基于 TD-LTE 技术的宽带化升级。

我国 TD-LTE 产业向无线专网渗透，率先推出 TD-LTE 专网宽带集群产品，率先制定了 TD-LTE 宽带集群标准，为推进标准化和产业发展成立宽带集群 B-TrunC 产业联盟。2014 年，随着产业链的不断成熟和无线专网业务需求的不断提升，我国基于 TD-LTE 的政务网市场启动。

（二）技术发展现状

专网移动通信中的新技术不断涌现，下面是较新的通信标准、技术与方法。

TD-LTE：3GPP 中唯一的 TDD 标准，频谱利用率较高，目前可以达 5—

10bps/Hz，在专网里做集群应用，呼叫时延短，有利于组建集群专网。

MiWAVE：基于宽带无线多媒体国家标准，兼容于 TD-LTE 标准框架，上行采用了自主的 DFT-S-GMC 多址技术，可工作于 UHF（470MHz—806MHz）、2.3G、2.5G、3.5G、5.8G 等多个频段，提高了功放效率和覆盖能力，增强了抗多普勒频移的能力，降低宽带无线网络的建设成本，部署灵活。

PDT：用户无需重新规划网络、频率及改变使用习惯，系统间互联及统一网管协议体系完整，能够满足全国联网需要。设计了基于硬件的可选语音加密方案，根据所需要达到某安全等级来实现其中的部分或全部功能。

PTT：PTT 集群系统，是基于移动公众网（GSM 和 CDMA）的语音通讯业务，用户可以像使用对讲机一样，一对一、一对多通话。PTT 技术由美国移动运营商 Nextel 于 1993 年提出，2010 年我国电信推出了"天翼对讲"即属这种通信，2012 年这项业务逐渐被用户接受。

PPDR：公共保护和抢险救灾通信是国际电信联盟无线电通信部门（ITU-R）协调世界各国、各地区无线电通信管理部门研究用于公共保护和救灾的无线电通信的需求和技术的重要议题。PPDR 主要应用无线电宽带通信技术是应急通信的最重要环节，是实现政府应急预案的重要保障。

三、主要问题

（一）频谱短缺问题成为无线专网宽带化发展的瓶颈

在窄带集群时代，政务、公安、电力等行业部门无线专网都有独立的频谱资源并建设了独立行业专网。步入 LTE 宽带集群时代，LTE 宽带系统占用频谱更宽，频谱资源瓶颈更为突出，无法采用为单个行业分配频谱的方式。频谱是所有无线技术的发展的先决条件，需要综合考虑频市场和应用、频谱利用效率、技术和产业发展、商业模式等重要因素。

（二）我国 TD-LTE 专网宽带集群技术标准化缺失

由于标准缺失，目前我国主要 TD-LTE 设备商已研发或推出 TD-LTE 专网宽带集群产品和设备商技术方案不一致，无法实现不同设备商终端与网络、网络与网络之间的互联互通，影响了用户使用和网络建设规模，终端价格居高，给专网用户推广造成了一定障碍。标准化建设急需开展。

（三）面临商业模式创新和应用范围受限的困境

LTE 无线专网在管理方、建设方、运营方和用户市场等方面呈现复杂的多样化，需要继续深入探索可持续发展的商业模式，由于参与方的各种不同组合方式带来了各种不同的商业格局，LTE 无线专网商业模式的定位到底是公益性还是商业性尚不清晰。如果以公益性为主，则网络建设和运营需要依赖政府大量拨款，满足政府和特定用户的需要，用户单位范围应严格受限；如果侧重商业性，将着力发展商业用户，分流公众通信市场，在行业客户市场上与公网通信形成一定补充和竞争格局，这样就造成应用和终端定制化和推广面临困难[1]。

四、建议措施

（一）国家急需统筹规划专网发展

专网宽带化升级进程中需要专网用户统一频率使用认识，逐渐实现"共网"和"一网多能"的发展目标，这样不仅能充分利用频谱资源，还能节省建网及网络后续的运维成本。相关部门应统筹考虑 TD-LTE 专网与公网的协同发展。

（二）加大频谱管理新模式、新技术的研发投入力度

我国首先应深入对认知无线电、频谱共享接入等先进无线电技术的研究，从技术层面上实现频谱利用率的提高；其次，应积极探寻适合我国的频谱共享管理模式，实施新的频谱框架体系和分配方式，从根本上解决专网宽带化升级中频谱匮乏的难题。

（三）加快专网宽带集群标准制定

专网宽带化标准的制定应充分考虑到网络的可靠性、安全性和接入时长，要寻找到一个平衡传输速度和原有专网性能的最佳融合点，最终实现既能满足专网通信的可靠保障，又能满足宽带需求的目标。

第三节　卫星通信

卫星通信即地球上的无线电通信站相互间利用通信卫星作为中继而进行的通

---

[1]　参考龚达宁《LTE宽带集群专网发展面临三大难题》，《人民邮电报》2014年7月17日。

信方式。

一、发展历程

同步卫星通信是在地球赤道上空约 36000km 的太空中围绕地球的圆形轨道上运行的通信卫星。世界上第一颗同步通信卫星是 1963 年 7 月美国宇航局发射的"同步 2 号"卫星。1964 年 8 月发射的"同步 3 号"卫星，定点于太平洋赤道上空国际日期变更线附近，为世界上第一颗静止卫星。至此，卫星通信尚处于试验阶段。1965 年 4 月 6 日发射了最初的半试验、半实用的静止卫星"晨鸟"，用于欧美间的商用卫星通信，从此卫星通信进入了实用阶段。当前，我国已经建成了具有一定规模的，基本满足各种业务需要的卫星通信网。从卫星通信的应用角度看，可分为 4 个阶段：第一阶段国际通信；第二阶段电视传送；第三阶段国内公众通信和各种专网通信；第四阶段卫星移动通信。

二、发展现状

（一）卫星固定通信业务

从 1972 年，我国开始建设第一个卫星通信地球站开始，已建设了以北京为中心，以其他主要城市为各区域中心的多个地球站，国内通信线路累计达到 10000 条以上。

（二）卫星电视广播业务

截至 2015 年，中央电视台和其他二十几个省级台的电视节目和 40 多种语言广播节目通过卫星传送，开通卫星电视地面收转站十万多个，电视专收站（TVRO）约 30 万个。

（三）卫星移动通信业务

我国是 INMARSAT 的正式成员国，可为太平洋、印度洋和亚太地区提供卫星移动通信服务和机载卫星移动通信服务。在各主要部门均配备了相应的业务终端。

三、主要问题

（一）管理体制集中度差

受到体制和机制的束缚，在产业发展的顶层设计方面，我国卫星通信发展一直缺乏明确统一的战略思路，没有形成统一的管理体制，一直缺乏良性商业运作模式。

（二）缺乏有力的政策支持

政府宏观规划和政策扶持力度不够，过分强调市场的拉动作用。卫星通信行业具有技术门槛高、研发投入高、成果产出慢的特点，因此，在产业的发展初期，形成规模化、市场化之前，急需得到国家的大力扶持。

四、对策建议

（一）从国家层面对卫星通信的发展进行扶持

要与时俱进，根据社会发展、科技进步和人类需求增长，适时地制订、修改和补充有关卫星通信广播业务的政策。卫星通信产业是国家战略性产业，投入大，产量少，科技含量高，研制周期长，风险极高。单纯依靠市场力量难以保证技术、业务创新及其产业化持续健康地发展。因此，在卫星通信的发展过程中，应加强政府政策的支持力度，加大对卫星系统的研发投入，对边远地区，通过普遍服务基金的建设，支持卫星通信的发展[1]。

（二）加强卫星通信应用技术的自主化

在国内卫星应用的各领域中，通信是市场化程度最高、竞争最自由的，但多年竞争的结果是：关键技术和设备依然受制于人，国外厂商大行其道。在国外竞争对手远强于国内的情况下，如果国家不予扶持，市场将很快被国外产品和企业垄断。国家主管部门应制定政策，通过专项资金、大规模采购等方式促进"国家队"和"地方队"的形成和健康成长，从而形成良性互动和互补，建立起数个拥有雄厚资本、先进技术和强大国内国际竞争力的卫星通信设备制造及系统解决方案提供的领军企业和一批有实力的地方企业。

（三）充分发挥卫星通信优势和拓展发展空间

过去，人们普遍认为卫星通信是地面网络通信的补充和延伸，而非替代品。但从卫星通信长远发展看，卫星通信只有突破从属和补充的角色，才能实现产业化的发展。未来 Ka 宽带等大容量卫星的普及，将缩小卫星相对于地面网络在容量和成本方面的劣势，进而利用其广域覆盖的优势，积极拓展发展空间。

---

[1]　参考郝为民《我国卫星通信产业发展概况及展望》，《国际太空》2013年第8期。

（四）推动以企业为主体的产学研用相结合

加大国家主导和支持下的由运营企业牵头的产学研用相结合的应用研究力量，开发新应用，推广新产品，培育新市场，力争使卫星通信应用进入百姓的日常消费行列。加强国际合作，充分利用国际先进技术。扩大国际合作，搞好对外合作交流，加大卫星通信领域新技术、新应用和深空通信等领域的预研。

第四节　物联网及智慧城市

物联网是一种以物—物相连为表现形式的网络，其通过红外、激光、光学、磁学、声学、RFID 等传感器和 GPS、GIS 及 Zegbee 等全球定位系统等信息传感设备，将物与物、物与人之间相互连接，从而实现信息的交换和通信。

智慧城市是安全、高效、和谐有序、绿色和智慧的城市，是网络汇聚人的智慧，以大系统整合的、物理空间和网络空间交互的、城市管理更加精细、城市环境更加和谐、城市经济更加高端、城市生活更加宜居的发展模式。

一、发展历程

（一）物联网

1. 概念提出期

1999 年，美国麻省理工学院首次提出"物联网"概念，即将网络中的所有物品通过射频识别等信息传感设备与互联网连接起来，实现智能化识别和管理的网络。

2. 正式提出期

2005 年，《ITU 互联网报告 2005：物联网》发布，正式提出"物联网"概念。

3. 技术研究与试验期

这是当前世界各国的物联网发展所处的阶段：美、日、韩、中以及欧盟等国家启动了以物联网为基础的"智慧地球"、"U-Japan"、"U-Korea"、"感知中国"等国家或区域战略规划。我国几乎同时与美国等国家起步，中国高度重视物联网的发展。

（二）智慧城市

中国智慧城市的建设始于 2000 年前后，当时的应用范围只限于一些专业机构，服务对象有限，可称为 1.0 时代，即数字城市。

2005 年，智慧城市建设进入全方位的信息化和互联化的 2.0 时代。应用范围扩大到几乎所有的行业。

2009—2011 年，中国智慧城市建设开始进入 3.0 时代。物联网技术开始大量应用于前端的感知与数据采集，3G 或 WiFi 技术用于数据的传输。

2014 年，国家印发《关于促进智慧城市健康发展的指导意见》，要求各地区、各有关部门确保智慧城市建设健康有序推进。

二、发展现状

（一）我国物联网和智慧城市建设政策支持和资金投入力度不断加大

2014 年 8 月，国家推出《国务院关于加快发展生产性服务业促进产业结构调整升级的指导意见》，指出积极运用云计算、物联网等信息技术，推动制造业的智能化、柔性化和服务化，促进定制生产等模式创新发展。同年，在资金投入方面，财政部、工业和信息化部印发的《国家物联网发展及稀土产业补助资金管理办法》（财企〔2014〕87 号）以及《关于做好 2014 年物联网发展专项资金项目申报工作的通知》（工信厅联科〔2014〕74 号），重点支持物联网领域的技术研发和产业化、应用示范、标准研究与制定，公共服务平台建设以及国家级物联网创新示范建设。

（二）智慧城市建设从概念规划进入具体实施阶段

我国目前有近 2000 个市镇提出打造智慧城市计划，并且有近 500 座城市已经开始展开智慧城市建设的相关工作。2014 年我国智慧城市市场容量达到 108 亿美元，同比增长 18.5%。庞大的市场空间吸引了众多相关企业加入。据推算，一个中等智慧城市的建设费用需要 80 亿到 100 亿元。伴随着智慧城市从概念规划逐步进入实施阶段，早在 2013 年，我国物联网市场规模已达 4896 亿元。据预测，2015 年，中国智慧城市市场规模将达到 150 亿美元。

（三）物联网经济从多个方面齐头并进

物联网产业体系不断得到完善和发展，产业竞争力持续增强。在技术标准

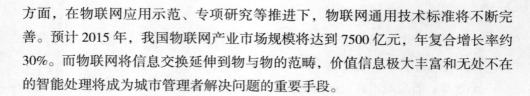

方面，在物联网应用示范、专项研究等推进下，物联网通用技术标准将不断完善。预计 2015 年，我国物联网产业市场规模将达到 7500 亿元，年复合增长率约 30%。而物联网将信息交换延伸到物与物的范畴，价值信息极大丰富和无处不在的智能处理将成为城市管理者解决问题的重要手段。

三、主要问题

（一）物联网产业发展方向不清晰

物联网产业集中度差，每个环节都有大量的中小企业，缺乏发展合力。在物联网领域，无论国际还是国内没有产业领军企业，产业集中度低且行业进入门槛低，导致市场未能形成规模效益，物联网应用成本居高不下。物联网是信息技术与信息产业的高度集成，构建在已经存在多年的产业基础之上，产业发展边界模糊。由于物联网产业难以从原有产业中剥离，不利于准确判断物联网产业发展的客观状况和发展规律。

（二）行业定制性强，发展难度大

标准化工作开展缓慢，产品间无法实现互联互通。各个行业需要感知的对象不同，传感器产品设计的差异较大。各行业的所需要的基础信息不同，分析和决策的内容不同，不可能使用一种数据分析和决策软件胜任所有任务。行业的多样性和强定制性，导致产业的发展难度较大。

（三）缺乏用于全面感知、监控与应急联动的信息系统一体化管理平台

缺乏统一的顶层设计，造成系统之间彼此独立，难以相互衔接连通，形成"信息孤岛"，无法形成一套完善的信息化体系。城市管理的一项重要任务就是日常事件和紧急事件的应急处置能力。然而，由于当前各部门都自行建设信息化系统，系统之间缺乏互联互通，因此不能全面和准确地进行数据收集与分析，导致决策者无法通过统一的信息平台指挥各部门协同合作。

（四）人为原因造成信息资源共享瓶颈问题突出

大数据是智慧城市建设的基本条件，但当前我国在法规、政策等方面的建设还不健全，建设智慧城市所必需的核心大数据资源大都掌握在各个政府部门手中，部门间协调共享能力有限，数据对公众开放的力度也明显不够。由于部门间存在利益关系，导致数据成为部门间私有化产物的现象十分严重，数据资源共享困难

成为智慧城市建设的最大障碍。

四、对策建议

（一）推动商业模式和服务模式等方面的创新

优化国家资金配置，鼓励企业加大技术研发力度，加强产业链多方协作，形成共赢局面。进一步挖掘行业应用领域的市场需求和商业模式。推动物联网在个人应用领域形成自循环发展。对于感知到的大量信息，以应用创新为个人提供特色服务为规模化瓶颈的突破口，使物联网产业做到持续性的不断发展。

（二）物联网推广应用采取层次化、有序化的发展方式

面向重点行业和重点民生领域，大力推广物联网产品的应用和普及。坚持稳步逐次推进的发展方式，有选择地进行推广应用，以应用促发展。在某些并不成熟的领域，不但要加强自主创新，而且要在满足应用需求的前提下，做到稳步发展。在产业化能力不足的领域，应提升产品产量，改善产品生产工艺。

（三）加强建设适应物联网发展的配套环境

加强自主创新能力，深入开展核心和关键技术产品的研发。加强物联网重大基础设施建设。加强创新服务和商业模式建设。坚持自主可控的发展物联网产业，加强防护管理，建立健全监督、检查和安全评估机制，有效保障物联网信息采集、传输、处理、应用等各环节的安全可控。积极探索产业链上下游协作共赢的商业模式，推动公共服务平台建设，加强信息资源的共享和业务间的协同发展。

（四）加强顶层设计

加强顶层设计，改变当前智慧城市建设中所出现的混乱局面。从促进新型城镇化、全面建成小康社会的大战略出发，建设具有中国特色的新型工业化、信息化、城镇化相互融合的智慧城市，使智慧城市建设不仅服务于城市居民，也同样应该使城镇和农村居民受益。

第五节　移动互联网

一、发展历程

移动互联网是指将移动通信和互联网结合起来，实现互联网技术、平台、商

业模式和应用与移动通信技术相结合进行实践活动的总称。

（一）萌芽期

2000—2003 年，智能手机应用显著增长，移动互联网处于萌芽期。

（二）发展期

移动互联网的市场规模已从 2003 年的 29 亿增长至 2006 年的 69 亿，用户规模达到 4483 万，相比 2003 年也增长了近 4 倍。移动互联网发展迅速，各大运营商和终端设备开发商增大投资力度，加紧布局。互联网服务商纷纷进入移动互联网领域；2007 年，苹果推出 iPhone，google 推出安卓系统，及基于该系统的 google 手机；同年 4 月，诺基亚宣布成为移动互联网服务商。2008 年，苹果公司宣布开放基于 iPhone 的软件应用商店 App Store，取得了巨大成功。

（三）成熟期

2011 年移动互联网应用开始普及。2012 年全国有 5 亿多移动互联网用户，市场规模接近 2300 亿。从 2013 年开始，移动互联网呈现稳步发展态势。据统计，2014 年中国移动互联网用户达 8.75 亿，市场规模同比增长 115.5%，达到 2134.8 亿元。

二、发展现状

（一）从计算平台向移动智能终端技术体系迁移

从 PC 主导的计算平台向以移动智能终端为主体的技术迁移。ICT 产业链的所有关键环节，包括终端、操作系统、芯片和应用等都发生着颠覆性变化，目前变化率已经超过 50%：全球移动智能终端近三年的出货量年均增长超过 50% 以上，2013 年接近 10 亿部，已达 PC 产品产量的 3 倍；全球计算平台（含 PC 和移动智能终端）中移动操作系统（Android 和 iOS）的占比超过 50%，主要互联网平台中来自移动计算平台（Android/iOS）的流量超过 50%，移动芯片年出货量是 PC 芯片出货量的 5 倍，全球计算平台的主流技术已经成为移动芯片和操作系统。

（二）开放和开源是主流技术今后一段时间的发展趋势

移动互联网使开源和开放成为一种常态的发展趋势，应用于终端平台的主流操作系统和芯片从封闭、有限开放向开源开放转变。终端主流软件平台向开源化发展是软件领域最重要的一个里程碑。谷歌的安卓在商业上获得了巨大成功，带来了终端计算平台系统软件的开源发展趋势，有力地推动了开源发展在信息产业各个领域的实现。安卓系统的大部分程序源代码是完全开源的，开源模式使谷歌在短短的几年时间内发展迅速，掌握了全球移动互联网产业的主导权。集成电路产业的格局也因为 ARM 的开放授权模式产生了巨大变化。开放授权模式使 ARM 主导了移动芯片体系架构的发展，占据了市场 90% 以上的份额，对大型机和服务器等产品的产业发展产生了新的影响。

（三）重新构建了全新的互联网商业模式和应用服务体系

移动互联网的快速发展创造了全新的应用服务体系和商业模式。当前，移动互联网应用服务的形态是主要是 APP。以 APP 为主体的应用商店服务体系快速被用户接受，2013 年年底，苹果 App Store 与谷歌 Google Play 应用程序下载规模均达到 500 亿次以上，应用程序规模均超过 100 万个。以微信为代表的超级 APP 模式，在 APP 中融入互联网要素通过快速迭代用户需求，实现应用模式的平台化发展，从而不断推动应用形态升级换代。超级应用的能力持续提升，基于超级应用平台的服务体系不断扩充。各大企业纷纷面向用户需求，极力扩充其核心 APP 功能，实现邮件、即时消息、SNS、支付、浏览功能，从而扩展应用生态。

（四）快速发展的移动互联网促进了 LTE 的发展

LTE 发展速度远超 3G，增速空前。2014 年，世界各地的电信运营商共推出了 96 个 LTE 网络，这样全球商用 LTE 网络总数就达到 360 个。在投入商业运营的 360 个 LTE 网络中，FDD（频分双工）网络占 312 个，TDD（时分双工）网络占 31 个，其余 17 个采用 FDD 和 TDD 网络混合模式。2014 年全球 LTE 用户数超过 3.3 亿。可见 LTE 在初期的发展速度已远超当年的 WCDMA，2013 年表现得尤为突出，2013 年 LTE 用户的年增幅达到 166%，7 倍于其他移动通信技术的增长速度。与此同时，LTE 在广度和深度方面也实现了全面突破，美国 LTE 网络覆盖率已达到 90%，随着中国和印度等亚太市场的加入，预计未来 4 年内 4G 网络将覆盖全球 1/7 的移动用户。

三、主要问题

（一）在开源开放的大背景下自主创新面临挑战

开源开放背景下的自主创新是一种在准确洞察技术趋势基础上，紧扣产业发展要素，逐步介入深层次的技术研发，是一种在全球竞争中不断发展和提升的复杂过程。这种自主创新需要在激烈的技术产业竞争中，采用更迅速的技术更换速度提高技术自主能力、以用户需求为导向扩大市场份额、从而降低生产成本，提升产业掌控力、增强产品知识产权意识避免市场风险，逐步建立完善的产业生态链。

（二）我国第三方应用商店建设困难重重

总体上看，原生应用商店模式下应用营销能力进入瓶颈，其中 APP Store 已有大约 50 万个应用软件长期没有得到使用，Google Play 中四分之一的应用软件下载量小于 50 次，国内应用商店均针对安卓平台，同质化竞争仍是发展的重要挑战。据相关部门对我国 22 个主流应用商店调查的结果显示，相同一款应用平均在多个平台上发布的现象时有发生，同质化竞争较为严重。

（三）移动芯片技术产业升级将面临严峻挑战

在当前移动芯片产业高速发展的大背景下，应清醒地认识到背后存在的重重挑战。国产移动芯片由于技术水平低，多以中低端市场为主、利润率低；另外，国内现有芯片企业规模均较小、研发投入不足，跟随探索国外技术的发展趋势是其技术演进的核心策略，因此，导致在核心技术、关键 IP 核掌握、工艺设计等方面依然严重滞后。

四、对策建议

（一）迅速加强移动终端的个性化定制能力

一是在移动终端个性化定制方面，可以从提升手机等移动终端深度定制能力、开展手机阅读和视频等一体化销售模式挖掘产业链整合者的作用。二是在营销过程中，扩大建立营销体验馆，同时注重开发网上商店等网络营销渠道。

（二）加强打造业务运营平台

一是根据需要建立平台化业务管理模式，为有效满足各类移动互联网用户的个性化定制需求，建立多种多样小利润业务的创新发展模式。二是加强移动互联业务功能，实现移动业务的创新。三是鼓励用户参与到内容建设中来，使用户置身其中。

（三）从多方面加强安全管理

一是采用第三方签名认证的方式，确保在产品的每一个开发生产环节的可溯源。二是加强各方面的安全管理和日常监测。三是支持研发安全管理系统方案，减少企业信息安全中存在的安全隐患。四是通过各方努力合作，加大对"伪基站"的查处力度。

第四章　无线电管理专题

第一节　《无线电管理条例》修订

一、条例修订的背景

近年来，随着无线电事业的迅速发展，无线电管理部门在服务党政机关、服务经济社会发展、服务国防建设、保障无线电安全等方面作出了突出成绩。同时，也面临着新的问题和挑战：一是现行的《中华人民共和国无线电管理条例》于1993年颁布，距今已有二十多年。随着无线电技术的进步和无线电事业的发展，无线电管理工作在实践中遇到了一些新情况、新问题，亟须出台符合我国实际的新法规，以解决实际工作中的矛盾和问题。二是无线电频率资源结构性供需矛盾突出，频率资源日益短缺。三是非法设置、使用的无线电台站时有发生，有害干扰逐年递增，严重威胁无线电安全。四是人民群众对电磁环境和无线电安全的敏感度越来越高，对非法干扰、问题无线电发射设备、无线电安全隐患和电磁环境恶化的容忍度越来越小，需要用法律手段对人民群众的合理诉求和正当权益加以保护。

为此，工业和信息化部、总参谋部在总结无线电管理实践经验的基础上，起草了《中华人民共和国无线电管理条例（修订草案）（送审稿）》，上报国务院、中央军事委员会。国务院法制办公室在征求有关方面意见的基础上，会同工业和信息化部修改形成《中华人民共和国无线电管理条例（修订草案）（征求意见稿）》（以下简称征求意见稿）。征求意见稿总计80条细则，包括总则、管理机构及其职责、无线电频率和卫星轨道资源管理、无线电台（站）管理、无线电发射设备管理、发射无线电波的非无线电设备管理、涉外无线电管理、无线电监测和监督检查、法律责任及附则等 10 部分内容，以适应新形势下无线电业务发展对无线电管理工作提出的新需求。

二、条例主要修订内容

（一）增加卫星轨道资源管理内容

卫星轨道资源是我国开展空间业务的基本保障，为实现其有效开发和科学利用，新《条例》作了如下规定：一是国际电信联盟规划给中华人民共和国使用的卫星轨道资源，由国家无线电管理机构统一分配、指配；二是使用我国及境外卫星轨道资源开展业务所需遵守的相关规定及使用条件；三是建设卫星工程，应当在项目规划、可行性研究阶段对卫星轨道资源的使用进行可行性论证；四是规定组建卫星网络的限定条件和受理程序。

（二）细化无线电频率高效利用相关条款

无线电频率资源是我国重要的战略基础资源，需要采取合理的行政、市场和技术手段，提高频率资源的利用率。新《条例》规定：一是明确国家鼓励研究、采用先进的无线电技术，提高无线电频率和卫星轨道资源的利用效率。二是规定对无线电频率颁发使用许可，应当采取招标、拍卖的方式。三是规定无线电频率使用期限不得超过 10 年。取得无线电频率资源后无正当理由超过两年不投入使用或者使用率达不到许可要求的，无线电管理机构有权撤销无线电频率使用许可，收回无线电频率资源。四是明确规定使用无线电频率应当缴纳无线电频率资源占用费。

（三）强化无线电安全相关内容

无线电安全是国家网络安全的重要组成部分。新《条例》将无线电安全相关条款纳入实施细则中，主要包括：一是强化无线电发射设备的研制、生产、进口及销售等环节的相关技术规范，以及指标和审核要求；二是进一步完善无线电发射设备入境的批准程序；三是细化对合法无线电台（站）产生有害干扰、非法的无线电发射活动的监管措施；四是规定无线电设备测试安全、干扰消除、特殊无线电发射设备信号保护等涉及无线电安全方面的内容。

（四）增加简政放权及政务公开等相关内容

为贯彻落实"十八大"关于政府机构职能改革精神，新《条例》针对无线电管理简政放权、政务公开等内容制定了相关条款，主要内容包括：一是规定无线电管理机构应当自受理无线电频率使用许可申请之日起 30 个工作日内审查完毕；二是进一步理顺了国家和省、自治区、直辖市无线电管理机构在台站管理工作中的职责；三是规定了无线电管理工作政务公开的内容。

（五）补充电磁环境保护相关条款

当前，空中电磁环境污染呈现出复杂的局面，电磁环境保护成为国家建设智慧城市中不可或缺的一环。新《条例》对电磁环境保护规定了相关条款，主要包括：一是规定在无线电电磁环境保护区内不得建设阻塞重要无线电通信的高大建筑，不得设置、使用干扰重要无线电设备正常使用的设施、设备；二是规定使用无线电台（站）的组织和个人应当对无线电台（站）进行定期维护，并采取必要措施防治发射无线电波产生的电磁环境污染；三是规定工科医频段无线电波辐射，应符合国家标准、行业标准及国家有关无线电管理的技术规范。

第二节　无线电管理深化改革

一、清理和规范无线电管理行政审批事项

长期以来，我国无线电管理工作主要是行政审批的管理模式。这种模式是在市场经济体制不完善、市场功能发挥不充分、政府对市场干预过多的情况下形成的，已经明显不适用现代市场体系和开放型经济体系的内在要求。因此，我国的无线电管理工作必须顺应全面改革的历史洪流，要从主要依靠事前的行政审批逐步向强化事中事后的监督检查转变，从比较熟悉业务管理逐步向加强市场监管和提供公共服务转变。一方面，国家无线电管理机构要继续清理行政审批事项，尽量减少对微观事务的管理，加强宏观的指导和战略政策的研究制定；另一方面，地方无线电管理机构也要压缩行政审批事项，规范行政审批流程，依法管好资源、台站和秩序，不断提高市场监管和公共服务的效能。

2014 年，报请取消了两项行政审批事项。一是取消了"外国组织或者人员运用电子检测设备在我国境内进行电波参数测试审批"，今后禁止开展此类活动。二是取消了"无线电发射特性核准检测机构认定行政许可审批"，为做好行政许可审批取消后的后续管理工作，拟成立无线电检测行业联盟，加强无线电检测行业自律，完善行业监督机制，促进行业健康发展。

二、推动台站管理属地化及部分频率管理权限下放

李克强总理在国务院机构职能转变动员会上强调："要把该放的权力放开到位，把该管的事务管住管好。"对我国无线电管理工作来说，全面深化改革、进一步简政放权的一个重要切入点和突破口就是深入推动台站属地化及部分频率管理权的下放工作。台站管理属地化及部分频率管理权的下放，一方面有利于最高管理层摆脱繁琐的日常行政事务，集中精力研究大政方针；另一方面有利于调动基层工作积极性，提高基层管理能力。

2014年，工信部无线电管理局开展了全国无线电台站规范化管理专项活动，各级无线电管理机构按照统一部署，周密计划、扎实工作，台站规范专项治理活动成效显著。各地结合实际制定实施方案，均超额完成了本地区的台站清理任务，并开创了在用设备检测新模式，全面完成设备检测既定目标，全国台站数据库完整性、准确性和台站管理的规范性得到进一步提高。

三、推动频谱资源市场化分配机制的预研及准备工作

随着国民经济和国防建设的飞速发展，无线电频率已经成为稀缺的战略资源，加强无线电频谱资源科学配置与合理利用刻不容缓。无线电管理部门不仅需要全力保障新兴产业和技术的用频需求，还需要统筹电信、广电、交通、民航、铁路、航天等各行各业的需求，科学规划、配置频率资源，提高频谱资源利用率。同时，按照中央关于加快完善现代市场体系的要求，正确处理政府和市场的关系，完善相关法律法规，对部分市场化程度较高的频段，可以对一些市场手段如拍卖、招标、交易等进行深入探讨和摸索。

2014年，无线电管理局已经组织开展了频谱资源市场化配置的预研工作。2015年，应在已有研究的基础上，进一步推动无线电频率资源市场化分配机制的研究工作，为未来几年市场化分配方案的实施奠定基础。组织课题研究及相关调研，梳理总结我国及主要国家无线电管理机构的情况、频谱资源配置方法、管理流程、收费等基本情况，尤其是其他国家无线电频率拍卖情况，如所采取的拍卖手段、主要环节、配套法规、准入制度、资金属性与流向、监管机制、组织架构等，总结分析有关经验和教训；分析我国无线电频谱资源市场化配置的必要性和可行性，研究适应于我国国情的无线电频谱资源拍卖等市场化配置的基本方法、相应流程、环节设计、风险点分析、需要的配套法规等；确定我国无线电频谱资

源市场化配置活动的资金监管机制，尤其是拍卖所得资金的主要流向及监管主体和配套机制等；研究起草我国无线电频谱资源拍卖的试点方案，包括可用于拍卖的无线电频率资源、我国公众移动通信等频段的可能的拍卖底价、我国目前无线电频谱资源拍卖试点方案研究等。

第三节　无线电频率规划

一、我国民用无人机发展及用频现状

无人机，是指机载无人，可以利用空气动力飞行，自主进行控制或遥控驾驶，既可以一次也可以多次回收使用的飞行器，其具有机动灵活、快速反应、无人飞行、便于操作等诸多优点。近年来，随着我国民用无人机技术快速发展，无人机应用日益广泛，用频设备增多，无人机年使用时间和飞机数量明显增加，频谱需求紧张问题日益突显。为了有效保障民用无人机飞行安全，避免因频谱资源短缺而造成的有害干扰，急需结合实际需要，深入开展用频策略研究，保障和促进我国无人机产业健康有序发展。

（一）我国民用无人机产业发展现状

民用无人机应用日益广泛。无人机分为军用和民用两类，民用无人机主要集中应用在政府和商业领域。在政府方面的应用主要包括边界巡逻、大气研究、飓风测量和追踪、森林火灾监测和支持、搜索与营救、执法、人道主义援助、空中摄影与成像、毒品救助和禁毒、监视和检查危险设施、自然灾害监视、机载污染观察和追踪、化学和石油泄漏监测、通信中继、交通监视、港口安全等。在商业方面的主要应用包括种植监测、鱼群定位、远程摄影与成像、公共设施监测、矿业探测、农业应用、通信中继、石油泄漏监测、场所安保、新闻媒体支持、货运等。

自主研发能力较强。我国民用无人机研制工作起步较早，上世纪 80 年代初，西北工业大学研制的 ASN−104 固定翼无人机就已经对地图测绘和地质勘探做出了有益的尝试。1998 年，南京航空航天大学无人机研究院研制的"翔鸟"无人直升机，实现了森林火警探测和渔场巡逻。目前，我国已经具备了自主设计研发低、中、高端无人机的能力，基本形成了配套齐全的研发、制造、销售和服务体系，在无人机机种上已经形成了种类齐全、功能多样的较为完备的系列，而且性能指标也在不断得到改善和提升，部分技术已达到国际先进水平，走上了一条全面发

展的道路。但由于现行体制和信息不畅等因素的影响，造成研发力量分散，研究内容重复，没有形成合力，造成人力、物力、时间、经费等方面的严重浪费。急需政府加强引导，整合科研实力，攻坚克难。

产业初具规模。近年来在应用需求的带动下，我国民用无人机研制生产厂家迅速壮大，由原来的少数研制生产军用无人机的单位为主，发展到现在的呈南北分布的民用无人机产业生产格局。民用无人机生产从平台系统到任务载荷，从信息获取到信息处理传输，从自由飞行到适航管理，在国家的大力支持下发展产业已经初具规模，初步形成全产业链格局。当前，我国已有 130 多家民用无人机生产制造企业，共生产民用无人机 15000 余架，民用无人机应用已逐步渗透到人们生产和生活的多个领域，极大地方便了人们的生产和生活。但由于当前民用无人机领域的国家标准和行业标准仍为空白，限制了产业的进一步发展，导致各家企业生产的产品水平参差不齐，在关键技术和产品性能方面有待提高。

产业政策积极支持。为了快速开发民用无人机的低空应用，促进应用快速普及，已经相应出台了部分政策措施。2010 年，国务院、中央军委印发了《关于深化低空空域管理体制改革的意见》，要求"适时、有序地推进和深化低空空域管理改革"，决定自 2011 年起，低空空域改革试点从沈阳、广州两地逐步向全国推广，到 2020 年建成相对完善的低空管理体制。2013 年 11 月 18 日，中国民航局颁布了《民用无人驾驶航空器系统驾驶员管理暂行规定》，对无人机管理主体、机构、融合空域等进行了初步划分。

为了进一步全面推动民用无人机普及应用，当前工信部和交通运输部正在分别积极制定无人机市场准入要求和无人机频谱要求，民航总局正在酝酿无人机的安全性试航标准。但目前我国民用无人机管理和推广还存在诸多政策法规盲区，从宏观的市场准入条件，到具体的适航认证管理、飞行管制、相关从业人员培训等一系列规则章程，这种情况极大地制约了民用无人机产业的健康发展，急需国家加速出台规则制度，早日改变这一阻碍产业发展的不利局面。

（二）我国民用无人机用频现状

随着民用无人机应用范围向多样化发展，用频设备逐渐增多，主要用频设备不但包括飞行控制与管理设备、导航设备、无线电测控与信息传输设备，还包括各种任务设备，任务设备根据民用无人机执行的任务类型略有不同，功能的增加导致用频数量急剧增加。当前我国主要民用无人机生产厂商包括：湖南山河科技股份有限公司、中测瑞格测量技术公司、七维航测公司、珠海银通航空器材有限公司等多家企业。

我国民用无人机的用频主要集中在 UHF 频段（328—352M、400—449MHz、560—760、900—933MHz）、L 波段［1340—1400MHz（上行）、1670—1730MHz（下行）］和 S 波段（2.4GHz）以及更高波段 C 波段（5.8GHz）。由于上行链路主要用于传输遥控数字信号，下行主要传输遥测数据和图像视频信号，因此 S 波段（2.4GHz）和 C 波段（5.8GHz）频率主要用于传输下行图像和视频。

由于当前我国民用无人机没有出台正式的频率使用规范，频率使用相对比较混乱，不同研制生产厂家，生产的不同型号的无人机使用的无线频率各不相同，导致系统兼容能力差、系统共用互操纵性差、系统协调工作和整体工作效能不高，以及装备型号繁多造成的应用和保障困难。为满足无人机系统测控与信息传输链路频率使用需求，改善频谱使用混乱的局面，2014 年 6 月，我国起草了《无人机系统频率使用事宜》（征求意见稿），根据我国无线电频率划分规定及频率资源使用情况，拟在 840.5—845MHz，1430—1446MHz 和 2408—2440MHz 频段增加无人机相关应用。

二、我国民用无人机用频面临的问题

（一）频谱短缺问题严重

首先，由于当前民用无人机承担的应用日益广泛，任务不断扩展，不但民用无人机数量大幅增加，而且机上各种支持系统装备，如雷达、定位跟踪导航、信息分发、遥感勘测仪等的数量和所需带宽也将大幅增加，直接导致无人机频谱需求不断增长。对那些大型、长航时的无人机来说，其对带宽提出的需求将更加可观。以全球鹰无人机为例，在通常情况下，仅一架就将占用大约 500 兆比特 / 秒的卫星传输带宽，这些带宽超过了整个美国武装力量在"沙漠风暴"行动中所占用带宽的 5 倍以上。如果数架全球鹰战机同时在某一空域执行任务，其所需卫星传输带宽是不可想象的。

其次，随着无人机的应用领域逐渐扩展，除了军方、公安和民航，其他领域也越来越重视无人机应用，专用无人机种类和数量明显增多，飞行时间明显延长，为了避免在同一空域间不同用途无人机间的相互干扰，保证飞行安全，不得不为优先级更高的专用无人机划定更多专用频段，这样就导致民用无人机在一定空域和时域的可用频谱资源更加有限。

（二）用频标准缺失

长期以来，国外民用无人机按照其应用需求不同在 UHF、C、S、X、Ku 等频段均有使用，同时在其他频段中也有零散分布。我国民用无人机的用频主要集中在 UHF、L、S、C 频段，与国外无人机用频分布略有不同。目前我国尚未正式出台民用无人机用频标准，使我国民用无人机用频类型过于繁杂，从而使无人机的生产、应用、维修和后勤保障陷入困难，限制了市场应用推广，制约产业发展；另一方面，无法从生产环节对民用无人机的用频加以监督和限制，造成用频监管和用频安全保障困难，易产生用频干扰。

从产业发展角度看，在我国没有统一用频标准的情况下，一方面，造成进口无人机设备和零部件同我国无人机设备用频范围不一致，导致系统兼容能力差、系统共用互操纵性差、系统协调工作和整体工作效能不高，影响民用无人机产业发展。另一方面，缺乏对在我国应用的国内外民用无人机产品进行用频规范限制，进口无人机产品设定用频范围过大，在正常使用时，有可能严重干扰我国其他用频设备的用频安全。

（三）法律法规有待健全

无人机是一种频谱依赖设备，只有在保持无线信道畅通的情况下，才能保证无人机的效能完整发挥，它的广泛应用离不开稳定可靠的电磁环境作为保障。然而现代信息社会中，电磁环境日趋复杂，电磁干扰明显增多，严重影响了无人机的通信和测控工作，限制了其生存能力和应用范围。为了解决干扰问题，急需健全我国无线电管理法律法规制度。当前我国无线电管理法律法规体系不完善，《无线电管理收费规定》、《无线电管理处罚规定》等在形式上仅属于规范性文件，缺乏一部更具法律效力的《无线电法》，无法保障民用无人机的用频环境，实现飞行安全，这与无线电管理对国家战略资源管理的重要性严重不符。不仅如此，无线电管理工作者在查处干扰无人机用频事件时，由于缺乏法律层级的依据，对于干扰问题的处罚存在执行难问题，不利于有效打击用频干扰破坏行为，急需健全法律法规，加强惩罚力度，保障民用无人机用频安全。

（四）多部门频谱共享协调难度大

频谱共享是解决民用无人机频谱资源短缺问题的主要手段，而且如果规划得当，对共享双方都是有利的。以军民共享为例，不但军队可以在日常训练和演习中使用民用无人机的频率，达到对军事用频的隐蔽性，而且在和平时期为了保障人民的生产生活，促进经济建设，军队也可以在一定时期和空域内，暂时让出部分专用频段供民用无人机使用。然而当前由于涉及到部门利益、国家安全等多方面因素，实现多方面的频谱共享还面临较大困难，需要进行深入协商和研究。虽然工业和信息化部无线电管理局是主管全国无线电管理工作的职能机构，但由于军队频谱规划和利用的特殊性，以及已规划给公众移动通信的频谱再利用的困难等因素，加大了管理机构实施频谱共享统筹规划的难度。因此，如何协调政府、军队和商用领域的用频关系，推进民用无人机频谱共享在短期内将是一个巨大的挑战。

三、我国民用无人机用频建议

民用无人机具有研发制造成本低、操纵使用方便、实用性强等特点，在我国已经广泛应用于防灾、电力、森林、气象、地质勘探等多个领域，然而由于当前民用无人机用频标准不统一，频谱资源没有有效规划和合理利用，造成频谱资源短缺，用频干扰严重，限制了应用的推广和产业的发展。如何更加合理分配频谱资源，解决民用无人机频谱资源短缺，避免用频干扰是当前我国频谱管理工作中急需解决的重要问题之一，综合考虑我国民用无人机应用和产业发展的特点，结合我国无线电频谱管理工作的实际情况，我们要深刻认识到，加强对频谱资源的开发、利用和管理是国家利益的集中体现，不但要加强民用无人机用频技术研发，加快推动用频标准出台，规范用频秩序，而且急需从国家利益出发，消除部门利益保护，加强合作，并在此基础上加强频谱管理法制建设，实现频谱资源的优化配置和共享，促进民用无人机产业发展，发挥频谱资源的经济效益和社会效益。

（一）加强用频技术研发，提高频谱资源利用率

大力创新民用无人机用频技术研发机制，加强自主创新研发能力，建立高效利用频谱的技术保障体系，解决无人机用频紧张问题。

一是引导企业加大对激光通信、软件无线电等新技术和可主动管理可用频谱的动态频谱管理和分配工具等新产品的研发投入，鼓励科研院所对以频谱共享为目的的认知无线电技术的研发和利用。实现无人机用频能够适应不同传输速率、调制类型和视频压缩格式的需求。不但能够实现无人机系统在下行链路为2MHz

时（遥测和一路彩色视频数据的传输）两个无人机系统在同一个视距蜂窝覆盖区进行同时传输操作，而且还能满足不同视距蜂窝的频率复用要求，有效提升民用无人机的频谱资源保障能力。

二是加强与发达国家在高频技术应用和频谱共享技术方面的交流与合作，逐步建立以企业为主体、产学研用相结合的技术和服务创新体系，研发具有我国自主知识产权的适用于宽带无线通信领域的高频段无人机产品，尽快实现产业化。三是适时加快利用民用无人机新技术、新设备替代落后技术和设备的步伐，扩展无线电新技术、新业务在民用无人机上的应用，加强不同领域业务间的频谱共用，提高频谱资源的使用效率，努力满足民用无人机的用频需求。

（二）推动用频标准出台，规范用频秩序

一是加快制定和发布国家和行业层面的民用无人机用频标准规范，尽快将2014年6月起草的《无人机系统频率使用事宜》（征求意见稿），在征集整理有益建议的基础上完成《无人机频率规划》并付诸实施。

二是以规范无人机用频标准为契机，立足产业发展和军民融合，大力扶持有实力、有积极性的企业和机构加入无人机用频标准技术研发行列，研究发展我国民用无人机的管理措施以及相应的政策、法规、标准等规章制度，规范产品生产，规范频率合理使用，整顿用频秩序，促进产业界合理竞争、有序发展。

三是建立和完善与民用无人机相关的用频管理职能和体制机制，以用频标准填补管理空白缺失，使民用无人机用频管理有据可查、有规可循。加强用频管理，规范用频秩序，促进民用无人机产业快速发展，为经济和国防建设服务。

（三）建立无线电主管部门牵头，多部门协调的用频制度

运用多种手段，通过多种方式，加强合作，强调共同发展，建立共赢局面。一方面，加强部际协调机制的运行能力，以国家无线电主管部门作为牵头单位，在民航、公安、军队等部门间建立多渠道、多层次的沟通、协调机制。另一方面，研究探索民用无人机与军队、民航和公安共同开发利用无人机频谱资源的可能，加强频谱租赁市场化运作可能性，通过多个渠道、多层次逐步增加我国民用无人机的可用频谱资源，繁荣民用无人机应用市场，促进产业健康发展。

第四节　无线电安全

一、打击伪基站活动进展

随着空中电磁环境日益复杂，无线电应用向宽带化、数字化、近距化、动态化等方向演进，原有的技术手段已经无法满足新的监测需求。另外，各种重大活动和无线电安全保障任务的日益增加，对无线电管理应急处置能力提出了更高的要求，对无线电监测的机动能力也提出了新的挑战。因此，不断强化无线电监测技术水平和手段、进一步提升无线电安全保障能力、维护国家安全和社会稳定，是新时期无线电管理机构的一项重要任务。2013年以来，伪基站、黑电台等在全国范围内大量出现，成为社会关注的热点问题。围绕社会热点问题，开展非法设台专项治理行动，有利于在全国范围内形成集中打击非法设台的高压态势，对不法分子起到威慑作用，从而维护群众利益。

2014年，各地无线电管理部门加大了打击力度，做了大量的工作。下发了《国家无线电办公室关于开展打击非法设置无线电台（站）专项治理活动的通知》，明确了查处非法广播电台、打击整治"伪基站"及卫星干扰器等专项活动的指导思想、工作目标和工作内容。由中央网信办、公安部和工信部等9部委联合开展的打击整治"伪基站"专项行动，无线电管理局作为工信部内牵头司局，制定了工作方案，开展了全国无线电管理机构"伪基站"检测定位培训等，专项行动成效较为明显。

二、治理伪基站面临的问题

近两年，工信部多次开展治理伪基站多措并施的专项行动，已初步建立了治理伪基站的工作体系。实施的专项活动先后摧毁了一批伪基站生产窝点，收缴了一批伪基站设备，抓获了一批犯罪嫌疑人，有效地遏制了此类犯罪活动的蔓延。但随着4G的发展和智能手机的普及，伪基站隐蔽性更强、更难以发现并查处、溯源困难、处置更困难，在治理伪基站问题上仍存在诸多问题。

（一）伪基站流动性强等特点导致治理难度大

随着科技手段的进步，伪基站逐渐演具有机动性强、操作简便、活动分散、受害范围大和体积小的特点，可以广泛散布于人口密集区、商业区和小型移动车内，发射信号也不易被发现，使抓获和查处难度加大。经测试，如果伪基站在监测点附近，10分钟就能够监测到其信号，但如果伪基站一旦流动起来，却很难发现。伪基站这种流动性强而且社会危害性大的特点，给监管查处工作带来了很大的困难。

（二）对伪基站处罚的法律法规亟待完善

伪基站的出现，与法律滞后存在很大的关系，另外运营商管理上也存在一定的漏洞。运营商手机卡、上网卡在网上公开买卖，给诈骗分子提供了无记名通信工具。目前我国对伪基站的处罚是依据1993年制定的《中华人民共和国无线电管理条例》，其中关于最高处罚只仅仅是"没收非法所得和设备并处罚金5000元"，从一定程度上说如此轻额度的处罚，与违法分子所牟暴利相比简直微不足道，因为违法成本太低，还不足以威慑涉案人员的利欲之心。现行的法律对擅自用无线电台或故意干扰正常无线业务的人或单位处罚力度尚有待加大。伪基站问题折射出法律的盲区，处罚不力、犯罪成本低，使得伪基站的隐蔽性愈来愈强，诈骗手段也不断升级，且已有蔓延之势。

（三）伪基站源头管理困难重重

伪基站设备的零件生产简单，可随意购买，而且使用简单方便，这一直是监管的难题。伪基站设备购买容易，其零部件在广州等城市电子元器件市场都有销售，成本只需几千元，而且只要按其操作说明就可组装；伪基站的使用方便，开机后打开软件搜寻频率，输入虚假的短信内容，然后发送即可。所谓治理伪基站的源头主要是抓好生产和销售两个环节，其设备生产时都未经无线电发射相关方面的核准，无管部门难以有效监督，而质检部门对此也无相应的有效措施。在其销售时往往经过合法的包装或网络销售，又能逃避工商部门的检查，这使得相关行政管理部门在此类设备的源头管理上收效不大。

（四）治理的技术难题尚待突破

技术防范难度比较大，伪基站主要是利用网络中单向鉴权漏洞，即只能网络对使用用户进行鉴权，使用用户不能鉴别网络是否合法。GSM网络漏洞是既容易让合法用户接入，也容易被潜在的非法用户窃听，而2G普遍存在这种现象，在2G网络上难以更改，所以此漏洞基本不可能完全堵上。在3G通信中也存在，还可能由于网络建设署，使用户体验存在较大差异。3G用户回落2G频繁。可能还有一些 3G 用户不更换 SIM 卡，还是有可能使用单向鉴权，在这种情况下，垃圾短信仍会在不换卡的 3G 手机上出现。

三、进一步打击伪基站的建议

（一）完善相关法律法规制度，加大处罚力度

目前我国主要依据 1993 年制定的《中华人民共和国无线电管理条例》还在修订完善之中，其中对伪基站进行处罚，责任较轻，违法成本低，处罚力度不够。而不是执法力度不行，这种处罚与现在形势严重不符。当务之急应尽快出台有效的短信管理办法和司法解释，完善相关规定的法律法规，或者修改《中华人民共和国无线电管理条例》，并细化处罚此类违法案件条款。同时还应该尽快出台《电信法》和治理伪基站的相关意见。进一步明确非法经营、干扰无线电秩序和破坏公用信息设施这三种犯罪行为的性质和界限与处罚尺度，从严从重打击从事伪基站生产、销售、使用的犯罪行为。同时还要赋予相关管理部门明确的处罚权限，增强治理伪基站的针对性和有效性。

（二）建立网格化的固定监测与巡查监测相结合的工作制度

以往各个地方无线电管理部门的固定监测对于伪基站干扰力不从心，因此可把各地无管局的固定监测按经纬度将省、市、县等各级监管区域划分为主体和单元网格，并通过逐级明确责任，将具体的工作任务分解到各级，细化到单个岗位，使其形成立体化、全方位的网格化环境监管体系，实现监管的全覆盖。而且还要在主要街区部署扫频设备，一有情况马上回传中心，并计算伪基站信号的衰减来定位其流动轨迹或者 5 米精度的经纬度，实现 24 小时"捕鼠"。为弥补固定监测的不足，还需建立日常巡查制度。日常巡查监测中，主要采用移动监测车循环监测重点频段，保持低速行驶并注意垃圾信息情况。一旦发现情况，要尽快分析频谱，并观测周围情况。

（三）建立新闻发布制度，打通群众举报监督渠道

打击伪基站犯罪应充分发挥群众力量，及时获取群众接收垃圾短信时间和内容等。应打通举报投诉渠道，鼓励各手机客户端安装举报功能，并将垃圾信息的举报与 12321 举报中心共享，还要开通电视电话专线举报，监督运营商对举报信息的反馈和处置工作，逐步形成对伪基站高压打击的社会风气。还要确立新闻媒

体发布制度，集中发布一段时间内的干扰查处案件，引起社会关注。无线电管理部门要加强与媒体的配合，减少新闻报道的偏差，树立专业权威的形象。

（四）充分发挥移动运营商的作用

移动运营商作为伪基站的受害者，同时也是第一发现者。一般而言，伪基站运作时，周边移动基站会出现功率加大、掉话等现象，用户投诉增多。运营商在自己的运维平台就可以确定伪基站所在的大致区域。因此，加强联系和密切关注运营商的干扰投诉，可及时地对伪基站跟踪定位，达到快速准确的打击。作为运营商，首先应从制度内部确立从严治理垃圾短信的规定，将治理成效与负责人的绩效挂钩，并严格执行平台和短信端口的责任制。其次还要开展净网行动，在确保国计民生等基本服务的前提下，开展网络与信息安全专项行动，集中逐一整顿清理，并加大全网拦截力度。

（五）强化部门协同，建立长效机制

伪基站是一种高科技犯罪，它的设备研发、客户来源、犯罪实施、利益分配等非法活动，如若没有完整的地下组织和产业环节难以完成。因此，对它的治理需要国家机关如公安部等多部门协调联动，抓获违法团伙，摸清来源渠道，从而捣毁其产业链上下游。最高人民法院、最高人民检察院、公安部负责为打击整治提供法律保障，出台适用法律指导文件，加强对办案的指导、解决案件性质认定、办案程序以及管辖等问题；公安部负责此类犯罪的侦查和伪基站设备的认定；工信部负责组织三个运营商进行有关违法犯罪活动的发现、梳理和串并；国家安全部负责发现有关犯罪活动的线索；国家工商行政管理总局负责对电子产品市场的监督检查，并根据相关部门提供的情况，对伪基站的销售厂商、广告主、广告经营和发布者等依法查处，并移交公安机关；国家质检部门负责依法对伪基站及其配件的生产厂商进行检查，对生产假冒伪劣产品依法处罚，对涉案犯罪的移交公安机关；总参三部负责发现违法犯罪线索，形成各方协作的长效联动机制。

第五节　军民融合频谱共享

一、军民融合现状

无线电管理涵盖军队和地方各部门各行业。目前，我国的无线电管理实行的

是在国务院和中央军委集中领导下军地分工管理的体制。党的"十七大"提出,"建立和完善军民结合、寓军于民的武器装备科研生产体系、军队人才培养体系和军队保障体系,坚持勤俭建军,走出一条中国特色军民融合式发展路子。"党的"十八大"进一步强调,"坚持走中国特色军民融合式发展路子,坚持富国和强军相统一,加强军民融合式发展战略规划、体制机制建设、法规建设。"统筹经济建设和国防建设,走中国特色军民融合式发展道路,已经是我国全面履行新世纪新阶段历史使命,实现富国和强军的必然要求,具有极其重大的意义。它可以有效避免军民重复建设、分散建设,最大限度地节约资源,提高包括经济建设和国防建设在内的国家整体建设效益,又可以有效促进经济建设和国防建设的共同发展,起到相互促进、双向带动的效果。近年来,我国无线电管理领域通过解放思想,深化改革,不断探索新形势下军民融合式发展的新途径和新方法。

为加强军民融合,建立了军地无线电管理联席会议制度,制定了《军地无线电管理联席会议制度实施办法》,以协商解决军地无线电管理工作的重大问题。根据这一制度,工信部和总参谋部已经组织召开多次军地联席会议。

无线电频谱资源是国家重要的稀有战略资源,电磁频谱管理是中国特色军民融合式发展的重点领域之一。在协调保障军队武器装备试验用频的同时,大力加强组织建设。2010年1月25日,我军第一支高技术行业预备役部队全军预备役电磁频谱管理中心在京成立,这是我军第一支在行业系统内组建的高科技预备役部队,是国务院、中央军委着眼我军履行新世纪新阶段历史使命、促进军民融合式发展,推动我军预备役部队调整改革的重要创新和首次实践,对于维护电磁空间安全,深化军事斗争准备、全面提高我军应对多种安全威胁、完成多样化军事任务能力具有十分重要的意义。预编人员专业技术精湛,管理经验丰富,四年来承担了多项重大任务,为提升战时频谱管控能力积累了经验。组织执行了深圳大运会无线电等多项安保任务,开展了多次预备役频管中心和机动监测大队集训和实战背景下的电磁频谱管控行动演练。

各地无线电管理机构积极配合做好军事演练、重大武器装备试验等重要军事活动的无线电安全保障工作,进一步规范和完善了军区与相关省(区、市)军地电磁频谱协调机制。广西建立了军地频率协调机制,积极参与军事演习,同时配合广西国防动员委员会做好信息动员网络建设工作。山西配合政府应急部门,成立了以军地电磁频谱管理部门主要领导为主,交通、通信、广电、民航、公安等相关部门主要领导参加的电磁频谱应急抢险行动工作领导组,形成了一套较完善的省、市两级电磁频谱管控技术保障体系。

二、军地协调存在的问题

在十八届三中全会提出"推动军民融合深度发展,实现富国与强军的统一"的大背景下,不断探索新形势下军民融合式发展的新途径和新方法是我国无线电管理面临的一项重大课题。

一是相关省(区、市)预备役频管部队的建设力度需要进一步加强。当前,一些预备役电磁频谱管理部队的体制机制,比如预备役电磁频谱管理部队遂行地方重大保障任务的机制还不够完善,同时基础设施和技术设施建设力度也需要进一步加大。

二是军地频谱共用机制的研究需要有效推进。当前军地频谱共用的有效机制尚停留在战时征用频谱的较低层次上,亟须加强军地频谱共享机制的研究,提高频谱利用率。

三是军区与相关省(区、市)无线电管理机构电磁频谱协调机制还不够完善。一些地方无线电管理机构在配合军队做好重大军事任务的频谱管控工作时,仍然属于临时协调性质。

四是军地无线电管理监测系统联网工作需进一步加快,以提升感知和管理能力,扩大监测覆盖范围,提高干扰定位精度。

五是军地双方要进一步认清无线电管理工作面临的形势,明确无线电管理工作的职责和任务,密切配合,齐抓共管,共同做好新时期无线电管理各项工作。

三、制定军民频谱共用战略

目前,随着无线通信技术迅猛发展,4G、移动互联网、物联网、智慧城市等无线通信应用快速普及,移动通信数据流量激增,激增的流量导致可用频谱极度短缺,不但严重影响无线通信技术应用的进一步普及,而且对产业的壮大发展产生了致命的影响。另一方面,随着信息技术的发展,现代战争应用了大量频谱依赖系统,对电磁频谱的控制权成为导致战争胜败的关键因素。随着军事信息化变革进程加速,大量通信指挥、精确制导、遥控遥测等一系列高技术频谱依赖武器系统快速装备军队,军事打击能力急剧加强,掌握频谱资源控制权已经成为打赢未来现代化战争的关键性因素。然而,随着用频需求快速增长,频谱资源短缺问题日益突出，这将严重降低部队的战斗力。如何有效利用频谱资源，已成为各国政府和军队普遍关注的问题，同时，无线宽带应用需求的增长，也使得重新分配频谱资源成为产业界、军队和政府等各方的共识。

为了同时满足军队和商业用频需求，我国应尽快开启军民频谱共用战略预研工作，出台适合我国国情的军民频谱共用战略，并将其作为当前和今后一段时间内我军的用频指南，平衡军民用频需求，在确保军队拥有充足的频谱资源，实现国家军事战略目标的同时，促进国家经济发展，实现促进经济建设和保障国家安全的双重目标。

为此，2015年，我国应开启军民频谱共用战略预研工作，探索我国军民频谱共用的必要性和可行性。研究通过运用技术、管理和法律法规等多种手段，平衡经济发展和国家安全之间的利益关系，提高原有频段的频谱资源利用率，增加可用频谱，保证在维持现有重要军事能力的同时，满足无线通信业对频谱资源的需求。从技术角度，加速研发一套高效、灵活和适应性强的频谱应用系统，增加可用频谱，确保军队能够随时随地接入频谱，更好地规划电磁频谱作战任务、有效控制和管理电磁作战环境、灵活实施动态频谱管理手段，在保障作战任务顺利进行的同时，满足无线通信业日益增长的用频需求；从管理角度，研究军队改善其规划、管理和控制频谱资源的办法，提高频谱接入率和操作灵活性，并通过修改政策、法规和相关标准，提升无线电设备使用频谱的灵活性，进而实现多个设备间的频谱共享。

第六节　业余无线电

一、《业余无线电台管理办法》

（一）《业余无线电台管理办法》颁布的背景

2013年以前，我国主要依据原国家体委、国家无线电管理委员会1982年发布的《业余无线电台管理暂行规定》和1992年发布的《个人业余无线电台管理暂行办法》，对业余无线电台进行管理。这两个文件制定较早，随着业余无线电台使用及管理情况的变化，上述两个文件的相关制度安排与业余无线电台使用及管理需求之间严重脱节。

业余无线电台作为无线电台的一种，根据《中华人民共和国无线电管理条例》

的规定,其管理工作由无线电管理机构负责。《业余无线电台管理暂行规定》和《个人业余无线电台管理暂行办法》设立的无线电运动协会受理和预审核业余无线电台设置申请的制度已经不适应业余无线电台管理工作需求,需要进行调整。

2012年11月5日,中华人民共和国工业和信息化部公布了《业余无线电台管理办法》。该《办法》(中华人民共和国工业和信息化部令第22号)分总则、业余无线电台设置审批、业余无线电台使用、业余无线电台呼号、监督检查、法律责任、附则7章43条,自2013年1月1日起施行。

制定《办法》,修改完善相关管理制度,理顺业余无线电台管理体制,明确业余无线电台设台审批条件、程序和使用规则,有利于加强对业余无线电台的管理,引导和促进业余无线电爱好者依法开展业余无线电活动,推动中国业余无线电事业的良性发展。

(二)《业余无线电台管理办法》制定过程

为加强对业余无线电台的管理,工业和信息化部无线电管理局启动了《办法》的起草工作,并于2011年10月形成《办法(送审稿)》。自2012年1月起,工业和信息化部政法司启动了审查工作。2012年3月,组织开展了《办法》立法调研活动,并进一步修改完善了《办法》,形成了《办法(征求意见稿)》。5月,工业和信息化部无线电管理局征求了公安部、国家安全部和国家体育总局的意见。7月,工业和信息化部无线电管理局在部门户网站和国务院法制办"中国政府法制信息网"向社会公开征求对《办法(征求意见稿)》的意见,社会各方面认为有必要加快出台《办法》,并提出了一些完善性意见。8月,召开了部分省级无线电管理机构参加的立法座谈会,听取地方无线电管理机构对《办法(征求意见稿)》的意见。根据各方面意见,形成了《办法(草案)》。10月17日,工业和信息化部第26次部务会议审议通过了《办法》。11月5日,工业和信息化部令第22号公布了《办法》。《办法》于2013年1月1日生效。

(三)《业余无线电台管理办法》主要内容

《办法》共七章,四十三条规定,主要规定了如下内容:

业余无线电台的界定。《办法》规定业余无线电台是指开展《中华人民共和国无线电频率划分规定》确定的业余业务和卫星业余业务所需的发信机、收信机或者发信机与收信机的组合(包括附属设备)。

设台审批管理制度。根据《中华人民共和国无线电管理条例》的有关规定，明确了在省（区、市）范围内通信的业余无线电台由设台地地方无线电管理机构审批、通信范围涉及两个以上省（区、市）或者涉及境外的业余无线电台由国家无线电管理机构审批的设台审批制度。与此同时，《办法》规定了设台审批条件和程序。设置业余无线电台应当满足一定的条件，并按照《办法》规定向设台地地方无线电管理机构提交相关书面申请材料。无线电管理机构应当依法进行审查，在法定期限内核发业余无线电台执照。同时，为了便于业余无线电爱好者申请设置业余无线电台，《办法》设定了审批委托制度，规定国家无线电管理机构可以委托地方无线电管理机构负责部分跨省通信或者通信涉及境外的业余无线电台的审批。

业余无线电台的使用规范。《办法》主要确定了频率使用、通信对象及内容、操作规则、日志留存、接受监督等内容。《办法》禁止业余无线电台发送、接收与业余业务和卫星业余业务无关的信号，从事商业或者其他与营利有关的活动。业余无线电台的通信对象应当限于业余无线电台，但在突发重大自然灾害等紧急情况下，业余无线电台可以和非业余无线电台通信，应当及时向所在地地方无线电管理机构报告，其通信内容应当限于与抢险救灾直接相关的紧急事务或者应急救援相关部门交办的任务。业余中继台应当向其覆盖区域内的所有业余无线电台提供平等的服务，并将使用业余中继台所需的各项技术参数公开。

业余无线电台呼号管理制度。《办法》主要规定了呼号编制、分配和指配、呼号使用规则和禁止的呼号使用行为等内容。《办法》禁止盗用、转让、私自编制或者违法使用业余无线电台呼号。《办法》允许业余无线电爱好者在其电台执照被注销后一年内在其他省份设置业余无线电台时申请使用原呼号。

无线电管理机构监督检查制度。《办法》规定无线电管理机构应当对业余无线电台实施监督检查，业余无线电台设置人、使用人负有配合义务。《办法》对应当注销业余无线电台执照的情形作了规定。《办法》依据《无线电管理条例》和《行政许可法》的规定，对违反业余无线电台管理要求的行为设定了相应的处罚措施。

《办法》是依据《中华人民共和国无线电管理条例》制定的，《中华人民共和国无线电管理条例》的相关管理规定适用于业务无线电台的管理。《办法》发布前，原国家无线电管理委员会等部门也制定了一些管理规定。《办法》实施后，相关管理制度将被新的管理制度所取代。为此,《办法》第四十三条也进行了明确,规定"本办法施行前颁布的有关规定与本办法不一致的,按照本办法执行"。

二、地方业余无线电台管理实践

(一)召开业余无线电管理征求意见座谈会

为落实好工业和信息化部《业余无线电台管理办法》,做好河北省业余无线电台管理工作,促进业余无线电活动健康有序开展,2013 年 4 月 2 日,河北省无线电管理局组织召开了部分业余无线电爱好者参加的征求意见座谈会。

为更进一步做好湖南省业余无线电台站管理工作,更好地为业余无线电爱好者服务,2013 年 5 月 17 日下午,湖南省无委办在长沙组织召开了全省业余无线电台管理工作座谈会。省经信委党组副书记、副主任钟志慧出席会议并讲话。受无委办主任赵兴舟委托,无委办副主任、监测站站长田振和主持会议。来自全省各地的十余位资深业余无线电爱好者参加座谈会并发言。

2013 年 11 月 26 日上午,山西省无线电管理局在太原市召开全省业余无线电工作座谈会。省无线电管理局局长叶荃、总工程师张建国、省无线电监测站站长畅洪涛等领导及来自全省各地的业余无线电爱好者代表 40 余人参加了会议。会上,省无线电管理局有关工作人员分别向业余无线电爱好者介绍了省无线电管理局的机构、职责和主要工作等基本情况,传达了中国无线电协会第二届会员代表大会精神,介绍了山西省业余无线电管理规定的制订情况,就业余无线电呼号审批及操作证书换证考核相关政策规定进行了说明,并就 2014 年准备组织开展的两项业余无线电比赛活动方案征求了大家的意见。

(二)组织业余无线电操作技术考试

近年来,随着无线电新技术的快速发展及其应用领域的日益广泛,无线电台站呈现爆炸式增长,用频单位及个人特别是业余无线电爱好者队伍迅速扩大。加强对业余无线电台的管理,引导业余无线电事业合法、有序、健康发展,显得十分急迫和重要。为贯彻工业和信息化部《业余无线电台管理办法》,规范业余无线电台使用管理,很多地方无线电管理机构纷纷组织了业余无线电操作技术考试。

2013 年 7 月 5 日,湖南省 2013 年第一期业余无线电台 A 类操作技术能力考试在长沙举行;2013 年 12 月 29 日,江苏连云港市无线电管理处组织了 2013 年度第一批 A 类业余无线电台操作技术能力验证考试,共有 43 位业余无线电爱好者通过资格审查参加考试；2014年4月19日，连云港市无线电管理处在新浦区、灌云县两地举行2014年度上半年业余无线电操作能力验证考试，共有90名业余无线电爱好者参加A、B类业余无线电操作能力验证考试。连云港市同时开考A、B类业余无线电操作能力验证考试尚属首次；2014年4月22日，河北省石家庄无线电管理局组织了2014年A类业余无线电台操作技术能力考试，石家庄市81人通过；2014年7月3日，邢台无线电管理局发布考试公告，启动了邢台市2014年度第一批A类业余无线电台操作技术能力验证考试工作；2014年7月10日，山东省无线电管理办公室济宁管理处全力以赴扎实工作，圆满完成了首批业余无线电台操作技能考试，并顺利完成操作证书的发放工作；为加强山西省业余无线电台站的管理，活跃业余无线电运动氛围，推动业余无线电事业的健康有序发展，根据国家《业余无线电台管理办法》的要求，在山西省无线电管理局指导下，山西省无线电协会在2014年上半年组织承办了三次业余无线电台操作技术能力验证工作（A类、B类）；2014年8月26日，河北保定无线电管理局组织开展了2014年下半年保定市A类业余无线电台操作技术能力验证考试工作。

（三）审核发放业余无线电台操作证书

为加强业余无线电台管理，2014年7月至8月，广西区工信委柳州市无线电管理处组织开展一年一度的业余无线电台执照集中年审工作。这次集中年审包括业余无线电台执照年审、执照到期换证、业余无线电台设备检测和爱好者新设台站手续办理。截至目前，共计完成设备检测102台，执照年审90张，到期换证和新设电台执照74张。

2014年8月24日，河南省郑州首次业余无线电"电台呼号"、"电台执照"发放仪式在郑州轻工业学院举行，129位无线电爱好者顺利拿到电台执照，他们将在规定频率范围合法使用电台设备。这也是业余无线电管理机制改革后，河南省第一次指配呼号、发放执照，标志着河南省业余无线电台的使用朝着规范、合法的方向迈进。

2014年9月，江苏连云港发放73份业余无线电台执照。连云港市无线电管理处对通过操作验证考试取得操作证的业余无线电爱好者进行电台执照集中发放。通过4天的集中工作，共计发放66份A类、7份B类的业余无线电台执照。

为贯彻落实《河北省无线电管理局关于做好业余无线电台操作技术能力考试和操作证书集中换发有关工作的通知》（冀无〔2014〕50号）要求，保定无线电管理局完成了 2014 年第一批新版《业余无线电台操作证书》集中换发工作，并于 2014 年 8 月 26 日在局官方网站公布了首批换证人员名单。此次成功换发新版《业余无线电台操作证书》共计 72 人，均为 A 类操作技术能力的业余无线电爱好者。

（四）开展业余无线电台站清理登记工作

为深入贯彻落实工信部颁布实施的《业余无线电台管理办法》，加强对辖区内业余无线电电台的监管力度，营造辖区内良好电磁环境，3 月份，山东滨州无线电管理处开展了针对业余无线电台的检查验证工作。

为进一步查清西安市业余无线电台基本情况，规范业余无线电台管理秩序，西安市无线电管理委员会办公室、西安无线电通信学会于 2013 年 9 月 10 日至 2014 年 4 月 30 日，在全市范围开展业余无线电台清理登记工作。

为加强业余无线电台管理，2014 年 7 月至 8 月，广西区工信委柳州市无线电管理处组织开展了业余无线电台执照集中年审工作。这次集中年审包括业余无线电台执照年审、执照到期换证、业余无线电台设备检测和爱好者新设台站手续办理。截至目前，共计完成设备检测 102 台，执照年审 90 张，到期换证和新设电台执照 74 张。

（五）开展业余无线电培训及演练活动

为引导和规范连云港市业余无线电爱好者依法开展业余无线电活动。2012 年 12 月 15 日，连云港市无线电管理处结合市无线电运动协会的业余无线电台四级培训考核工作，组织在连云港考点的 30 余名业余无线电爱好者开展无线电管理相关知识培训。

2013 年 5 月 5 日，河北承德业余无线电爱好者组织了一次承德业余无线电应急救援演练活动。通信不畅一定程度上造成地震救援受阻，组织这次应急救援演练测试了无线电爱好者在发生自然灾害和重大突发事件情况下的快速反应能力、指挥协调能力、互助合作精神和设备操作技能，发挥了业余无线电台在抢险救灾中的特殊作用，利用业余无线电通讯人员及装备快速协同建立应急通信网络。

2014 年 3 月 15 日，山西临汾业余无线电爱好者开展无线电应急通讯演练，锻炼了爱好者在各种情况下对信号的识别能力。

为增强政府应对突发重大自然灾害的组织指挥能力，有效发挥业余无线电台

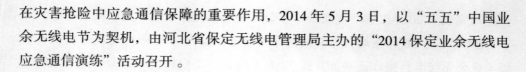

在灾害抢险中应急通信保障的重要作用，2014年5月3日，以"五五"中国业余无线电节为契机，由河北省保定无线电管理局主办的"2014保定业余无线电应急通信演练"活动召开。

（六）成立业余无线电协会分会

2013年6月，陕西西安成立了无线电通信学会业余无线电分会。6月16日，西安无线电通信学会业余无线电分会召开第一届会员代表大会和第一届理事会第一次会议。西安市85名业余无线电爱好者参加了第一届会员代表大会。西安市无线电监测站及陕西省军区电磁频谱管理办公室、咸阳市无线电监测站有关负责人应邀参加会议。

2014年4月13日，福州市业余无线电协会成立大会暨第一次会员代表大会在福州召开。大会通过了《福州市业余无线电协会章程》、《福州市业余无线电协会财务管理办法》、《福州市业余无线电协会会费收取标准》等有关草案，选举产生福州市业余无线电协会理事会成员、常务理事成员及各理事在协会中所担任的职务。薛立人当选福州市业余无线电协会会长。

2014年5月17日，湖南郴州市业余无线电协会正式成立。参加成立大会的有郴州市无线电管理处主任魏立新、副主任汤剑，市民政局民管局局长黄杏及市无线电管理处相关领导、科室负责人和市业余无线电协会会员。协会筹备委员会秘书长杨立新主持会议。

区 域 篇

第五章　华北地区

第一节　北京市

一、机构设置及职责

（一）机构职责

北京市无线电管理局主要职责包括：贯彻执行国家无线电管理的方针、政策、法规和规章；拟定本市无线电管理的方针、政策和行政规章；对本市无线电频率资源进行统一规划和管理，维护和改善电磁环境；对本市无线电台（网）进行统一规划和管理，保障运行秩序；负责本市研制、生产、进口无线电发射设备的审核工作；负责本市无线电监测、设备检测和空中纠察，维护空中电波秩序，依法查处无线电干扰；协调处理本市无线电管理方面的事宜；完成市政府交办的其他工作。

（二）内设机构

办公室职责范围和岗位责任职责范围。负责市无线电管理局所收公文、信函、刊物、简报、资料的处理；负责市无线电管理局制发公文的文种、文号、格式审核以及文稿校对、印发工作；负责公文的分类、整理、立卷归档和清退、销毁工作；负责档案的移交、接收、保管、借阅工作；负责市无线电管理委员会和市无线电管理局印章的保管、使用；负责局信息化工作；负责局人事处工资福利、档案和统计工作；负责局人事管理体制的建立与实施；负责市无线电管理局的财务工作和国有资产、办公用品的管理工作；负责市无线电管理局的安全、保卫和保密工作；负责市无线电管理局的车辆管理工作；负责市无线电管理局的职工福利和其他后勤保障工作；负责市无委全体会议和全市无线电管理工作会议的会务工作；负责市无线电管理局简报的编印工作；负责市无线电管理局的统计报表工作；负责市无线电管理局工作人员的考勤工作；负责市无线电管理局对外联系和接待工作；负责市无线电管理局图书、资料、报刊的购买、订阅和管理工作；完成局领导交办的其他工作。

业务一处。负责组织协调本市无线电管理地方性法规的建立、宣贯；组织贯彻行政许可法，落实依法行政工作；负责局内部行政许可监督检查相关工作；对在台站监督检查工作中发现的非法无线电用户依法进行行政处罚；负责联系区县无线电管理部门，指导做好区县无线电管理工作；完成局领导交办的其他工作。

业务二处。贯彻执行国家关于无线电台（网）设置、使用和管理的有关规定；负责拟制所分管的无线电台（网）的使用规定；负责承办所分管的无线电台（网）的行政许可工作。负责对所分管的无线电台（网）进行日常管理和协调工作，办理台（网）年检验照手续；负责所分管的无线电台（网）的频率占用费的收缴工作；负责所分管的合法无线电台（网）间的干扰协调工作；负责落实与民航、铁路、公众电信运营商、大型企业等设置无线电台（网）的部门和行业管理工作机制的建立，并督促落实相关工作任务；完成局领导交办的其他工作。

业务三处。负责无线电频率管理工作；贯彻执行国家无线电频率划分、规划、分配及指配的有关规定；负责制定本市无线电频率指配的规划，优化配置频率资源；负责本市申请设置无线电台（网）频率和呼号的审批工作；负责本市申请研制、生产无线电发射设备实效发射频率的审批工作；负责本市无线电频率占用费的收缴工作；负责与相关无线电管理机构进行频率协调工作；完成局领导交办的其他工作。

业务四处。负责进口无线电发射设备的申请，办理进口无线电发射设备的相关手续；负责参与机电产品进口的意见，办理相关手续；责受理研制、生产无线电发射设备审批的初审工作；负责受理设置卫星地球站的申请，按行政许可程序办理验收、发照、收费等手续；负责受理设置微波通信站的申请，按行政许可程序办理验收、发照、收费等手续；负责受理设置雷达站的申请，按行政许可程序办理验收、发照、收费等手续；完成局领导交办的其他工作。

北京市无线电监测站。监测无线电台（站）是否按照规定程序和核定的项目工作；负责为无线电管理机构履行职责提供技术支撑；查找无线电干扰源和未经

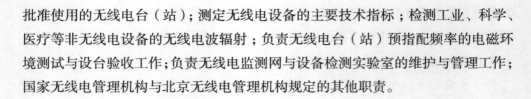

批准使用的无线电台（站）；测定无线电设备的主要技术指标；检测工业、科学、医疗等非无线电设备的无线电波辐射；负责无线电台（站）预指配频率的电磁环境测试与设台验收工作；负责无线电监测网与设备检测实验室的维护与管理工作；国家无线电管理机构与北京无线电管理机构规定的其他职责。

二、工作动态

（一）圆满完成 2014 年 APEC 会议的无线电安全保障任务

各级领导高度重视，市政府领导、工业和信息化部无线电管理局领导和市经济和信息化委员会领导对无线电管理工作提出具体要求。无线电管控相关区县领导亲临一线主动开展工作。北京局专门成立了 2014 年 APEC 会议无线电管制军地领导小组，积极统筹北京地区频率资源，认真开展管控区域内无线电台站清理工作。为做好对重点区域的无线电频率台站管控工作，北京局及时下发了《关于做好 APEC 领导人非正式会议期间加强无线电台站管理工作的通知》。

（二）认真做好无线电频率台站管理工作

认真做好频率协调审批工作，完成了 2013 年频率文件的整理、归档和计算机数据库录入工作。认真加强频率占用费的收缴工作，将收缴频率占用费的时间提前到上半年，向数据库中的单位发放了《关于缴纳无线电频率占用费的通知》，并对收缴频率占用费进行重新计算和实际收缴费用进行核对，对查明的注销和新增台站进行了更新，对多年未交费的予以补交。认真落实北京市业余电台管理相关工作。由于今年北京市业余无线电操作证考试和设台办理工作，由原来北京市无线电运动协会转由北京无线电协会（以下简称"协会"）组织，为此，北京局反复与协会讨论和研究工作方式、工作流程，逐条落实市业余无线电操作证考试、验机和办理电台执照等工作。

（三）加强无线电监测与设备检测工作

完成了每月的监测频谱统计报告并上报了相关监测数据报表，认真做好监督检查工作和监测技术设施建设工作，完成了 2014 年新建固定监测分站的机房环境监控系统建设工作，完成了 2 个固定监测分站的搬迁和新系统安装调试工作，完成了监测网信息安全设备购置及部署工作，完成了 6 个固定监测分站的建设工作。

（四）做好对非法设台的打击查处工作

中央和北京市领导高度重视打击非法设台的工作，对打击"伪基站"、"黑广播"和考试作弊提出要求并专门下发文件。根据工业和信息化部《关于印发配合开展全国打击整治非法生产销售和使用"伪基站"违法犯罪活动专项行动工作方案的通知》精神，北京市建立了相关部门统一协作的强力工作机制，做到统一部署、统一行动。截至 11 月底，共取缔多处非法广播电台，查扣非法设备 39 台，刑事拘留涉案人员 1 人。全力保障考试无线电安全。目前，保障各类考试的无线电安全已成为无线电管理工作的重要内容。北京局已保障了包括全国硕士研究生招生考试、国家公务员考试等 10 个考试的无线电安全保障工作。

（五）认真做好无线电宣传工作

按照《全国无线电管理宣传纲要（2011—2015 年）》要求，制定了 2014 年无线电管理宣传工作计划，下发了《关于开展"世界无线电日"宣传活动的通知》和《关于开展 2014 年区县无线电管理宣传月活动的通知》。在宣传活动中，北京局和 16 个区县同步开展、精心策划、周密安排、互为补充，多方式、多渠道开展无线电管理宣传月活动。

第二节　天津市

一、机构设置及职责

（一）主要职责

依照《中华人民共和国无线电管理条例》规定，市无委办的主要职责是：贯彻执行国家无线电管理的方针、政策、法规和规章；拟定地方无线电管理的具体规定；协调处理本市行政区域内无线电管理方面的事宜；根据审批权限审查无线电台（站）的建设布局和台址，指配无线电台（站）的频率和呼号，核发电台执照；负责本市行政区域内无线电监测；负责本市行政区域内无线电设备的性能指标及非无线电设备电磁辐射的检测；承办国家无线电管理机构、天津市无线电管理委员会和市政府信息化办公室交办的无线电管理有关事项。

（二）内设机构

综合处：负责各种会议的组织安排，编发纪要或简报；负责起草各种综合性文件；负责人事、劳资、档案工作；负责无委办的财务工作；负责行政工作；负责领导批示、有关决定贯彻落实情况的督促检查以及下级请示、上级来文的检查催办工作。

法制监督处：负责无线电管理地方性法规、规章的草拟，指导各区、县、局无线电管理领导小组的工作；根据干扰事实和对违法行为确认，依法进行处罚；负责无线电管理行政执法、监督、检查及无线电管理法规的宣传教育工作；负责无线电管理费的收缴，对拒不交纳的单位和个人依法进行查处；负责无线电发射设备的研制、生产、进口及销售的监督管理，以及对影响无线电通信的其他设施进行查处。

台站管理处：负责公众通信、集群通信、无线接入、微波、地球站、雷达、短波、专业调度通信、数据传输、遥测遥控、广播电视、业余电台、水上通信、航空导航、船舶电台等业务的频率规划，拟定相关的频率、呼号、台站管理程序及有关规定；负责前项业务所列的频率、设置台站（网）申请的受理、行政审查和协调，核发电台执照及台站数据库录入和维护；组织或参与省、市间以及天津市各设台单位间频率、台站协调工作；办理业务范围内无线电设备的进关审查、批准手续；负责核算无线电管理费；负责计算机网络和办公自动化系统、台站管理系统的维护。

频谱规划处：无线电频率规划和电磁兼容研究；无线电新技术、新业务跟踪研究；负责监测、检测技术设施建设项目管理，无线电监测、检测技术指导；负责无线电发射设备的研制、生产和进口核准初审工作；负责无线电发射设备的进关核准工作；负责军地无线电管理相关工作的协调；安排日常频谱监测任务、审查监测月报。

二、工作动态

（一）不断提升行政审批水平

进一步减少前置审批的要件，并努力做到首问负责制。通过内部培训，使窗口所有人员掌握全面的业务知识，不论谁接待设台用户，都能给予用户满意的回答，都能受理各类台站设置申请，并根据内部的审批程序，完成全部的行政审批工作。利用台站管理系统新增的短信平台，主动提醒用户执照到期、换发执照等，通过该工作，提高了设台用户合法使用台站的意识，也提高了台站数据库的准确性和实时性。今年共办理新设台站 4734 个，更换电台执照 1578 个，注销台站 2567 个，指配频率 54 条（对），指配呼号 330 个。向"审批中心"申报行政审批项目 6388 件。完成进口无线电发射设备审核 143 件，机电产品进口申请审批 154 件，型号核准初审 14 件，生产无线电发射设备备案 11 件。

（二）加强无线电台站精细化管理

在 2012 年台站核查、2013 年台站规范化管理的基础上，利用一体化平台地图对台站数据库中个别台站的坐标进行了修正，通过现场走访方式对 176 个设台单位的信息进行了更新，进一步提高了台站数据库数据的完整性、精确性、实时性，为规范无线电管理打下良好的基础。

（三）加强业余无线电台管理工作

随着新的《业余无线电台管理办法》的实施，根据天津市的具体情况，制定操作细则，制定了"关于天津市业余无线电台操作技术能力验证考核及《业余无线电台操作证书》换发工作的通知"、"关于天津市业余无线电台相关业务工作流程变更的情况说明"、"业余无线电台呼号申请与执照办理指南"。指导业余无线电协会组织操作能力等级考试 14 次，协助国家无线电协会举办 C 类考试 1 次，累计参考人数共 586 人，颁发操作证书 495 个，更换操作证书 325 个。

（四）维护空中电波秩序，保障无线电安全

1. 重点开展打击非法设置无线电台（站）专项治理活动

根据工业和信息化部配合开展打击整治非法生产销售和使用"伪基站"和"黑广播"违法犯罪活动专项行动的统一部署，注重加强与公安、安全、文化等部门协作配合，形成了多部门整治"黑广播"的联合执法机制，天津无委办充分发挥职能作用和技术优势，配合公安机关开展定位抓捕，为公安机关提取、固定证据提供技术保障。今年配合公安机关成功查处伪基站相关案件 42 起，查获涉案"伪基站"设备 49 台（套），罚款 4000 元；查获"黑广播"61 台（套）设备，有效地遏制了非法设台的危害影响，规范了电波秩序。打击伪基站和黑广播违法犯罪活动专项行动取得明显成效。

2. 完成了重大任务无线电保障

一是完成协调组织三次外国元首访华频率指配和两次重大赛事无线电安全保障。在 2014 环中国国际公路自行车赛、2014 天津武清开发区杯国际马拉松赛保障过程中，协调组委会做好频率审批临时指配、干扰查找，保障赛事用频的安全。二

是参加保障各类考试 18 次，共派出保障人员 332 人次，查获非法发射设备 7 套，实施干扰 4 起，净化了考场环境，维护了考试公平。

3. 积极开展监测和干扰查处工作

收到干扰投诉与咨询 29 起，立案处理的 18 起，14 起定位了干扰源，依法进行了处置，2 起现场判断为投诉方设备故障，2 起消失。干扰查处工作中，做到分析准确、及时定位、依法处置，并能帮助非法设台单位或个人提供合法用频建议，受到投诉方及违法人员的好评。其中国航天津分公司还特地送来锦旗和表扬信。

（五）积极推进项目建设，为经济社会发展服务

1. 推进天津无线宽带专网建设

积极推进北迅公司在天津建设基于 TD-LTE 技术的 1.4GHz 频段天津多媒体数字集群专网，目前已建设 300 多个基站，覆盖了天津市主要城区和港区，通过了技术评审，进入推广应用阶段，将为各行业、各部门在电子政务、城市管理、应急通信指挥、物联网等方面对移动宽带通信的需求提供服务。

2. 推进网格监测试验网建设

按照"十二五"规划要求，网格化项目于 2012 年 12 月签订合同，经过将近 2 年的筹划和施工，在 2014 年 10 月完成了 92 个站点建设和联网软件功能调试，并通过了项目初验。

3. 推进科研项目

一是组织相关单位完成了《TD-LTE 宽带集群系统射频标准规范研究》研究。二是完成了单兵无线电监测指挥系统项目。针对单兵干扰近场查找监测信息相对屏蔽，地形复杂情况下查找过于盲目的问题，与相关单位进行单兵监测指挥系统的联合研发，实现近场的监测信息回传。经过与联合伙伴攻关反复试验，查找解决问题，全面满足了开题时的设想要求。试用的两套设备已经交付使用。三是完成了多轴飞行器监测项目。为了解决复杂城市环境下快速定位非法信号的问题，今年与项目联合研发单位就项目研发方案进行了敲定，6 月派人参与了多轴飞行器的飞行训练，进行了飞行器负载试验。目前完成了多轴飞行器监测项目的研制，年底前完成技术鉴定。

4. 积极扩展检测资质，拓展检测任务

顺利通过工业和信息化部无线电管理局组织的型号核准检测机构的复评审工作。成功获得了美国 FCC 资质；更新了加拿大 IC 资质。成功地通过了计量认证的复评审工作。通过了部无线电管理局组织的 TD-LTE 终端/基站型号核准检测资质的扩项评审。通过了 CNAS 认可的复评审和扩项评审工作。截至 11 月，共接收型号核准测试 594 个、电磁兼容检测接收测试样品 326 台。安规实验室共完成 6 次委托测试和 1 次安全测试，涉及激光辐射、外壳防火、材料耐异常热等测试项目。环境实验室主要设备开机运行率超过 60%。计量校准业务开展顺利。

（六）广泛开展宣传，全面加强自身建设

1. 改革新的宣传方式和扩展宣传内容

按照中央改革精神，体现"政府买服务"的要求，借助社会专业媒体机构优势全面提升宣传工作水平，到市信息中心、科学信息化和北方网等相关社会媒体机构调研，制定了《关于对外委托提供 2014 年无线电管理宣传服务项目方案》，进行政府招标采购，项目已开始实施。为纪念世界无线电日，在《城市快报》做了整版科普宣传。据统计，今年在《法制日报》、《天津日报》、《每日新报》等刊物上刊登报道共 6 篇，天津电视台新闻报道 4 次。

2. 注重学习培训，提高人员素质

坚持每周一课培训工作。年初制定培训计划，申请经费预算。共组织 16 课，参加人数 680 人次，169 课时。为了配合党的群众路线教育实践活动，聘请经验丰富的专家教授，结合政治时事，对习近平总书记一系列重要讲话精神、依法治国、民主集中制、党史等进行解读；为提高工作人员管理水平，聘请教授讲授职业倦怠及有效干预、卓越管理与自我提升、领导干部思维能力等相关知识；为配合单位安全保卫工作，聘请武警消防宣传科长对全体工作人员和租赁单位进行消防安全知识讲座。

3. 完善各项制度，完成好服务保障

修订和完善了《天津市无委办改进工作作风的措施》等 21 项制度。加强车辆管理，确保安全无事故。安全行驶 160000 公里。保障了查处"伪基站"打击"黑广播"专项活动，行政、监测检测、军演和考试保障等用车。

第三节　河北省

一、机构设置及职责

根据《河北省人民政府关于省政府机构设置的通知》（冀政〔2009〕46号），设立河北省无线电管理局（副厅级），为河北省工业和信息化厅管理的事业机构。《河北省人民政府办公厅关于印发河北省无线电管理局主要职责内设机构和人员编制规定的通知》（冀政办〔2009〕76号）明确河北省无线电管理局职能。

（一）机构职责

贯彻执行国家无线电管理的方针政策和法律法规，拟订本省无线电管理具体规定并监督实施；按照审批权限和业务范围审查全省无线电台（站）的建设布局和台址，规划和指配无线电台（站）频率和呼号，核发无线电台执照；贯彻无线电频谱、卫星轨道资源有偿使用原则，按规定核收和上缴无线电管理相关费用；组织实施无线电监测，协调处理电磁干扰事宜，维护空中电波秩序；依法组织实施无线电管制；按照有关规定对全省无线电台（站）的设置、使用和无线电发射设备的研制、生产、进口、销售实施监督管理；负责组织全省无线电监测网和无线电管理信息系统的规划建设等工作；负责全省无线电管理方面的宣传、教育和科研工作，组织全省无线电管理工作培训；协调处理军地间无线电管理相关事宜；负责管理派驻各设区市的无线电管理机构；承办省政府及河北省工业和信息化厅交办的其他事项；增加协调处理军地间无线电管理事宜的职责；划入原省信息产业厅承担的管理各设区市无线电管理机构的职能。

（二）内设机构

《河北省人民政府办公厅关于印发河北省无线电管理局主要职责内设机构和人员编制规定的通知》和《河北省机构编制委员会办公室关于省无线电管理局内设机构更名和职责调整的批复》确定河北省无线电管理局设4个内设机构及主要职责。

综合处：负责局机关文秘、统计、保密、信访、宣传、督办、信息、档案、效能建设、安全保卫及财务、车辆管理工作；负责综合性文件起草、重要会议组织工作；负责行政后勤管理；负责全系统财务预算编报和国有资产的管理；监督检查派出机构及直属事业单位的财务开支状况；组织对派出机构及直属事业单位的财务审计。

监督检查处：拟定全省无线电管理地方性法规、政府规章草案，初步审核单项无线电管理规定草案；组织实施无线电管制；负责行政复议、行政诉讼、行政执法检查，归口协调处理电磁干扰事宜；负责军地无线电管理协调及保护民用航空专用频率保护工作；组织实施无线电管理相关费用核收工作；协同组织实施有关法律法规培训。

频率台站管理处：审核卫星地球站、微波站、雷达站，固定、移动、广播无线电业务使用申请，指配频率、核定频率占用费，核发无线电台执照；负责对无线电台（站）的监督检查和干扰协调处理；拟定空间、地面无线电业务管理规定、承办空间、地面业务无线电发射设备研制、生产、进口、销售的审批、申报和管理工作；协同组织实施相关业务培训。

财务资产管理处：负责全系统财务预决算编报和国有资产的管理；监督检查派出机构及直属单位的财务开支状况；负责频率占用费收缴管理；组织实施政府采购和采购程序监管；负责专项资金项目库建设和绩效管理；组织实施内部审计、专项资金检查和重大项目评审；组织相关业务培训。

机关党委（人事处）：负责机关及直属单位的党群工作，指导派出机构的党群工作；负责机关及直属单位、派出机构人事、机构编制、劳资、培训和离退休干部等工作。

其他事项，各设区市无线电管理机构为河北省无线电管理局的派出机构，名称为河北省XXX（如石家庄）无线电管理局，规格仍是正处级，内设机构不变。

河北省无线电监测站为河北省无线电管理的技术机构，在统一无线电管理机构领导下进行工作。其主要职责是：测定无线电设备的主要技术指标；监测无线电台（站）是否按照规定程序和核定的项目工作；查找无线电干扰源和未经批准使用的无线电台（站）；采取有效措施，对频率实施空中管理；测试电磁环境；监测工业、科学、医疗等非无线电设备的无线电波辐射；无线电管理机构规定的其他职责。

河北省北戴河无线电监测站业务工作受国家无线电监测中心领导，日常监测委托河北省无线电管理局承担，由河北省无线电管理局负责管理；监测无线电台

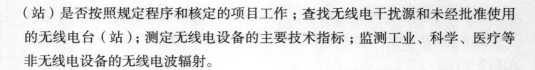

（站）是否按照规定程序和核定的项目工作；查找无线电干扰源和未经批准使用的无线电台（站）；测定无线电设备的主要技术指标；监测工业、科学、医疗等非无线电设备的无线电波辐射。

二、工作动态

（一）多种形式庆祝第三个"世界无线电日"

2014年2月13日，全球迎来了第三个"世界无线电日"。河北省无线电管理机构按照国家无线电办公室统一部署，狠抓落实，组织开展了形式多样、内容丰富的宣传活动。一是加强领导，认真组织。省局统一制定了全省"世界无线电日"宣传活动的方案，各派出局结合实际做好宣传准备工作，以宣传促进工作开展。二是加强协调，形成合力。加强与相关部门协调，联合通信运营商、航空、铁路、社区居委会等部门以及报刊、广播、电视等媒体开展宣传。三是突出特色，增强效果。开展网站宣传，在河北省无线电管理局门户网站上开辟了"世界无线电日"宣传专栏，并与河北银河网、河北经济网、河北移动公司网站设立了专栏链接，扩大宣传范围，节约宣传成本；开展现场宣传，分别走进全省各地市的车站、机场、社区、广场和主要街道，通过设置展板、悬挂条幅、张贴海报、发放宣传品、讲解科普知识、演示无线电设备、现场答疑解惑等方式进行互动宣传，增强宣传效果；开展媒体宣传，积极联系各地报刊、广播电视、户外广告、公交宣传媒介等社会媒体进行宣传，拓宽宣传渠道；开展短信宣传，组织三大通信运营商在"世界无线电日"纪念活动期间，向广大社会群众发送公益宣传短信，扩大社会影响。

（二）省无线电管理局驻点帮扶村新村民中心竣工并正式启用

2014年7月24日，省无线电管理局农村面貌改造提升行动驻点帮扶村——唐山市丰南区唐坊镇翟家庄村新村民中心竣工并正式启用。翟家庄村村委会原有房屋4间，由于年久失修，基本停用，严重影响了村务工作的正常开展。省无线电管理局驻村工作组入村以来，把新村民中心建设作为该村面貌改造提升行动15件实事的重点工作和提升基层党建工作的重要载体，积极协调唐坊镇政府、丰南区区委组织部共同解决资金来源问题，并围绕规划设计、选址征地、组织招标、监督施工、决算验收等环节，加强与镇政府、村"两委"、施工方的协调沟通，确保工程顺利完工。新村民中心建设历时两个月，投资43万元，建筑面积1000平方米，含村委会办公室、党支部办公室、党员活动室、文化站、图书室、老年活动室、电教室、计生服务室、便民服务室9个部分。新村民中心竣工并正式启用将大幅提升帮扶村村务工作质量。下一步，省无线电管理局驻村工作组将帮助村"两委"梳理制定一套科学规范的运行机制，切实提升基层党建工作水平，充分发挥村民中心功能，对村务活动和便民服务进行科学集成，努力实现"一般的农业技术服务、致富技能培训、证件证照办理、矛盾纠纷化解、惠民政策落实和法律咨询服务不出村"。

（三）全省无线电管理机构积极开展首个国家宪法日暨全国法制宣传日宣传活动

12月4日为首个国家宪法日暨第14个全国法制宣传日。全省无线电管理机构围绕"弘扬宪法精神，建设法治中国"的主题，积极开展法制宣传教育，大力弘扬法治精神。为确保此次宣传活动取得实效，省无线电管理局成立了专门的宣传小组，明确分工，责任到人。12月4日当天，该局宣传人员来到石家庄市西清法制公园，以发放宣传手册、解答群众咨询等方式，重点宣讲《宪法》和党的十八届四中全会精神，普及无线电科普知识、无线电管理知识以及无线电管理法律法规。活动现场共发放宣传资料2000余份，接待群众法律咨询140余次，受到了广大群众的热烈欢迎。此外，各派驻设区市无线电管理机构也组织开展了丰富多彩的普法宣传教育活动。其中，石家庄、张家口、廊坊局开展了《宪法》学习活动，教育干部职工自觉运用法律手段指导和监督各项工作，提高依法行政水平。承德、唐山、邢台、邯郸局开展了现场宣传活动，摆放展牌，发放资料，接受群众咨询和投诉举报。邢台市委常委、政法委书记安忠起视察了邢台无线电管理普法宣传情况。

第四节　山西省

一、机构设置及职责

山西省无线电管理局负责全省除军事系统外的无线电管理工作。

（一）机构职责

贯彻执行国家无线电管理的政策规定和法律法规；拟定本省无线电管理规定并监督实施；依据国家无线电频谱规划和规定，负责全省无线电频率的划分和分配；按照审批权限和业务范围审批全省无线电台（站）的建设布局和台址，指配无线电电台（站）频率和呼号，核发无线电台执照；组织实施无线电监测、检测、干扰查处，协调处理电磁干扰事宜，维护空中电波秩序；依法组织实施无线电管制；对全省无线电台（站）的设置、使用和无线电发射设备的研制、生产、进口、销售实施监督管理；组织实施全省无线电监测网和无线电管理信息系统的规划建设工作；负责全省各类大型活动和考试的无线电安全监管和保障；组织全省无线电管理宣传、教育、科研和培训；协调处理军地间无线电管理相关事宜；负责管理派驻各市无线电管理机构；承办国家无线电办公室、省委省政府、省经济和信息化委员会交办的其他事项。

（二）内设机构

综合人事处：负责局机关文秘、统计、保密、信访、人事、档案、财务管理等工作；负责综合性文件起草、会议组织工作，全系统财务预算编报和国有资产管理；监督检查派出机构及直属事业单位的财务开支状况；承担机关及直属单位的党群工作，机关及直属单位、派出机构人事、机构编制、劳资、培训和离退休干部等工作。

频率台站管理处：受理、审核各类无线电业务使用申请，指配呼号和频率，核配无线电台呼号，核发无线电台执照；核定收缴无线电频率占用费，拟定各类无线电业务管理规定，指导各市无线电频率台（站）管理工作；拟定全省无线电频率划分、分配方案；协调与军队、邻省（区）的无线电频率台站管理工作；协调管理中央驻晋、省直单位的无线电频率台站管理工作；承担各类无线电台（站）的干扰协调处理；组织实施相关业务培训。

监督检查处：拟定全省无线电管理地方性法规、政府规章草案，初步审核单项无线电管理规定草案；无线电发射设备研制、生产、进口、销售的审批、申报和管理工作；负责全省各类无线电台（站）的监督检查工作；拟定并组织实施无线电管理应急预案，负责相关无线电安全监管和保障工作；承担全省无线电管理宣传工作；组织实施无线电管制；负责行政复议、行政诉讼、行政执法检查，协调处理电磁干扰事宜；承担军地无线电管理协调及保护民用航空、铁路专用频率工作；组织实施有关法律法规培训，指导各市无线电管理监督检查工作。

山西省无线电监测站：监测无线电台（站）是否按照规定程序和核定的项目工作；负责为无线电管理机构履行职责提供技术支撑；查找无线电干扰源和未经

批准使用的无线电台（站）；测定无线电设备的主要技术指标；检测工业、科学、医疗等非无线电设备的无线电波辐射；负责无线电台（站）预指配频率的电磁环境测试与设台验收工作；负责无线电监测网与设备检测实验室的维护与管理工作。

二、工作动态

（一）积极开展"世界无线电日"宣传工作

为迎接 2014 年 2 月 13 日第三个"世界无线电日"的到来，做好无线电管理宣传工作，各市管理处按照省局宣传方案要求，加强组织领导，结合本地实际，积极开展准备工作。截至目前，共有 7 个单位联系市级地方日报刊登"世界无线电日"宣传通稿；8 个单位制作了宣传展板和海报；5 个单位联系电信运营商发送宣传短信；5 个单位联系电视台和广播电台发布宣传广告；2 个单位准备在街头大屏和公交车、出租车电子屏上播发宣传标语；6 个单位准备开展街头和校园宣传。省局联系了《山西晚报》和三大运营商于当日刊登宣传文章和宣传短信，并在省交通台、太原市交通台提前播发宣传通稿。

（二）继续开展打击整治非法使用伪基站专项行动

按照工业和信息化部《打击整治非法使用"伪基站"专项行动工作方案》要求，山西省继续开展打击整治非法使用"伪基站"专项行动。1. 建立定期监测制度，主动发现"伪基站"线索。长治、忻州、吕梁、晋城等市管理处利用现有设备深入县（市、区）进行查找"伪基站"，为公安机关提供线索。4 月 23 日至 29 日，吕梁市管理处先后组织 3 次专项行动，深入离市区、中阳县、方山县开展监测，在离市区世纪广场查获 1 套"伪基站"。晋城市管理处在陵川县事业单位公开招聘考试保障中，根据群众举报线索，在考场周边监测查找到 1 套"伪基站"。2. 积极配合公安机关开展专项打击行动。4 月 16 日至 4 月 30 日，山西省无线电管理机构和移动通信公司积极配合公安机关开展打击"伪基站"专项行动，先后查获 6 起利用"伪基站"发送违法短信案件，查获"伪基站"设备 6 套，抓获嫌疑人 8 人。除吕梁和晋城外，临汾市于 4 月 15 日和 16 日在尧都区和曲沃县查获"伪基站"2 套，阳泉市于 4 月 16 日和 4 月 24 日在市区内查获"伪基站"2 套。山西省无线电监测站为各级公安机关出具"伪基站"鉴定报告 4 份。3. 朔州市首次查获一起利用"猫池机"编发垃圾短信案件。4 月 22 日，朔州市公安局牵头，朔州市管理处参与，刑侦、网监、技侦等多警种紧密配合，一举查获一起利用"猫池机"非法经营彩

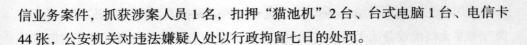

信业务案件，抓获涉案人员1名，扣押"猫池机"2台、台式电脑1台、电信卡44张，公安机关对违法嫌疑人处以行政拘留七日的处罚。

（三）圆满完成2014年太原国际马拉松赛无线电安全保障任务

9月13日在省局频率台站管理人员和省无线电监测站技术人员的共同努力下，2014年太原国际马拉松赛比赛无线电保障工作任务圆满完成。8月19日收到太原国际马拉松组委会《关于2014太原国际马拉松赛电视直播航拍微波频点的申请报告》起，前后收到组委会多次的来函和用频报告，叶荃局长对此十分重视，要求频率台站管理处加强与相关部门的沟通与协调，全力支持并保障赛事无线电使用频率安全。今年马拉松赛规模大、参赛人员多，无线电通信设备及央视现场实时播出用频申请较晚。针对时间紧、任务重的情况，山西无管局及时受理并指配频率，大家加班加点对比赛沿线电磁环境进行测试，认真清理有关台站、及时排除干扰隐患，确保比赛期间各部门用频安全。在比赛当日，2个移动监测组于早晨6点集结完毕，6点30分准时进入指定位置，同时对赛事使用频率进行全程测试，确保了航拍、电视直播、通信和信息传输安全畅通。由于这次保障组织领导得力，工作预案到位，2014年太原国际马拉松赛无线电安全保障工作圆满顺利完成，得到了赛事组委会和市体育局的肯定。

（四）山西省局印发打击非法设置无线电台（站）专项治理活动实施方案

为了打击"伪基站"、非法广播和卫星电视干扰器等违法犯罪活动，维护正常通信秩序和社会公共秩序，保护人民群众合法权益，消除国家安全和社会稳定隐患，根据2014年全国无线电管理重点工作安排和国家无线电办公室《关于开展打击非法设置无线电台（站）专项治理活动的通知》（国无办〔2014〕2号）要求，5月26日，山西省无线电管理局印发了山西省打击非法设置无线电台（站）专项治理活动实施方案。方案以党的"十八大"和十八届三中全会精神为指导，通过开展打击非法设台专项治理活动，进一步提高社会依法用频、依法设台意识，不断完善无线电频率台站规范化管理制度，建立健全监督检查长效机制为工作目标。成立了山西打击非法设置无线电台站专项治理活动领导组，明确了工作内容和各部门工作分工。

第五节　内蒙古自治区

一、机构设置及职责

内蒙古自治区无线电管理机构自 1963 年 3 月成立，1985 年由军队为主管理正式移交自治区人民政府管理。自治区无线电管理委员会下设办公室是委员会的办事机构，设在自治区人民政府办公厅。

（一）机构职责

贯彻执行国家有关无线电管理的法律、行政法规、规章、方针和政策；拟订无线电管理的地方性法规、规章和规定；根据权限审批无线电台（站）、规划和分配无线电频率、指配无线电台（站）的频率和呼号、核发无线电台执照；负责对由国家无线电管理机构批准的辖区内无线电台（站）站址和技术参数进行审查；负责辖区内无线电台（站）的监督检查；根据权限负责辖区内研制、生产、进口、销售无线电发射设备的管理和监督检查；组织征收辖区内无线电频率资源占用费；负责辖区内无线电监测工作，协调处理无线电干扰事宜；组织实施辖区内无线电管制；负责查处辖区内违反无线电管理法律、行政法规、规章、规范性文件以及其他无线电管理规定的行为；协调处理辖区内无线电管理方面的其他事宜；组织、协调、处理辖区内军队和地方无线电管理方面的事宜。

（二）内设机构

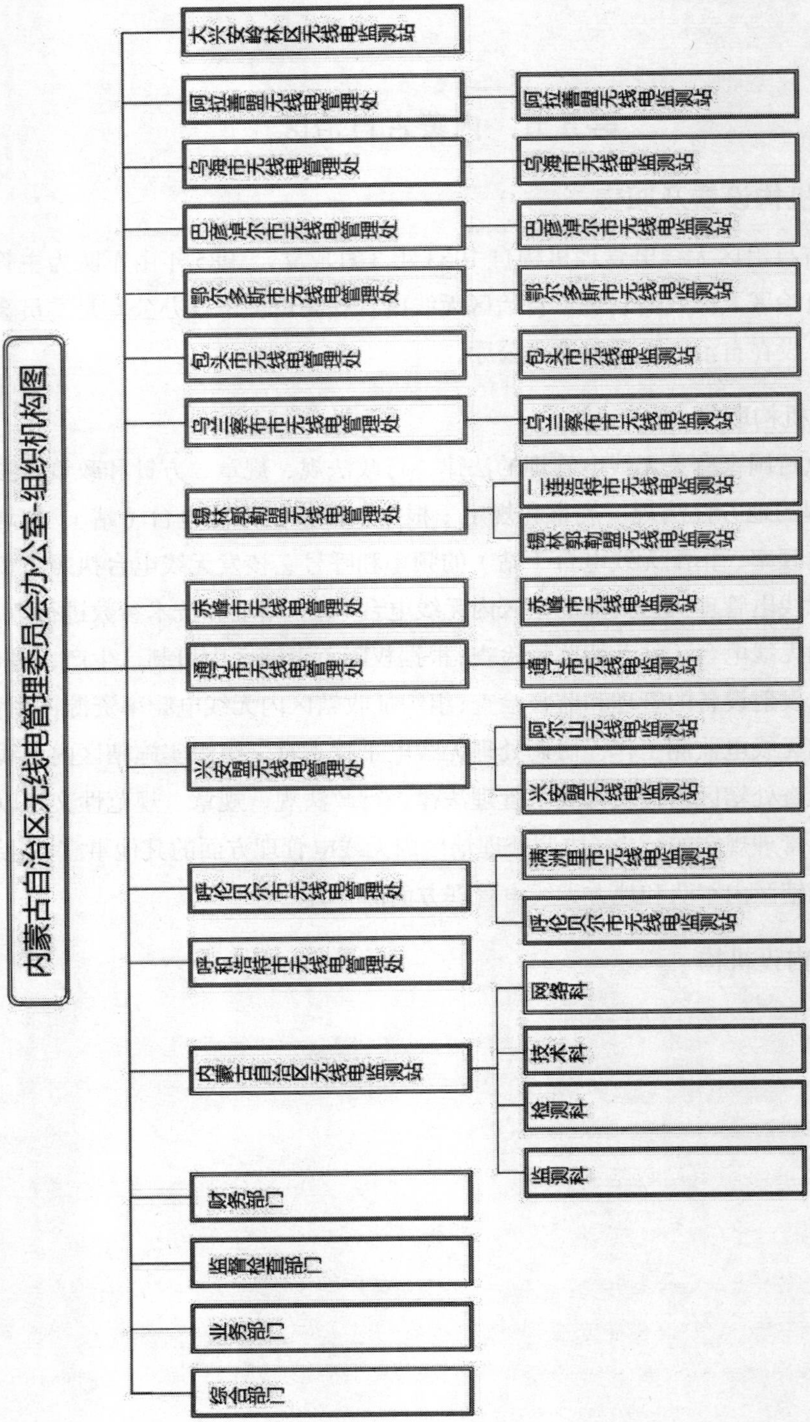

图5-1　内蒙古无线电管办公室组织机构图

二、工作动态

（一）科学规划、统筹配置无线电频谱资源

1. 合理利用无线电频率资源，统筹保障各部门各行业频率需求

根据工信部《关于开展全国广播电视台站规范化管理》活动的统一要求，办公室与自治区广电局联合下发《关于开展全区广播电视台站规范化管理专项活动的通知》（内无办〔2013〕122号）。与相关部门密切配合，开展调频广播发射台干扰民航地空通信专项整治工作。根据自治区近年来频繁发生的调频广播电台对民航地空通信业务的干扰事件，办公室联合自治区新闻出版广电局、内蒙古空管分局下发了《关于在全区开展调频广播发射台干扰民航地空通信专项整治工作的通知》。

2. 组织开展边境（界）无线电频率、台站协调相关工作

加强与周边接壤地区建立工作联系，切实做好自治区的无线电管理工作。一是年内在呼伦贝尔市召开了两省一区六地市无线电频率协调暨无线电监测技术演练活动。二是与满洲里市安全局就共同做好中俄边境地区电台监管工作事宜达成共识，针对在本市开展重大活动以及敏感时期进行特殊无线电监测工作。三是在乌海市召开了2014年度乌海、石嘴山两地市边界地区无线电管理工作交流会。四是边境地区电磁环境测试工作。对中俄边境9个测试点开展电磁环境测试工作同时完成了对中蒙边境二连浩特市和东乌珠穆沁旗珠恩嘎达布其口岸的电磁环境测试任务。按照国家统一部署，开展边境地区台站国际申报登记工作。已分两批完成边境地区包括规划台站的数据整理上报工作，其中包括：中蒙边境策克、二连、东乌旗3个口岸的11个台站，中俄边境满洲里口岸的39个台站，共计50个台站，涉及频率数量296个。

（二）做好无线电台站管理工作

无线电设台申请及审批情况。全区共完成设台审批309件，其中新设台审批292件，变更、续用设台17件。核发、换发电台执照共计7922个，在审批中严格按照无线电行政许可程序，在规定的期限内办结。有序规范地开展业余无线电活动。一是根据2013年开始实施的《业余无线电台管理办法》及《〈业余无线电台管理办法〉若干事项的通知》精神，逐渐规范自治区的业余无线电台管理，草拟下发了《关于业余无线电台管理相关事宜的通知》及《关于业余无线电管理有

关事宜的补充通知》等文件。二是截至目前，全区 A 类和 B 类旧版操作证书已换发 440 个，C 类换发 4 个，共计 444 个。三是今年全区已指配业余无线电呼号 215 个，发放业余电台执照 271 个。四是开展了清理非法业余无线电中继台工作。

（三）保障无线电网络和信息安全，维护空中电波秩序

1. 配合有关部门开展"伪基站"、卫星干扰器、非法广播电台专项清理活动情况

开展"伪基站"清理专项行动。按照工信部统一部署和要求，召开了专项行动工作会议，制定了打击整治"伪基站"专项行动工作方案，明确了工作目标，布置了工作任务，建立了沟通联络机制。根据工作安排与运营商相关人员联合赴盟市开展工作，调研盟市"伪基站"专项工作开展相关情况，协助盟市管理处查找"伪基站"。专项行动历时 21 天，总行程近 1 万多公里，共查处"伪基站"30 起。开展打击非法广播电台专项行动。按照多部门查处非法广播电台联动协调机制，联合呼和浩特市文化广播电影电视局、呼和浩特市公安局、呼和浩特市文化市场执法局等单位，依法取缔了藏匿于市区居民楼内或楼顶的 15 处非法广播电台。针对卫星干扰器投诉明显增多的情况结合群众举报及日常监测工作中共处理违法设置卫星干扰器事件 10 起。

2. 重大任务无线电安全保障工作

根据探月工程三期再入返回飞行试验任务回收区指挥部的统一部署，受邀参与回收区的电磁频谱联合测试及管控工作，为确保"嫦娥 T1"返回期间无线电通信畅通，采取一系列保障措施。首先成立保障领导小组，部署了详细的保障工作计划，并抽调乌兰察布市管理处联合组成"嫦娥 T1"飞行试验任务现场无线电监测安全保障组。保障组对主着陆场周边的设台情况进行了梳理和监测，及时掌握周边的电磁环境，通过现场监测发现 1 处干扰源，及时通报有关设台单位进行避让实验。在"嫦娥 T1"回收任务当天，回收区内各类通信正常，电磁环境完全满足回收任务用频要求，圆满完成电磁环境保障任务，得到回收指挥部的肯定。

3. 防范和打击利用无线电设备进行考试作弊工作情况

一是全年配合教育、人事、司法、卫生、财政等部门组织的高考、全国统一司法考试、国家及内蒙公务员考试、事业单位招聘考试、医师执业资格考试等各类公开考试共 46 次，派出工作人员百余人次，查获考试作弊 10 起，涉及作弊人员 10 名，缴获作案设备 10 套，实施技术阻断 15 起，其中 2 起为无人值守转发模式。

第六章　东北地区

第一节　辽宁省

一、机构设置及职责

辽宁省经济和信息化委员会在无线电应用与管理方面的主要职责包括统一管理无线电频谱资源，依法监督管理无线电台（站）；协调处理电磁干扰事宜，维护空中电波秩序，依法组织实施无线电管制。

辽宁省经济和信息化委员会下设无线电管理处（辽宁省无线电办公室）处室机构。该处室具体负责拟订无线电频谱规划，合理开发利用频谱资源；负责无线电频率资源的分配和指配；负责无线电台（站）管理和无线电监测、检测、干扰查处，协调处理电磁干扰事宜，维护空中电波秩序；负责对非无线电设备的无线电波辐射管理；依法组织实施无线电管制；承担省无线电管理委员会办公室的日常工作。

二、工作动态

2014 年，辽宁省无委办认真贯彻落实工信部无线电管理局和省经济和信息化委员会的各项部署，全面推进无线电台站属地化管理工作，积极开展打击非法设备专项行动，依法依规办理台站审批，科学合理指配频率，全力组织无线电安全保障，有效地维护了空中电波秩序，为全省经济社会发展做出了应尽的努力。

（一）科学规划、统筹配置无线电频谱资源，为全省经济建设服务

1. 牢固树立为用户服务的思想，科学合理使用无线电频率资源。2014 年共完成 6 个大型网络的频率指配审批，分别是大连市无线电管理局 800MHz 频段数

字集群通信指挥系统、锦州机场风廓线雷达站、中海油海底石油天然气管道监控雷达站、大连地铁800MHz频段数字集群车辆调度系统、朝阳机场盲降系统及对空指挥系统、营口港800MHz频段数字集群港口调度系统。在审批过程中，辽宁省无委办积极引导用户合理利用频率资源，统筹保障各部门、各行业的频率需求。在大连地铁800MHz频段数字集群车辆调度系统审批过程中，辽宁省无委办积极指导其完善频率使用方案，使其用频需求从最初的11对减少至7对，有效地利用了频率资源，使其发挥出更大的效益。在朝阳机场盲降系统及对空指挥系统审批过程中，辽宁省无委办优先为其安排电磁环境测试及分析论证，积极帮助其修改完善申请材料，仅用8个工作日就完成了审批工作，为其按时通过中国民航局验收提供了便利条件。

2. 开展数字对讲机频率规划研究，推动频率资源管理权限下放。为适应目前数字对讲机技术及其应用的发展，满足社会生产、指挥调度等专用对讲机频率需求，辽宁省无委办研究并编制了《辽宁省150MHz 400MHz频段专用对讲机频率规划》，对推进对讲机数字化进程，提高频谱利用效率，缓解对讲机频率供需矛盾起到了显著作用。年初，抽调专人与省无线电监测中心、北京东方波泰频谱研究所共同组成了研发小组，利用近5个月的时间，进行了规划的论证调研、编制起草工作，并广泛向各市无线电管理机构及设台单位征求意见，反复对规划进行修改完善。6月份，在北京聘请国家无线电管理局、国家无线电频谱监测中心、部分省无线电管理机构的频谱规划专家，组织了规划的专家评审论证。8月份，经委领导批准，正式印发了《辽宁省150MHz 400MHz频段专用对讲机频率规划》。10月份，与省通信学会联合举办了《辽宁省150MHz 400MHz频段专用对讲机频率规划》推广应用培训活动，邀请国家无线电监测中心副书记、频率规划专家李建，进行了对讲机数字规划的专题讲座。

3. 积极开展无线电频率业务协调工作，维护合法用频权益。共完成无线电频率协调工作13次。在国内无线电频率协调工作中，辽宁省无委办积极帮助各方解决用频冲突，努力满足各单位用频需求。例如，中海油海底石油天然气管道因被过往船只撞破发生泄漏事故，急需设置监控雷达。对此辽宁省无委办高度重视，及时组织召开协调会，向气象、民航等部门说明其重要性，并要求中海油按照协调会议一致认同的技术参数设置雷达站，成功完成了协调，为企业安全生产用频提供了保障。在中朝边境地区公众移动通信频率协调工作中，为避免朝方施放干扰，保证辽宁方公众移动通信网络的正常通信，辽宁省无委办积极督促电信运营企业进行网络调整，与朝方交换公众移动通信网络调整及测试信息，共与朝方收发传真 75 次。为确立辽宁空间业务及地面业务台站的国际地位，维护国家无线电权益，辽宁省无委办经过分析计算，通过国家无线电管理局向国际电信联盟申报了地球站协调计算资料 10 份及公众通信基站、雷达站、海岸电台、数传电台、铁路电台在内的地面业务协调资料 235 份。

（二）全面推动台站属地化管理，认真做好无线电台站和设备管理工作

1. 贯彻简政放权，规范台站管理，全面推行无线电台站属地化管理工作。今年辽宁省无委办将公安、广电、电力、铁路、三家运营商等台站的管理权限下放到各市无线电管理机构。一是召开了相关设台单位座谈会，宣传国家有关要求，征求各单位对具体工作方案的意见和建议，结合辽宁省台站管理的实际情况，制定了详细的实施方案并下发各市无线电管理机构及相关的设台单位。二是分别组织了各市无线电管理机构与电力、移动、联通、电信四家设台单位各市分公司的业务对接，同时开展了业务培训，累计 9 天时间，培训人员 150 人。针对铁路系统部门多、设台范围广等情况，对沈阳、大连、锦州、本溪、丹东、鞍山、辽阳、阜新地区铁路系统共 50 个站段与 8 个市无线电管理机构进行了对接，并分别组织了铁路各单位的业务培训，累计 7 天时间，培训 190 人。三是对各设台单位一线业务人员组织培训，重点加强了国无管表数据项填写的讲解，统一了填写的内容与格式，明确了每季度上报一次数据的时间。根据各单位上报的台站数据，辽宁省无委办及时对省台站数据库进行了更新，扩充了全省台站的数量，提升了台站数据的准确性。四是针对电信运营企业设置微波台站不够规范的情况，辽宁省无委办分期分批对其设置的微波台站开展专项核查，今年集中开展了对省联通公司微波台站核查工作，共核查微波台站 97 部，根据核查情况要求省联通公司进行整改，进一步核实掌握省联通公司微波台站的设置情况，也为下一步将微波台站下放到地市管理打下了基础。五是针对铁路系统设台单位多、台站数量大、地域分布广、管理难度大的特点，辽宁省无委办向国家申报了《铁路无线电台站属地化管理研究》课题项目。为做好铁路无线电台站的管理，辽宁省无委办积极协调沈阳铁路局及河北、内蒙、吉林省无线电管理机构，研究建立铁路无线电台站属地化管理机制，创新无线电管理模式，课题研究工作将于 2015 年完成。六是组织各市无线电管理机构，召开了台站属地化管理经验交流培训会议，各地市分

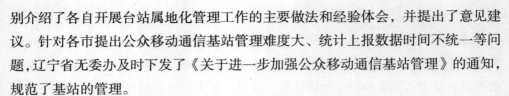

别介绍了各自开展台站属地化管理工作的主要做法和经验体会，并提出了意见建议。针对各市提出公众移动通信基站管理难度大、统计上报数据时间不统一等问题，辽宁省无委办及时下发了《关于进一步加强公众移动通信基站管理》的通知，规范了基站的管理。

2. 加强无线电行政许可审批管理，不断提升服务水平。全省共完成无线电台站设置审批654起，其中，业余无线电台站设置审批343起，微波、集群、无线接入、雷达站等大型网络台站申请7起，数据传输、超短波对讲系统、船舶电台、公众移动通信网络基站设置审批204起；共指配业余无线电台呼号343个，指配船舶电台呼号32个。在审批过程中，辽宁省无委办要求各市无线电管理机构严格按照行政许可程序进行审批，并对受理、行政审查、技术审查、业务协调、批复送达以及审批时限等各个环节进行监督检查，同时，辽宁省无委办还对相关设台用户进行走访，就无线电行政许可审批工作向用户征求意见，发现不足及时改进，急用户之所急，想用户之所想，在加强管理的同时，让"服务用户"的理念落到实处。本年度，全省无线电行政许可审批做到零投诉、零差错。

3. 认真做好业余无线电操作技术能力考试及证书的发放工作。为加强业余无线电台管理，辽宁省无委办从方便用户、规范考试及设台审批方面下功夫。在业余无线电台站的审批及管理过程中，严格执行免费服务及属地化管理原则，使业余无线电爱好者在当地无线电管理机构即可办理设台审批手续、验机、自制设备检测到办理执照等各个环节不负担任何费用。按照国家要求，认真组织实施业余无线电操作技术能力考试及操作证换发工作，通过采取网上报名，定期考试，网上申报换证等形式，切实方便业余无线电爱好者。同时，辽宁省无委办组织技术人员和聘请专家对业余无线电爱好者进行免费集中授课，定期宣讲有关无线电法律法规、技术规范。通过开展对业余中继台的监督检查，进一步规范了业余无线电台管理，提高了业余无线电爱好者的素质，也提升了无线电管理机构的社会威信。2014年共举办业余无线电操作技术能力考试4次，参加考试人数542人，其中A类422人、B类120人；通过考试人数425人，其中A类360人、B类65人，共计补考38人。更换新版业余无线电操作技术能力证书745本，其中A类证书543本、B类证书197本、C类证书5本。

（三）保障无线网络和信息安全，维护空中电波秩序

1. 按照国家通知要求，积极配合公安机关，深入开展打击非法设台专项活动。

今年以来，中央领导同志对打击利用"伪基站"从事违法犯罪活动做出重要批示，工业和信息化部对此高度重视。为贯彻落实国家和省有关部署，辽宁省无委办全力开展工作。一是制发了《关于配合开展打击整治非法生产销售和使用"伪基站"违法犯罪活动专项行动工作方案》，对全省无线电管理系统开展相关工作做出具体安排；二是通过联合发文、召开电视电话会议等形式，与省公安厅等部门联动，形成工作合力；三是为各市配发查找"伪基站"专用设备，并组织开展专项培训，提升技术能力。截至目前，共查处"伪基站"案件49起，配合公安部门鉴定"伪基站"设备79套。

同时，按照工信部无线电管理局的有关要求，8至10月份，全省无线电管理机构开展了以打击"伪基站"、"黑广播"、卫星电视干扰器、非法中继台为重点的非法设台专项治理活动。为做好此次专项活动的组织开展，拟定了专项活动的具体工作方案，明确了专项活动的组织领导、工作步骤、具体要求及保障措施。截至目前，共查处"黑广播"31起、卫星电视干扰器8起、非法中继台15起、其他各类非法设台55起。

2. 加强重要业务专用频率保护，不断深化落实长效机制。辽宁省无委办先后召开了航空导航、铁路、水上专用频率保护例会，邀请行业主管部门及具体设台用户参加，介绍相关业务管理政策及管理情况，听取各单位意见和建议，就设台审批、业务协调、干扰排查等方面的工作进行座谈，并现场答疑。通过召开保护例会，与具体设台用户当面沟通，对用户关心的问题有了更全面的了解。在加强对航空导航、铁路、水上专用频率保护性监测的同时，辽宁省无委办积极开展专用频率保护演练，今年4月和8月，辽宁省无委办联合沈阳铁路局、民航东北地区管理局分别开展了铁路、民航无线电专用频率保护演练。通过召开会议及开展演练，加强了协调，锻炼了队伍，为进一步做好专用频率保护、深化长效机制起到了积极的推动作用。

3. 积极开展无线电干扰的查处，做好重要时期无线电安全保障工作。一是受理干扰申诉及进行违规设台查处68起。其中，沈阳铁路局列调频率干扰申诉2起，哈大高铁GSM－R控车系统干扰申诉3起，联通辽宁分公司公众移动通信网干扰申诉1起，民航东北空管局对空台干扰申诉4起，群众举报卫星干扰器8起，其他干扰申诉50起。接到干扰申诉后，辽宁省无委办组织力量快速查找干扰源或私设台站，依法对相关单位或责任人进行查处，有效维护了合法用户的用频安全。二是加强维护社会稳定无线电专项监测工作，在节假日、国家及省重要会议、汛期及特殊时段，全省均启动突发事件应急预案，安排人员 24 小时监测值班，严密监控空中电波信号，确保了广播电视、航空导航、春运列调、公安指挥等重要无线电业务的通信畅通。截至目前，累计监测值班 984 小时，值班人数 164 人次。

4. 认真做好防范和打击利用无线电设备进行考试作弊工作。在 2014 年国家高考、研究生考试、辽宁省公务员考试、全国职称外语考试、全国卫生系统考试、全国二级建造师考试、全国英语四、六级考试、全国司法系统考试、全国药剂师资格考试、事业单位招聘考试等一系列考试保障期间，共出动保障人员 1357 人次，投入监测车辆 326 台次、监测和压制设备 576 套次，发现及阻断无线电设备作弊信号 723 次，协助公安部门查处作弊案件 18 起，涉案人员 25 人，暂扣或由公安部门扣留作弊设备 33 部。全省各级无线电管理机构以强有力的技术手段，严厉地打击了利用无线电发射设备进行考试作弊的行为，维护了考试的公平和公正，得到社会的充分肯定和考试组织部门的一致好评。

（四）推进无线电监管能力建设，提高技术支撑水平

1. 落实无线电管理"十二五"规划，做好无线电技术设施建设情况。今年共完成 1 个市级控制中心、4 个二类固定监测测向站、11 个三类全时频谱监测站、1 个移动监测站的建设任务，购置无线电信号压制系统、监测车自动辅助支撑系统、无线电设备检测与管制移动站、"伪基站"专用查找设备各 14 套并配发各市无线电管理机构，对部分现有固定监测系统及移动站进行了维护维修或升级改造。结合新建设及配发的各类设备、仪表，组织全省技术人员培训共计 17 次，历时 21 天，累计 210 人次。

2. 加强日常无线电监测，提升干扰查处技术能力。一是认真开展了无线电电磁环境测试工作。为各相关单位提供了科学高效的电磁环境测试服务。二是完成了无线电监测月报工作。2014 年，省无线电监测中心继续加强监测月报工作，不断提高监测月报的质量。截至目前，共完成《无线电频谱监测统计报告》12 期，汇总上报文件 12 份，表格 160 份；监测月报的报告质量得到国家的认可。三是开展了无线电技术演练。为了更好地开展当前无线电技术工作，进一步提高技术人员的工作能力和业务水平，省无线电监测中心于 2014 年 9 月 17 日至 19 日在沈阳组织了由沈阳、抚顺、本溪、丹东、辽阳、铁岭市技术人员参加的第一期无

线电技术演练；又于 2014 年 10 月 27 日至 29 日，在鞍山组织了由大连、鞍山、锦州、营口、阜新、朝阳、盘锦、葫芦岛等市技术人员参加的第二期无线电技术演练。演练过程中，共设置排查"黑广播"、排查"伪基站"、微波电台核查、压制考试无线电作弊信号等四个科目。此次演练，不仅增长了全省无线电技术人员的业务能力，又增强了团队协同意识、还提升了技术水平。通过技术交流，既拓宽了工作思路，还获得了工作经验。

3. 加强检测实验室的日常管理，提高设备检测水平。一是认真做好检测实验室的日常运行工作。实验室于 3 月份进行了内审和管理评审，填写内审核查表 11 份、内审报告 1 份、不符合项报告 3 份、管理评审报告 1 份；对 8 台设备进行了期间核查，完成期间核查报告 8 份；对仪器的校准证书进行了计量确认，编写确认报告 19 份；编制质量监督报告 2 份。编制 TD-SCDMA 移动台质量控制报告、TD-SCDMA 移动台数据比对分析、GSM 直放站报告及原始记录、WCDMA 直放站报告及原始记录、TD-SCDMA 直放站报告及原始记录、CDMA2000 作业指导书、E8257D、HP8563E、Hp8920 等期间核查报告 10 余份。检测标准查新确认 60 项。编制检测报告及原始记录共计 12 份。二是完成了检测实验室 CNAS 复评的评审工作。9 月份，中心国家实验室进行了 CNAS 复评审，从年初至 5 月末，监测中心检测科向中国合格评定认可委员会递交了实验室认可申请书等 16 种申请材料，配合评审组现场填写了现场试验计划表等 4 类评审材料。修改了实验室评审材料、现场试验计划表、仪器设备配置表、实验室能力验证表，编写了检测实验室 PPT 介绍，完成现场试验、编写试验报告、原始记录、检测协议书、样品流转记录等。圆满地完成了为期 2 天的现场审查，留下 2 个不符合项，顺利通过 CNAS 现场评审。

4. 不断完善台站数据库建设，开展无线电管理信息化项目研究。一是认真完成台站数据库的更新和维护工作。将各市管理的台站数据重新划分，对运营商和电力负控数据进行了重新入库整理。并对大连市台站数据库和省本级台站数据库进行了对接，实现了大连市台站数据的实时更新。开展了 2014 年新设台站的录入和业余无线电台站数据的移库工作。年底前，录入省无线电台站数约 18 万台。二是开展了"全国无线电管理信息系统机房建设标准"的研究工作。省监测中心参加了"全国无线电管理信息系统机房建设标准"项目的研究工作，作为机房建设标准 A 级的编写单位和原型，中心技术人员积极准备，认真编写，目前该标准已进行到全国各无线电管理机构征求意见阶段。

（五）采取多种形式，宣传政策法规，营造良好的无线电管理工作氛围

1. 预先设计，认真做好开展宣传的各项筹备工作。年初，辽宁省无委办制定了具有指导性、可操作性的《2014年辽宁省无线电管理宣传工作方案》，明确了宣传工作要以无线电管理的法律、法规为重点，以广播、电视、报纸、网络为载体，以进机关、进广场、进校园、进现场为平台，面对公众，贴近生活，解答民众关心的问题。确定了宣传内容上要通俗易懂、宣传形式上要丰富多样、宣传效果上要有最大受众面的工作思路。订购了《中国无线电》编辑部制作的2014年全国无线电管理宣传月系列产品。精心编辑制作了宣传单、宣传展示板、便携式音箱、移动电源、雨伞和购物袋等精美的纪念品。举办了辽宁省无线电管理信息宣传员技能培训班，邀请《中国无线电》杂志副主编马斌，编辑胡英贤，从无线电管理宣传工作、新闻写作知识及行业媒体介绍三个方面为信息宣传员进行了详细的讲授。各市无线电管理机构、省监测中心信息宣传员和相关工作人员50余人参加了培训。

2. 丰富多彩，逐步扩大无线电宣传的社会影响。首先是省里统一开展了声势浩大的广场宣传活动。2月13日，在沈阳市皇姑区牡丹社区开展了以"珍惜频谱资源保护电磁环境"为主题的纪念"世界无线电日"宣传活动。工作人员向过往市民发放无线电科普和法规知识宣传手册，在宣传现场给市民细心讲解无线电相关知识并回答市民提出的各种问题。9月10日，在沈阳宾馆举行了宣传月活动启动仪式。《辽宁日报》、《沈阳日报》、沈阳电视台、沈阳广播电台、《沈阳晚报》、《华商晨报》、《时代商报》等新闻媒体参加了启动仪式。其次是各市组织了花样出新的街头宣传、校园宣传活动。沈阳、辽阳等市制作了宣传展板，在街道、车站、商场等人流密集的场所进行展示。鞍山、营口等市还在政府机关办公大楼进行了展示。各市还分别通过大型电子屏上滚动播放宣传语，悬挂无线电管理宣传条幅，设置彩虹拱门，宣传气球等形式进行街头宣传。省无线电监测中心走进虹桥中学开展无线电知识科普课堂活动，沈阳、鞍山、丹东、辽阳等市分别走进高中和大学开展了无线电科普知识的宣传活动。另外，辽宁省无委办在辽宁省无线电管理网站上及时报道无线电宣传活动的各类信息，发布宣传动态，充分发挥了网站快速、高效的即时宣传功能。7月份，开通了名为"辽宁无线电管理"的公众服务微信号，在微信上进行无线电科普知识和无线电管理工作动态的宣传。

3. 贴近工作，拓展无线电法律法规的宣传渠道。今年辽宁省无委办结合重点业务工作，尝试开展了一些走进工作现场的宣传活动。阜新市通过报纸、电台和电视宣传报道查处"伪基站"的典型案例，让群众了解到打击利用"伪基站"等无线电设备从事危害信息安全和公共安全的行为，是无线电管理部门的重要职责。营口市无委办充分利用召开会议的时机，向与会的公安、检察院、法院、广电、工商、质监等部门发放宣传资料。各市还利用考试无线电保障时机进行宣传，在考场周边摆放宣传板，向考生发送宣传册、宣传单，宣传有关法律法规、典型案例等，使广大考生切身感到打击利用无线电设备作弊行为是为了营造公平公正的考试环境，受到考生的欢迎。此外，在省无线电管理网站上举办了多期以打击"伪基站"和打击各类非法设台为主题的有奖问答活动。

第二节　吉林省

一、机构设置及职责

根据《中共中央办公厅、国务院办公厅关于印发〈吉林省人民政府机构改革方案〉的通知》（厅字〔2008〕25 号），组建吉林省工业和信息化厅，为吉林省政府组成部门。其在无线电应用与管理方面的主要职责包括统一配置和管理全省无线电频谱资源，依法监督管理无线电台（站）；负责无线电监测、检测、干扰查处，协调处理电磁干扰事宜，维护空中电波秩序，依法组织实施无线电管制。

吉林省工业和信息化厅下设无线电管理局（吉林省无线电管理委员会办公室）。该局具体职责为根据国家无线电频谱规划，开发、利用和管理频谱资源；依法监督管理无线电台（站）；负责无线电监测、检测、干扰查处，协调处理电磁干扰事宜，维护空中电波秩序；依法组织实施无线电管制；根据授权，处理涉外无线电相关事宜；承担省无线电管理委员会办公室的日常工作。

二、工作动态

2014 年，吉林省无线电管理局主要完成了以下各项工作任务：

（一）组织开展了打击"伪基站"专项行动

按照工业和信息化部的统一部署，吉林省无线电管理局组织开展了配合公安部门打击整治非法生产销售和使用"伪基站"违法犯罪活动专项行动。在专项行动中，吉林省无线电管理局联合省通信管理局、省内三家基础电信运营商制定了《省工信厅关于配合开展全省打击整治非法生产销售和使用"伪基站"违法犯罪活动专项行动工作方案》，成立了专项行动联合领导小组，省工信厅厅长常明任领导小组组长。省内各市（州）工信部门均成立了专项行动指挥部。组织召开了全省无线电管理系统专项行动动员部署视频会议，与公安、工商等部门构建了信息通报和交流机制，组织开展了专业技术培训和设备优化。4月初至6月中旬，集中全省无线电管理技术力量，开展了摸底排查、线索梳理和打击查处。全省无线电管理系统共查处"伪基站"案件54起；缴获"伪基站"设备58套；出动监测车208台（次）；动用监测定位设备279台（次）；出动监测人员645人（次）；配合公安部门进行设备鉴定62起。目前，吉林省非法销售和使用"伪基站"违法犯罪活动大幅减少。

（二）组织开展了非法设台专项治理活动

按照国家无线电办公室年度工作要点要求，吉林省无线电管理局组织开展了非法设台专项治理活动，重点加大了依法治理非法广播电台、卫星电视干扰器的工作力度。在依法治理非法广播电台中，吉林省无线电管理局与省公安厅、省新闻出版广电局建立了联动机制，由省公安厅牵头联合下发了《关于防范、查处和打击非法广播电台、电视台工作的通知》（吉公办字〔2014〕52号），明确了各部门职责和各地各部门的联系人及工作程序。《通知》明确无线电管理机构要进一步加强对辖区内无线电信号的监测，在接到广播电视行政管理部门通报的情况后，及时出动力量，及时展开排查并精确定位非法广播电台、电视台位置，并通报广播电视行政管理部门；各地公安机关接到广播电视行政管理部门的情况通报和资料后，依据《中华人民共和国治安管理处罚法》第28条和《中华人民共和国刑法》第288条之规定，与相关部门开展联合行动。因室内无人或房主拒不配合导致无法开展工作的执法难点问题，公安机关可以依据相关行政机关提供的《责令停播非法广播电台、电视台通知书》等相关文书并符合相关案件受理、立案条件的，可先行受理为治安案件，依法运用检查、传唤等措施，强制进入涉案现场，固定相关证据，传唤涉案人员。强化了治理非法广播电台的工作力度。截止到11月30日，全省无线电管理机构共查处非法广播39起，查处非法设置卫星电视干扰器事件21起。

（三）加强法规制度建设

为适应新形势下无线电管理工作需要，吉林省无线电管理局于 2011 年开展了无线电管理地方立法工作。经过三年多的努力，《吉林省无线电管理条例》于 2014 年 3 月 28 日经吉林省第十二届人大常委会第七次会议通过，并于今年 7 月 1 日起施行。按照厅党组要求，完成了行政权力清单清理及纳入省政务大厅行政审批服务事项清单的梳理填报工作。通过完善地方性法规制度和实施阳光政务，提高了全省无线电管理机构依法行政水平。

（四）加强频率台（站）管理，维护无线电波秩序

加强频率台（站）精细化和科学化管理，加强对重要设台用户服务，为省防火办超短波指挥通信试验网提供 18 对频率支持，为省紧急救援促进中心指配频率 2 对；完成了长春龙嘉机场信标导航台、吉林市二台子机场改扩建工程中机场周边、吉林省气象局风云三号极轨卫星地面接收无线电台站、延边州机场迁建预选址、延边州龙井广播电台发射台迁址、白城市在建长安机场的民用航空无线电台站、白阿铁路白城至镇西段扩能改造工程沿线等 14 次电磁环境测试工作；加强无线电频谱日常监测，坚持监测月报制度，执行国家下达的频谱监测任务。落实保护民航、铁路专用频率安全长效机制，保障民航、铁路、防火、公安等相关指挥调度通信用频安全；组织省广电局和省移动公司开展了 MMDS 网络与 4G 网络互扰协调工作；及时查处各类无线电干扰事件，共查处民航、高铁等各种有害无线电干扰 67 起。

加强台站属地化管理，长春管理处完成了《长春市移动通信基站站址布局专项规划》电信设计方案编制工作并报政府审批；白城管理处出台了《白城市 4 G 基站建设规划（征求意见稿）》；松原管理处按照市政府要求起草制定了《松原移动通信基站管理办法》并经市政府五届九次常务会议讨论通过于 2014 年 10 月 1 日颁布施行。

（五）全力做好无线电安全保障工作

完成了元旦、春节、"十一"、全国"两会"、"十八届四中全会"等重点时期和和龙国际马拉松等重大活动的无线电安全保障工作；加强重点行业无线电安全保障，落实铁路、民航长效保护机制，保障民航、铁路、防火、公安等相关指挥调度通信用频安全；加强重要考试的无线电安全保障工作，完成了研究生、公务员、

高考等 43 次考试无线电安全保障工作。特别是在 2014 年高考无线电安全保障工作中，吉林省无线电管理局按照厅党组要求，加强管理队伍教育和培训，配合相关部门参加了政行风热线等宣传工作，会同教育厅联合下发了《关于进一步加强2014 年吉林省普通高等学校招生考试无线电作弊信号监测压制工作的通知》，组织全省无线电管理系统全力参与吉林省平安高考工作。6 月 6 日至 9 日，组织无线电管理系统 463 人，使用无线电固定监测站 15 座，出动车辆 26 台，无线电管制车 12 台，便携式无线电监测测向设备 92 套，无线电警示压制设备 90 套，无线耳机音频干扰阻断设备 350 套，并指导当地教育部门选派人员操作自购的监测压制设备，对全省 184 个高考考点开展了无线电安全保障工作。吉林省无线电管理局和省站联合组成了 9 个保障组，按照省招生办的指派，在吉林省农安、榆树、德惠、伊通、梅河口、公主岭等考区开展了高考无线电安全保障工作，对考试期间发现的作弊信号给予全部技术阻断，有效地维护了国家教育统一考试的安全，圆满完成 2014 年高考无线电安全保障任务。

（六）积极做好边境频率协调工作

认真贯彻落实国家与吉林省周边邻国达成的各项协议，及时办理完成国家无线电办公室下达的国际无线电频率协调任务，办理完成国际频率协调往来函 70件；继续组织省内 3 家电信运营商开展中朝边境地区公众移动通信网络信号调整工作；制定了《吉林省边境地区电磁环境监测工作方案》和《工作计划》并报国家无线电办公室备案，建立了边境测试数据库；加强边境地区电磁环境监测工作，维护边境地区用频安全，完成了吉林省边境地区电磁环境测试工作，编制了《吉林省边境电磁环境测试报告》并上报了国家；根据国家的统一部署，完成了 10个超短波电台和 2 个卫星地球站的无线电台站国际申报工作。

（七）加强无线电管理宣传工作和队伍的培训

按照国家无线电办公室的统一部署，吉林省无线电管理局组织开展了主题为"珍惜频谱资源，保护电磁环境"的"世界无线电日"宣传活动和无线电管理宣传月宣传活动。7 月，吉林省无线电管理局结合《吉林省无线电管理条例》施行之机，组织开展了以" 加强无线电管理 维护无线电波秩序"为主题的《条例》颁布施行的宣传活动。在宣传活动中，吉林省无线电管理局在省内主要市区广场、各大院校等人员密集场所，在省内主流报纸网站，在重大商圈及重点区域 LED

电子屏幕等载体，利用有线电视开机画面，通过发放宣传单、宣传手册、悬挂条幅、设立展板、发送短信微信、现场解答、刊登宣传文章、播放宣传视频和 FLASH 动画等方式，宣传无线电法规和科普知识。共发布报纸网站文章 62 篇，发布微信 12 次，制作条幅 10 幅，发放《漫画无线电管理法律法规宣传手册》1000 份，发放宣传单 3000 张。

加强管理队伍培训演练工作。组织全省无线电管理机构开展了 3 次业务培训，组织省监测站及相关市州监测站开展了为期 10 天的山地及平原地区无线电技术演练。演练设置了卫星、短波、超短波、3G 四种通信手段运用、数传信号查找定位及压制、非法广播信号查找定位、应急检测等内容。通过培训和演练，提高了无线电管理队伍对无线电安全保障工作认识，提升了队伍的综合素质，提高了处置无线电突发事件能力。

（八）扎实推进无线电基础技术设施建设

依据"十二五"规划确定的建设任务，结合国家对吉林省无线电管理技术设施建设项目申请批复情况，有序推进全省无线电技术设施建设，全面提升无线电管理工作的技术支撑能力。编制上报了《2014 年吉林省无线电基础设施建设投资计划》及《2015 年吉林省无线电基础设施建设投资计划稿》；完成了全年设备维保工作；组织开展了中朝边境地区监测网建设和长吉两市网格化监测网一期建设。积极开展无线电设备的检测工作，配合省公安厅对查获的"伪基站"设备进行检测鉴定。

第三节　黑龙江省

一、机构调协及职责

黑龙江省工业和信息化委员会为负责全省无线电管理工作的政府机构，下设无线电管理局负责日常工作。其主要职责包括贯彻执行国家有关无线电管制的法律、法规、规章和方针、政策；负责分配和指配无线电频率；负责全省无线电台（站）的监督管理；负责全省无线电设备的设置、使用、研制、生产、进口、销售的管理。负责查处省内违反无线电管理法律、法规的行为；负责无线电监测、检测、干扰查处事宜，维护空中电波秩序；协调处理军地间无线电管理相关事宜；依法组织实施无线电管制；负责对无线电派出机构进行管理；负责中俄频率协调，向国家提供基础数据；负责重要时期、重要部分、重要活动无线电安全保障。

黑龙江省在哈尔滨、齐齐哈尔、牡丹江、佳木斯、大庆、鸡西、鹤岗、双鸭山、伊春、黑河、七台河、绥化、大兴安岭等 13 个地市分别设立无线电管理处、监测站。

二、工作动态

2014 年，黑龙江省无线电管理系统在国家无线电办公室和省工信委的正确领导下，紧紧围绕各级党委、政府的发展稳定大局以及工业和信息化中心工作，科学谋划，精心组织，探索解决新形势下工作中的重点、难点，努力促进无线电管理服务方式的转变，较好地完成了各项工作任务。

（一）服务经济建设，科学做好频率台站审批工作

全省严格执行国家无线电频率划分规定和业务管理权限，按照行政许可要求做好各项审批工作。重点保障了哈尔滨市松北区 800MHz 数字集群无线政务通信网频率资源需求，确保数字松北、哈尔滨市智慧城市示范先行区顺利建设。全省共受理并批复行政许可 24 件，初审 4 件，指配无线电频率 55 个，审批台站 1349 个，核、换发电台执照 6065 份，收缴频占费 3279670 元。

响应全面深化改革、简政放权的号召，省无线电管理局完成了行政许可项目清理工作，在原有 6 个项目的基础上，经请示国家局取消"三高设台"项目，其余 5 项全部保留。推动部分频率资源管理权限下放，将业余无线电台、蜂窝无线电通信基站以及 10GHz 以上数字微波接力通信系统 3 项审批业务交由市地办理。

（二）关注民生热点，全面开展打击非法设置无线电台（站）专项活动

把依法打击非法设置无线电台（站）专项活动作为今年工作的重要抓手，加大对"伪基站"、"黑广播"、卫星电视干扰器等违法行为的治理打击力度，切实维护国家安全、社会稳定和人民群众的合法权益，取得重要成果。

在中共中央宣传部（简称"中宣部"）等国家 9 部委的统一部署下，于 2014 年 2—6 月开展了打击"伪基站"大规模集中行动。省工信委牵头与通信管理局、移动运营商成立了专项行动工作组，制定专项行动工作方案，先后两次召开工作组会议研究推进工作。采取了规范工作流程、组织专项培训、加强舆论宣传、配备"伪基站"侦测系统和精准查找设备等手段与措施，特别是 5 月上旬组织代号"雷霆行动"的"歼灭战"，57 名精干技术人员分成 16 个突击清查小组，与公安等部门密切配合，分赴全省"伪基站"高发地区开展集中查处，形成高压态势，

引起了强烈的社会反响，期间仅半小时以上的专题电视节目就达 3 期。此次专项行动中，全省系统共出动监测人员 3879 人次，监测车 1407 辆次，动用监测定位设备 2713 台次，取缔 130 起，涉案设备 131 套，涉案人员 155 名，检测鉴定"伪基站"设备 95 部，协助公安机关实施批捕案件 77 起，牡丹江市配合公安部门破获邪教分子利用"伪基站"进行反动宣传案例受到了国家重视和肯定，刘利华副部长高度评价黑龙江省"领导重视、行动迅速、多方联动、措施有力，取得明显成效"。

对于群众反映强烈的私设"黑广播"、卫星电视干扰器等违法现象，全省一方面加强日常监测工作，及时发现并主动给予打击，另一方面认真受理群众举报，上门了解情况，及时反馈查找处置结果。11 月 24 日，经过前期摸排定位和认真准备，联合公安部门多市地联动出击，连夜开展针对"黑广播"的集中突击清理专项行动，依法打掉"黑广播"窝点 10 个，多家媒体记者进行了随行采访和跟踪报道。截至目前，全省系统共打掉"伪基站"166 个、"黑广播"26 起、卫星电视干扰器 37 起。

（三）保障信息安全，努力维护空中电波秩序

按照国家无线电频谱监测统计报告制度，全省累计监测时间 41200 余小时，受理并解决各类干扰申诉近 90 起。8 月 17 日，民航哈尔滨管制区域主、备用频率遭受有史以来最严重的大范围干扰，全省在 4 天之内紧急排除了 3 起广播电视干扰源，省工信委专题向省政府报告了情况，向省广电部门通报了有关问题。随后利用近一个月时间，组织开展了保护民航专用频率集中清查广播电台行动，组织全省骨干力量 50 余人，制定计划，深入到每一个市县乡镇、农场、林场，对全省广播电视台站进行全面普查和测试。

省局、站认真履行省委防范处理邪教办、省反恐办成员单位职责，协同委内 8 个处室进一步明确省工信委反恐怖工作职责，修订完善《黑龙江省无线电管理反恐怖工作预案》，组织全省在春节、全国"两会"、国庆、十八届四中全会等重要时期及"4.22"、"7.20"敏感时期 24 小时监测值班，加大对关系国计民生的重点业务监测保护力度，切实维护社会安全稳定大局。完成了白俄罗斯总理米亚期尼科维奇访华抵达哈尔滨市期间无线电安全保障工作。

继续做好各类考试无线电安全保障工作。针对央视曝光的哈理工作弊事件，在省外宣办的统一组织下积极配合调查、报告信息。央视提到的两个作弊信号当

日已由省监测站保障人员依法取缔，没收作弊设备 1 套，发现涉案人员 2 名交由公安部门处理，研究生考试保障工作受到了工信部和省政府领导的肯定。按照苗圩部长批示，省工信委与省教育厅共同研究，初步达成了建立考试保障机制与加强考试保障设施的共识。今年以来全省系统会同各级考试组织部门，完成考试保障任务 20 次，共派出保障人员近 600 人次，出动监测车辆 157 辆次，发现无线电作弊信号 156 起，现场取缔 19 起，有效实施技术阻断 137 起。央视新闻记者对黑龙江省高考保障工作进行了跟踪采访，并在央视中文国际频道、新闻频道进行了正面宣传报道。

（四）维护国家权益，认真做好中俄边境无线电频率协调工作

根据国际电联《无线电规则》，妥善处理经国家转来的俄罗斯协调函件 75 件，涉及台站 2910 个、频率 941 个。同时为加强频率资源和国家权益的保护，对于黑龙江省尚未协调登记进入国际电联总表的台站，制定计划逐步开展协调上报工作。今年分三个批次申报超短波台站 109 个、涉及频率 427 个，蜂窝移动基站 109 个、涉及频率 1298 个。

组织中俄边境电磁环境测试，为中俄频率协调积累第一手资料。省局、站制定了《2014 年黑龙江省边境（界）地区电磁环境测试计划》，在安排边境市地每季度到 34 个边境测试点测试的同时，于 7 月份开展了"旗舰—2014"边境地区电磁环境测试专项行动，严格按照国家新出台的测试规范，历时 17 天，出动监测人员 165 人次，车辆 65 辆次，累计行程 4345 公里，动用专业设备 52 套，累计测试 294 小时，测试信号总数 1128 个，进一步完善了边境频率台站数据库和电磁环境数据库。

根据安全部门提供的信息，对全省各边境口岸俄籍入境货车携带无线电台情况进行了详细调查，在向国家局进行详细书面报告的同时，积极采取措施加强监管：一是在各边境口岸制作并悬挂中俄文警示牌；二是采取日常监测与定期检查相结合的方法，及时掌握入境车载电台动态；三是与交通、外事、海关、安全、公安等部门沟通，探讨管理实施办法。6 月份，工信部刘利华副部长、谢飞波局长专门对此项工作赴黑河市进行调研，肯定了黑龙江省做法。

（五）坚持依法行政，推进无线电管理法制建设

进一步规范了行政执法工作，提高行政执法水平和效率。编写并下发了《无线电管理行政执法指南》，全省年度行政处罚工作共形成案卷 59 卷，下达责令整改通知书 127 份，罚款 2.65 万元。

按照网上审批服务、规范权力运行的要求，省无线管理局行政审批全部在省政府网上一体化办公平台办理，规范制作行政审批案卷，在省政府组织的现场检查和情况通报中均受到好评。目前各市地也已陆续启动网上审批试运行。

（六）树形象强素质，全面提高无线电监管能力

按照年度宣传工作方案，全省各级无线电管理机构以各类专项活动以及"世界无线电日"、全国无线电管理宣传月为契机，开展现场宣传活动 31 次，发布广播信息 36 次，发布电视宣传信息 34 次，报纸信息发布 53 次，短信宣传 3 万余条，租用大型电子屏 28 次，印刷宣传品、条幅、标语等 3 万余份，为无线电管理工作营造了良好的社会舆论氛围。

人才队伍建设和培训工作持续强化，组织开展全省性专项培训 5 次，受训人员 400 余人次。各地自行培训达到每人 5 天以上，联合有关部门举行了考试保障、防火防汛等各类联合演练。9 月 15 至 18 日，全省应急无线电监测技术演练及大型广场宣传活动在伊春市举行，13 个市地近百人参加，省工信委刘爱丽副主任带队指导，亲自发放宣传品，并在总结会议上做重要讲话。

把握机遇，深入落实"十二五"规划，今年开始全省增建小型站 14 个，固定监测站数量将达到 71 个，完善了全省边境频率协调一体化平台的功能，全省监测网络覆盖和监测分析能力进一步加强。同时正式启动"十三五"规划预研与编制工作，成立了规划编制工作领导小组，制定了《黑龙江省无线电管理"十三五"规划编制工作方案》，以《陆域边境地区无线电管理工作研究》课题为核心，深入研究黑龙江省无线电管理主要问题，创新谋划"十三五"规划。

第七章　华东地区

第一节　上海市

一、机构设置及职责

上海市无线电管理局为上海市无线电管理委员会的办事机构，具体负责本市无线电管理的日常工作。上海市无线电管理局机构规格为相当于副局级。主要职能包括：贯彻执行国家无线电管理的方针、政策、法规和规章；负责本市无线电频率使用方案的制定、组织编制本市涉及公共安全和公共利益的固定无线台（站）布局规划，明确重点无线电台（站）有关保护要求；负责本市无线电台（站）的设置审批，根据法定权限对无线电频率、呼号进行指配，核发电台执照，并依法实施监督；负责组织本市无线电电磁环境和无线电台（站）信号监测、无线电发射设备和非无线电设备的无线电波辐射检测，协调处理电磁干扰事宜，维护空中电波秩序；承担本市无线电管制的组织实施，组织本市重大活动、重点区域和突发事件的无线电安全保障工作；按照管理权限，负责本市涉外无线电管理工作。依法对本市无线电管理方面的违法案件实施行政处罚；承担上海市经济和信息化委员会交办的其他事项。

二、工作动态

（一）全面深化行政审批制度改革

全面深化行政审批制度改革方面，完成地方性法规预研，形成《上海市无线电管理条例（草案）》；修编并发布《上海市公用移动通信基站设置管理办法实施细则》；推行公用移动通信室外分布系统告知承诺审批；梳理完成行政权力清单，明确相关行政权力的法律依据和具体程序，形成行政权力的目录化管理；编制完成《行政审批业务手册》、《办事指南》和《行政处罚自由裁量量化标准》，改进一门式综合业务受理工作，规范行政审批和执法。

（二）推进频率资源综合利用和台站管理

在推进频率资源综合利用和台站管理方面，推进 LTE 全面商用部署的频率资源储备工作；推进 700MHz 频段 TD－LTE 组网兼容性研究；推进 1.4GHz 频段多媒体数字集群专网组网试验；完成 1.9GHz 频谱资源（小灵通）的清频关网；完成轨交无线 CBTC 系统全部新增测试，拟定完成相应技术和管理建议；推进对讲机"模转数"工作，增量全面适用；完成《本市无线电频谱资源的经济效益分析》研究课题；成功承办 2014 年全球城市信息化论坛——频谱资源管理与经济发展分论坛活动；完成上海海岸电台搬迁、上海气象局雷达站建设等重要台站的保护协调；结合上海城市规划，完成《上海市重点固定无线电台站布局保护规划》规划落图；编制完成《上海市民用机场电磁环境保护区域划定》，配套起草了《上海市空港地区电磁环境保护管理办法》；启动《上海市公用移动通信基站站址布局专项规划》的评估；完成工信部无线电管理局"十三五"预研项目——基于城乡规划的固定无线电台站布局体系研究；推行基站"一站一档一验"工作，完成年度计划批复 10166 个，站址认定核发 3980 个，执照核（换）发 11160 张，完成室内分布系统集约化建设 10 批 106 个项目，覆盖面积 1015 万平方米。

（三）在提升无线电监管技术能力

在提升无线电监管技术能力方面，建设完成嘉定、青浦、金山和长兴岛 4 个固定监测站，新增一个移动监测平台；完成网格化二期浦东机场、崇明空军机场扩建试点的建设规划；推动无线电检测公共服务平台建设，深化可行性研究；完成移动检测工作平台、TD-LTE 终端和数字对讲机共平台自动测试系统建设；检测实验室通过二合一评审，老项目新扩 17 个检测标准，新增 18 个检测能力项；通过加拿大工业部 IC 和美国 FCC 的场地认可，扩展相关计量认证（CMA）资质。

（四）推进重大活动无线电安全保障

在实施无线电安全保障方面，圆满完成亚信上海峰会无线电安全保障。聚焦亚信上海峰会的重要节点和重要场馆，围绕无线电频率安全和设备安全这一条主线，按照部市协同、军地统筹、长三角区域联动的原则，前后历时 3 个月，确保亚信上海峰会举办期间无线电安全的万无一失。筹备和举办期间，共受理国内外频率申请22起，审批使用频率211组；监测时长1088小时，排摸重点区域约300平方公里，检查各类重点场馆80余次，抽查各类设备263台，开出整改通知书27份，依法处罚1家单位；圆满完成其他无线电安全保障：完成F1中国大奖赛、劳力士大师杯网球赛和勒芒汽车拉力赛等重大体育赛事保障；完成各类教育考试保障20起，现场处置考试作弊1起，抓获作案人员3人。

（五）积极开展非法设台专项治理

在非法设台专项治理方面，一是有效开展广播黑电台专项整治。按照市政府"统一部署，各司其职，依法打击、联合查处"的要求，会同本市文广、公安、文化执法总队等部门集中打击广播黑电台。期间，累计发现25个疑似广播黑电台，完成其中12个广播黑电台的监测定位及行政处罚，向邻省通报其境内疑似广播黑电台频点6个，其余7个信号在专项打击震慑下已经消失。在此基础上，进一步建立了日常联动值守的长效机制，形成了社会面的高压态势，专项整治成效得到巩固，本市目前无广播黑电台信号出现。二是联合打击"伪基站"。按照国家9部委工作部署，会同本市公安、通信以及运营企业齐抓共管，形成长效整治机制。经过联合打击，"伪基站"生产销售和使用空间被大大打压，集中表现为"两下降、一改善"：即"伪基站"垃圾短信数量明显下降，因"伪基站"推送信息而受骗的案件数量明显下降，移动通信网络质量得到较大改善。期间，累计监测13742小时，现场联合出击60余次，当场抓获犯罪嫌疑人53名。市场整治方面，开展市场专项整治行动，扣缴非法无线电设备75台（套）。后续司法追溯方面，通过线索排查，共计逮捕犯罪嫌疑人249名，其中包括23个团伙，查缴设备152套。

（六）完善无线电管理体制机制

在完善体制机制方面，继续深化区县管理工作。组织开展区县无线电管理专题业务培训和监测演练，逐步提升专业监管能力；依托区县协同机制，加强基站站址预审工作，提高基站审批效率；健全市区两级联动机制，提速突发事件处置；发挥区县属地优势，参与属地考试保障、基站选址协调等工作，拓展无线电管理服务民生的触角。联手保障亚信峰会、中俄海上联合军演，以实战检验协同作战能力。继续做好对口援疆，启动对口援藏工作。按照新一轮本市对口援疆的总体部署，启动喀什地区无线电管理网格化规划的编制工作；签署沪藏两地无线电管理合作框架协议，启动人才援藏。

（七）巩固无线电管理宣传长效机制

在巩固宣传长效机制方面，专报专刊编印形成制度安排。创办并编印 8 期无线电管理工作信息简报，出版发行 3 期上海信息化（无线电专刊）；专项宣传成效显著。做好 2·13"世界无线电日"主题宣传、5·17"世界电信日"新闻发布、防范打击"伪基站"专项工作宣传以及全国无线电管理宣传月等工作。其中，防范打击"伪基站"专项工作宣传获得工信部刘利华副部长的高度肯定和赞扬。全面巩固宣传阵地，加快新媒体布局。继续巩固与广播电台、电视台、报刊等传统媒体的合作，全面启用"申城无线"微博、微信等新媒体，微博共发布信息 525 条、关注人数 130035 人；微信共发布 99 期 495 条信息。无线电管理全年宣传资料累计完成逾 6 万字、见诸电视广播 59 次、报纸专题新闻报道 13 次、网站刊载 37 件、向国家报送重要信息 33 次。

第二节　江苏省

一、机构设置及职责

江苏省无线电管理局（副厅级）行使全省无线电管理行政职能。面对日益迅猛发展的无线电事业，该局承担着全省近 4000 万部各类无线电发射设备的日常管理。为了合理、高效、安全利用无线电频率资源，维护好空中电波秩序，支持和促进江苏省信息化建设和信息产业的快速健康发展，全省无线电管理机构通过近两年大力加强无线电频率和台站的规范化管理，加大无线电管理执法监督检查力度，加速无线电管理技术设施建设，不断提高无线电管理队伍的整体素质，从而为江苏省的经济建设和社会发展提供了良好的服务保障，被誉为光荣的"空中交通警察"。

江苏省无线电管理局（副厅级）按照加强管理、保护资源、保障安全、健康发展的工作方针，遵循统一领导、统一规划、分工管理、分级负责的工作原则，履行以下工作职责：贯彻执行国家无线电管理的方针、政策、法规和规章；拟订无线电管理的具体规定；协调处理全省行政区域内无线电管理方面的事宜；审批无线电台（站）的建设布局和台址，指配无线电台（站）的频率和呼号，核发电台执照；负责全省无线电监测；会同当地政府管理市、县（市）无线电管理办事机构；省政府和国家无线电管理机构委托履行的其他职责。

二、工作动态

2014年在国家工信部、省委省政府和省经信委的正确领导下，全省无线电管理系统以服务江苏经济社会发展为中心，以保障全省重大活动无线电安全为重点，坚持"三个转变"的工作思路，狠抓八项任务落实，统筹建、管、治等各项工作稳步推进，努力做到频率管控精细化、台站管理规范化、监测工作日常化、综合保障集约化，出色地完成了青奥会无线电安全保障、打击非法设台专项行动等重大任务，为全省发展大局和青奥会成功举办作出了积极贡献，也受到了国家工信部、省委省政府、青奥组委会的高度评价，省局被国家网信办评为"打击'伪基站'专项行动先进集体"，多名同志受到省部级表彰。

（一）推进重大活动无线电安全保障

在重大活动无线电安全保障方面，2014年11月1日，第五届环太湖国际公路自行车赛在无锡开幕。江苏省无线电管理局无锡市无线电管理处认真组织，周密安排，赛前对赛事全程的无线电电磁环境进行测试，并针对赛事举办方申请的无线电频率进行监测，排除无线电干扰。比赛当天，无线电监测车全程跟踪，确保赛事举办方无线电频率的正常使用。徐州市管理处圆满完成省运会开幕式无线电安全保障，2014年9月，江苏省第十八届运动会在徐州市奥体中心体育场隆重开幕。为保证省运会顺利举办，徐州市管理处根据第十八届省运会无线电安全保障工作的要求，结合开幕式的实际工作，专门制定了保障方案。组建省运会无线电安全保障团队，做好无线电频率指配、无线电发射设备检测、电磁环境治理、重点区域和部位无线电监测。参加保障人员38名，使用固定监测站2座、搬移式监测站2座、便携式监测设备9套、便携式检测设备1套，派遣监测车5辆、行政执法车1辆,压制设备1套,应急保障指挥车1辆,配置无线电通信设备22部。其中，从连云港、淮安、宿迁兄弟单位外借监测车3辆，EB200便携式监测设备1部，PR100便携式监测设备6部，协调保障人员9名。由于措施有力，圆满完成了省运会开幕式期间无线电安全保障工作，确保指挥调度、安全警卫、数据传输、电视转播、文艺演出、应急通信等无线电设备的正常使用，展现了"空中警察"良好形象。

（二）开展集中打击非法设台工作

在打击非法设台方面，徐州市无线电管理处在全市开展集中打击非法设置无线电台（站）专项治理活动，五措并举在全市范围内集中组织开展一次有声势、有目标、有成效的专项整治活动：一是成立打击非法设置无线电台（站）专项治理活动领导小组，明确责任；二是制定《关于在全市开展集中打击非法设置无线电台（站）专项治理活动工作方案》；三是加大执法巡查力度；四是做好无线电监听监测工作；五是广开举报渠道。全力保障航空、铁路、水运、公安、电力、电信、广电、城管等各类重要行业的无线电通信安全，促进和保障全市经济社会发展和人民群众安全便捷的信息生活。无锡市无线电管理处"空、地"警察联合行动，夜查非法车载电台，2014年以来，非法安装使用车载电台的行为持续蔓延，窃听警用频率、干扰正常通信业务等行为时有发生。根据省无线电管理局开展集中整治非法设置无线电台（站）专项活动要求，针对机动车车载电台移动性强、活动范围广、难以监控等因素，无锡市管理处会同市公安局交通治安分局研究制定打击非法设置车载电台联合工作机制，全市各治安查报站将每周不定期地对过往车辆进行检查。此次行动是无锡市管理处对今年重点打击违法使用对讲机专项整治行动的深化和延续，"空、地"警察联合行动将列入常态化工作内容。常州市无线电管理处围绕打击非法调频广播行动，在《常州日报》、常州电视台、常州广播电台等地方主流媒体开展了一系列宣传活动，引起了市民的广泛关注，取得了良好的社会效果。省监测站积极投入打击伪基站的"护网行动"，监测站在第一时间向各市监测站发出了《关于积极做好"护网行动"有关工作的通知》，要求各市监测站结合年度在用无线电发射设备检测工作的开展，加强对在用公众移动通信基站的检测；积极投入到"护网行动"的各项工作当中，加大对"伪基站"的发现和查处力度，及时受理和响应各类举报和查处线索，做好"伪基站"的现场定位，协助有关方面开展案件查办；在受理和查处"伪基站"的过程中，注意分析"伪基站"发射的规律和技术特点，积极探索多种有效发现、查找的方法和手段。同时，省监测站有关部门认真做好案例搜集和技术研究工作，努力在"护网行动"中发挥好技术支撑作用。

第三节　浙江省

一、机构设置及职责

浙江省无线电管理机构为浙江省经济和信息化委员会，内设无线电管理局，主要职能包括：起草全省无线电管理地方性法规、规章草案和政策性文件，承担辖区内除军事系统外的无线电频率规划、分配与指配；依法实施无线电管理行政许可，审查无线电台（站）的建设布局和台址，核发电台执照；承担无线电监测、检测，协调处理无线电干扰，依法组织实施无线电管制，监管无线电台（站）及无线电发射设备；管理全省无线电管理派出机构；承担省无线电管理办公室的日常工作。

二、工作动态

（一）推进无线电管理领域改革

在深化改革，创新管理方式方面，舟山市无线电管理局进一步创新服务，加强事中事后监管，进一步加强窗口建设，不断优化服务效能，全面提升服务质量。2014年全年，舟山无线电管理局在综合窗口接待办事的用户800余人次，收到咨询电话200余个，共受理行政行可和其他事项290个，办结率为100%，提速率为90.28%，实现了零投诉、零差错、零超期、零违规，凭借细致周到的服务赢得了用户的认可。在舟山市人民政府办公室召开的行政审批制度改革与服务年度工作会议上，连续10年被评为年度综合窗口建设先进集体。杭州市无管局加强行政审批服务力度设立网上办事操作平台，以优化流程、高效便民为向导，杭州市无管局在局业务窗口搭建了网上办事操作环境。在操作环境中，用户可根据杭州市无管局编写的《无线电行政许可网上办事操作指南》，发起行政许可申请，然后利用一体机将带章和签字文件等纸质材料转化成电子材料，电子材料自动存储在网络服务器以方便用户访问获取，大大减少了用户获取行政许可的难度，切实做到依法行政，高效便民。为进一步加强作风效能建设，增强服务意识，广泛听取社会意见，充分发挥社会监督作用，温州市无线电管理局（以下简称"温州无管局"）主动开门纳谏，接受社会监督。温州无管局着力落实首问责任制、服务承诺制、责任追究制，广泛接受行风监督员和全社会监督，改进工作作风，提升工作效能，科学管理无线电频率、台站，为地方经济社会发展"保驾护航"。同时，温州市无管局优化行政许可办事流程，考虑到部分非市区用户在交通方面的现实困难，结合网上办事系统的流程设置，对原有流程进行优化，尽可能满足其"即来即办"的需求。优化后的流程要求用户先在网上办事系统提交申请材料，当申请状态显示"行政许可审批流程已完成，请用户速提交纸质材料"时，再将材料一次性送入审批中心窗口，由审批窗口对用户提交的纸材料和网上办事系统中的申请材料进行一致性审查，办结流程并发放执照，提高温州市无管局行政许可办理效率。

（二）开展打击非法设台专项行动

在打击非法设台专项行动方面，温州市无线电管理局积极开展打击非法设置无线电台站专项行动（以下简称"打非专项行动"）。在此次"打非专项行动"中，查获、查处"伪基站"6起，罚款共计3600元；协助公安部门进行"伪基站"设备监测46台；查处"黑广播"案件1起。舟山无管局积极推进规范移动通信干扰器管理的长效机制，为规范舟山市各学校及考试承办单位移动通信干扰器使用的管理，减少移动通信干扰器对公众移动通信网络正常业务的干扰。舟山无管局一方面积极联系市教育局、市保密局和三大移动运营商，拟促成以市教育局牵头，联合市保密局、市无管局共同发文，确保各学校规范移动通信干扰器使用。另一方面积极联系分管副市长、分管副秘书长等市政府领导，拟促成由市政府牵头，市保密局、市教育局、市无管局、市财政局、市人事劳动局、市司法局及三大移动运营商等单位参加的全市关于规范移动通信干扰器使用的协调会议，落实全市各学校及各考试承办单位规范使用移动通信干扰器的长效机制。嘉兴市无线电管理局按照《打击非法设置无线电台（站）专项治理活动工作方案》，完善工作协调机制，加强与文广执法、公安等政府部门的协调配合，力求快速、高效查处"非法广播"案件。同时积极争取市委宣传部和嘉兴电视台、报纸、网络媒体的支持配合，加大宣传力度，形成舆论打击。持续加强调频广播频段的监测，多措并举，重拳打击"非法广播"。

（三）推进重大活动无线电安全保障

在重大活动无线电安全保障方面，为圆满完成2014第三届环太湖国际自行车赛（湖州-长兴站）无线电保障工作，湖州市无线电管理局积极启动赛事保障预案，对驻地场馆及106公里的赛程沿线开展电磁环境测试工作，对组委会80余台通信器材进行了检测，及时排除了赛事用频的无线电干扰隐患，对相关安保、志愿者、应急、配套保障等不同通信需求逐一协调，落实了相关技术方案。在为期2天的赛事保障中，湖州市无线电管理局全程保障了赛事的通信秩序，实现了赛事零干扰、零投诉、零事故，确保了赛事联络通信、广播电视直播、公安交警指挥、志愿者调度等重点无线电业务的通信安全及顺畅有序，为赛事提供了高质量的无线电安全保障，圆满完成任务，赢得此次赛事组委会及相关部门的好评。宁波顺利完成第四届中国（宁波）智博会无线电保障工作，一是提前制定了《第四届中国（宁波）智博会无线电安全保障工作方案》，明确了组织机构，并对各个阶段的工作任务进行了细致部署；二是做好人员动员，制定24小时值班制度，同时建立应急突发事件处置小组；三是做好设备准备，对应急设备进行统一维护、检查、存放，并落实相应责任人；四是精心监测，在博览会期间做到24小时无缝监测，保证了与会议相关的设台用频安全。绍兴市无线电管理局圆满完成2014年度全国经济专业技术资格考试、浙江省档案系列初、中级专业技术资格考试、浙江省药学专业初、中级专业技术资格考试、浙江省医疗器械行业初、中级专业技术资格考试、浙江省房地产经纪人协理从业资格考试无线电保障。整个考试期间，绍兴市无线电管理局开启现有监测设备，认真排查信号，直至考试结束，未发现考试作弊信号和可疑信号，圆满完成任务。衢州市无管局圆满完成四项重大考试保障任务，2014年9月20至21日，国家司法、一级建造师、警察招录、会计初级考试在衢州同时举行，衢州市无管局高度重视、认真部署，精心组织、严密监控，努力克服考点多、人员少、设备缺的困难，合理调配人员设备，做到"各点兼顾、重点突出"，按照以往作弊发生的规律，对保障力量进行动态调整，收到了良好效果。在一级建造师考试保障中，成功查获利用无线电发射设备进行考试作弊案1起，抓获涉案人员1人，收缴作弊设备1套。湖州市无管局完成高考无线电安全保障任务。据湖州市教育考试中心要求，共出动监测车2车次，技术人员8人次，启用无线电监测设备2套进行无线电监测，考试中未出现疑似作弊信号，圆满完成任务。

第四节　安徽省

一、机构设置及职责

安徽省无线电管理机构为安徽省经济和信息化委员会，内设无线电管理处和16个派出机构，无线电管理处的主要职责包括：拟订全省无线电频率规划，负责指配无线电频率和电台呼号；依法监督管理无线电台（站），核发电台执照，组织无线电台（站）年审；负责无线电监测、检测和干扰查处，维护空中电波秩序；协调处理军地无线电管理事宜，协调处理电磁干扰事宜；负责无线电管理行政执法、监督和法制宣传，依法组织实施无线电管制；指导各市无线电管理机构和省无线电监测站工作；承办省无线电管理委员会的具体工作。

二、工作动态

（一）积极开展打击"伪基站"专项行动

根据全国打击"伪基站"电视电话会议精神，制定了全省打击"伪基站"工作方案，牵头成立全省工信系统打击"伪基站"专项行动工作小组，与公安、通信管理、工商等部门建立联席会议机制、信息共享机制、工作协同机制，形成强大工作合力。截至11月底，全省共查处"伪基站"案件65起，缴获设备135套，配合公安机关鉴定"伪基站"设备28套。2014年4月10日，合肥无线电管理处经过准确监测定位和缜密调查，联合公安部门打掉了一个集使用、组装、销售"伪基站"为一体的团伙，当场查获"伪基站"设备8套，零配件6箱，中央电视台新闻频道对此进行了报道。2014年下半年，全省"伪基站"呈现直线下降趋势，打击"伪基站"专项活动成效显著。同时，全省共查处非法设置黑广播电视台案件10起、卫星电视干扰器案件33起，手机屏蔽器案件31起，净化了电磁环境。建立联合打击工作机制。与广电、文化、公安等部门加强沟通协作，明确责任分工，联合下发有关文件，形成工作合力，创新工作方法。针对卫星电视干扰器多为有线电视经营者设置并经常安装在基站铁塔上的现象，要求广电系统开展自查自纠，督促各电信运营商安排人员加强铁塔巡护管理，起到了事半功倍的效果。有针对性地开展专项整治活动。阜阳等地把打击非法设置使用出租车电台作为整治重点，

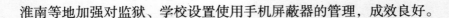

淮南等地加强对监狱、学校设置使用手机屏蔽器的管理，成效良好。

（二）推进重大活动无线电安全保障

做好考试保障。2014 年，全省出动 3000 余人次，重点防范和打击在高考、研究生考试、公务员考试、职称资格类考试等考试中使用无线电设备作弊行为，查处作弊案件 59 起，收缴作弊设备 72 部，为净化考试风气发挥了作用。加强重大活动保障。全省无线电管理机构圆满完成南京青奥会、合肥国际马拉松比赛、国际山地车节、第十三届省运会的无线电安全保障任务。11 月 16 日，在合肥国际马拉松比赛前夕，央视体育频道直播频率（DS-24 频道）突然受到不明信号干扰，致使直播陷入瘫痪。合肥无线电管理处迅速启动应急预案，快速查明干扰源（为设置在巢湖凤凰山的试验用地面数字电视台站），为保障赛事直播发挥了关键性作用。参与"江淮 2014- 利剑行动"反恐演习。2014 年 10 月，按照省政府安排，选派业务骨干，建立参演团队，参与"江淮 2014- 利剑行动"反恐演习。演习过程中，全体参演人员纪律严明，技术过硬，充分展示了无线电管理队伍的精神风貌。成功举办全省无线电安全保障综合演练。10 月 24 日，全省无线电安全保障综合演练在合肥成功举办。省无委会成员单位及省直有关部门领导莅临现场观摩。此次演练由安徽省无线电管理委员会联合省新闻出版广电局、民航安徽空管分局、省移动通信公司共同举办，共设置无线电应急通信保障、公众移动通信安全保障等四个科目，参演人员近 200 名。演练突出实战，具有很强的针对性和现实性，是安徽省无线电管理系统有史以来规模最大、范围最广、参加人数最多的一次综合性演练。人民网、《人民邮电报》、《中国电子报》、《安徽日报》、安徽广播电台、安徽电视台等 30 多家媒体报道了演练盛况，多角度宣传了安徽无线电管理工作，引起很大反响。

（三）加强无线电宣传工作

编印无线电管理专刊。为加强对党政机关和重点设台单位的宣传，2014 年 11 月，安徽省依托《安徽经济和信息化》杂志，编印了无线电管理专刊 2000 份，递送省委、省政府、省人大及省直部门、各市党委政府以及重点设台单位阅读。专刊图文并茂，内容涉及频率台站管理、电波秩序维护、无线电安全保障、打击非法设台专项行动、服务两化融合等方面，全景反映安徽省近年来无线电管理工作情况，反响良好。做好信息报送工作。注重提高信息的时效性和可读性，提高信息采编质量。截至 11 月，全省无线电管理机构在省经信委内网编发信息 350 余条，向《人民邮电报》、《中国电子报》、全国无线电管理工作通讯、中国无线电管理网站以及地方主流媒体报送信息 283 条，较去年同期有大幅度提高。开展主题宣传活动。全省无线电管理机构以"世界无线电日"、"无线电管理宣传月"、"12.4 法制宣传日"为契机，开展了形式多样的主题宣传活动，广泛宣传无线电管理法规和科普知识，宣传效果进一步显现。

第五节　福建省

一、机构设置及职责

福建省无线电管理机构为福建省经济和信息化委员会（福建省无线电管理办公室），主要职责如下：

- 贯彻执行国家关于电子信息产品制造业、软件业、无线电管理以及有关信息化的法律法规和政策，起草并组织实施福建省电子信息产品制造业、软件业、无线电管理的地方性法规、规章和政策，承担分工内的有关信息化法规、规章和政策的起草工作。

- 起草福建省电子信息产品制造业、软件业发展规划并组织实施，指导电子信息产业结构调整和优化升级，推动电子信息产业基地和产业园区建设；参与拟订信息化和信息服务业发展规划，协同有关部门推进国民经济和社会信息化，推动信息服务业发展。

- 指导电子信息产品制造业、软件业的技术创新和技术进步，推动行业科研开发，组织实施有关重大科技专项和引进技术的消化、创新，推进相关科研成果产业化，促进电子信息技术推广应用，依法承担信息系统工程建设市场的监督管理和计算机集成项目有关资质的管理工作。

- 监测分析电子信息产品制造业和软件业的日常运行，负责电子信息产业统计及统计信息发布，开展行业预测预警和信息引导，协调解决行业运行发展中有关问题并提出政策建议。

- 承担电子信息产品制造业和软件业的行业管理工作，组织实施国家有关技术规范和标准，组织实施能源节约、资源综合利用和清洁生产促进等政策，对行业内产品质量、标准、污染控制、安全生产等进行监督管理。

- 负责全省无线电频率资源的分配和管理；依法监督管理无线电台（站）；负责无线电监测和检测；负责协调处理军地间无线电管理相关事宜；负责协调处理无线电干扰事宜，维护空中电波秩序；依法组织实施无线电管制；承担福建省无线电管理委员会的日常工作。
- 组织指导全省电子信息产品制造业、软件业以及无线电管理的对外和对港澳台的合作和交流。
- 组织开展电子信息产业人才规划、培训和专业技术职务任职资格评审工作。
- 承办省委、省政府交办的其他事项。

二、工作动态

（一）积极开展打击非法设台专项活动

在开展打击非法设台专项活动方面，2014年福建省无线电管理部门把打击"伪基站"、"黑广播"违法犯罪作为头号重点工作，全年共查处"伪基站"案件57起，缴获"伪基站"设备69台（套），协助公安部门鉴定"伪基站"81台（套），捣毁制售"伪基站"窝点2个，查处"黑广播"案件18起，打击专项活动取得了阶段成效。一是建立工作机制，形成共同打击"伪基站"、"黑广播"的工作合力。先后会同省通信管理局制定了《福建省关于配合开展打击整治非法生产销售和使用"伪基站"违法犯罪活动专项行动工作方案》、联合公安厅等十部门下发《关于开展打击整治非法生产销售和使用"伪基站"违法犯罪活动专项行动工作方案的通知》和《打击整治非法生产销售和使用"伪基站"违法犯罪活动工作意见》，为多部门共同打击专项活动提供了有力的机制保障。二是重拳打击"伪基站"、"黑广播"制售窝点，阻断违法犯罪源头。会同工商、质监等部门开展无线电发射设备市场专项监督检查，加强源头管理，严厉打击非法生产、销售无线电设备行为。联合公安部门在泉州、莆田等地捣毁多处"伪基站"制售窝点，当场抓获犯罪嫌疑人并缴获多套成品、半成品设备。三是统筹全省无线电管理资源，密切协作，合力打击重、特大案件。省无管办组织莆田、泉州、龙岩三地无管局联合行动，一举出击，成功捣毁设置于莆田市的三处"千瓦级"大功率"黑广播"。四是走近社区民众，联合省新闻出版广电局、公安厅、省政府新闻办公室等单位，举办"滤波行动手护晴空——全民动员打击黑广播"大型宣传活动，发动群众拓宽投诉渠道，提升了公众法制意识。

（二）统筹配置无线电频谱资源

在科学规划，统筹配置无线电频谱资源方面，2014 年，福建省无线电管理办公室围绕"三管理、三服务、一突出"的工作总要求，扎实开展工作，科学规划，统筹配置无线电频谱资源。净化频谱，服务 4G 网络建设。一是协调解决电信、联通 TD-LTE 和 LTE FDD 混合组网实验频率使用问题，为福建在全国率先开展 TD-LTE 和 LTE FDD 混合组网试验提供频谱资源支持；二是协调、查处多地不同制式移动通信网对 4G 网络的干扰，净化电磁环境，推进各地 4G 网络建设进程；三是完成全省 PHS（小灵通）清频退网工作，加快移动通信技术升级，为 4G 通信产业发展提供清洁的电磁环境和大量的用户群体；四是开展 4G 使用频率保护性专项监测，定期统计分析监测数据，保护 4G 频段通信安全。科学配置，统筹保障频谱需求。一是服务地方重点工程项目，协调解决了厦门（翔安）新机场、莆田湄洲湾 LNG 项目、福清核电站建设的通信频率需求，有力推进重点工程项目建设，服务地方经济社会发展；二是保障重大活动无线电频率需求，为全国第一届青年运动会、第 15 届省运会、厦门国际马拉松、海峡论坛、9·8 中国投洽会等大型活动科学配置频率资源，保障各类重大活动顺利开展；三是为莆田火电站信息技术改造、福州航空港指挥调度、福州地铁集群调度、厦门"智慧城市"建设等项目提供无线电频率支持，促进了"两化"融合，推进了社会信息化建设；四是厦门、漳州、泉州按照《厦漳泉同城化无线电管理工作方案》，整合频谱资源，协调跨地区频率配置，推动厦漳泉大都市区建设。

（三）提升无线电管理依法行政的服务能力

在推进依法行政，提升无线电管理服务能力方面，2014 年，福建省无线电管理办公室围绕"三管理、三服务、一突出"的工作总要求，加强无线电监管，有效利用和保护频谱资源，推进依法行政，积极为社会经济发展作贡献。一是完成无线电管理行政和执法职权梳理工作，保留无线电行政审批 6 个子行政许可项目和 5 个公共服务类、其他管理类子项目，34 种无线电管理行政处罚职权，4 种行政强制职权，1 种行政征收职权，明确了行政许可和执法的职责权限，推进了无线电管理依法行政工作；二是出台并下发了《关于进一步明确无线电频率台站审批分工的通知》，进一步转变政府职能、简政放权，推进了无线电台站管理属地化工作；三是全面清理无线电管理规范性文件，废止规范性文件 3 份，进一步提高了管理科学化、规范化水平；四是根据行政职权梳理后的审批流程及相关内

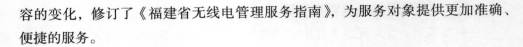

容的变化，修订了《福建省无线电管理服务指南》，为服务对象提供更加准确、便捷的服务。

（四）强化台站管理

在强化台站管理，夯实无线电管理基础方面，2014年，福建省无线电管理机构按照深化行政体制改革、加快转变政府职能要求，强化无线电台站管理，落实简政放权，夯实无线电管理基础。据统计，全省无线电台站（不含手机）已超过18万个。一是组织完成全省台站地址及地理坐标等重要数据项的验证核实，主要涉及广播（声音、图像）电台、卫星地球站、雷达、导航台、涉及安全遇险紧急通信方面的台站以及其他具有固定站址的无线电台，有效提高台站数据质量；二是梳理无线电管理行政职权，进一步简政放权，结合福建省无线电管理实际情况，全面推动台站管理属地化工作。全省98%以上无线电台站实现属地管理，不仅提高了管理效率和服务质量，也便利了服务对象；三是继续做好业余无线电管理工作。研究制定了《福建省实施〈业余电台管理办法〉意见》，逐步建成福建省业余无线电服务体系，推动全省业余无线电事业健康有序发展；四是联合渔业渔政部门，率先在全国实现渔业船舶电台的有效管理。全省近八千艘渔业船舶的制式电台纳入全省台站数据库并核发电台执照，进一步规范了海上无线电通信规则，保障海洋渔业生产和交通运输的无线电通信安全。

（五）增强技术监管手段

在增强技术监管手段，提升无线电管理能力方面，2014年，福建省无线电管理机构进一步完善监管设施，提升技术监管能力。一是完成全省小型无线电监测站二期项目建设并投入使用，建成以省无线电指挥控制中心、监测指挥控制车、9个无线电区域控制中心、26座I、II级无线电监测站为核心，以11套可搬移监测站、19部移动监测车、172座小型监测站及21套便携式监测设备为补充的福建省无线电监测网，基本具备了对全省主要区域20—3000MHz频段无线电业务的监测手段；二是升级无线电设备检测实验室和电磁兼容分析室，提升了无线电设备检测能力；三是完善无线电管理综合业务信息网，整合技术资源，提高管理信息化水平；四是组织并指导各地市无线电监测分站对即将报废的旧监测车的监测测向设备改造为无线电监测固定站使用，继续充分发挥先进技术设备的价值和性能，提升无线电监测能力。此外，厦门无线电干扰协调中心、平潭无线电固定监测站、东山无线电固定监测站已全部完成建设并投入使用，有效拓展台湾海峡无线电监测能力。

（六）拓宽海峡两岸无线电交流

在发挥地缘优势，拓宽海峡两岸无线电交流方面，2014 年，福建省无线电管理机构依托闽台地缘优势，先行先试，积极探索拓宽海峡两岸无线电交流合作的新领域，努力开创海峡两岸无线电协调工作新局面。一是争取相关部门支持，正积极推动海峡两岸无线电协调工作列入"海协"和"海基"会商议题，拓展海峡两岸无线电管理交流宽度；二是由国家依托福建省无线电管理部门建立的"海峡两岸无线电工作委员会"编制了《海峡两岸无线电交流三年行动计划（2014 — 2017）》，该行动计划旨在建立两岸常态化无线电协调机制，搭建两岸无线电产业共同发展交流平台，拓展海峡两岸无线电管理交流深度；三是在闽举办了闽台无线电管理交流活动，与台湾业者就提高两岸无线电管理合作对话机制层次、加强在频率资源规划等重点领域合作达成共识，并签订了海峡两岸无线电交流工作备忘录；四是在世界无线电日期间，以闽台"同名村"为载体，开展元宵空中共同祭祖活动，利用无线电手段搭建同民村民众沟通交流平台，凸显无线电技术在增进海峡两岸交流对接上的重要性，发挥无线电管理在促进闽台宗亲交流中的作用。

（七）建立交通运输长效协调机制

在建立长效协调机制，保障交通运输安全方面，保护航空、高铁和水上用频安全是无线电管理部门的重要职责。近年来，福建省无线电管理机构顺应新形势，加强与相关部门沟通合作，形成"上、中、下"相为呼应的空中、铁路、水上无线电专用频率保护机制，有效保障运输安全。

航空：2014 年，福建航空专用频率干扰继续呈下降趋势。一是深化落实与民航等部门建立的驻场无线电台站管理制度和干扰查处联络员制度，协同排查航空无线电干扰，形成保障航空无线电安全齐抓共管的工作合力；二是继续加强机场及周边电磁环境保护，制定《三明沙县机场电磁环境保护管理规定》，并会同民航部门划定三明沙县机场民用航空无线电台（站）电磁保护区域和飞行区电磁环境保护区域。

高铁：2014 年福建累计协调解决 20 多起涉及合福、昌福、杭深高铁无线电干扰，有效消除了危及动车运行的安全隐患，并建立了干扰排查会商制度，进一步规范铁路无线电干扰投诉流程与受理排查程序。一是迅速组织力量，排查干扰源，分析干扰原因；二是要求电信运营商改造并优化高铁沿线移动通信网络，消除有害干扰；三是督促指导南昌铁路局加强对列车指挥调度通信系统的网络优化，提高其抗干扰能力。

水上：2014年，福建省无线电管理机构联合海事部门，开展船舶电台监督检查，指导用户规范使用无线电，保护海上遇险与安全系统所用无线电频率通畅和安全；联合渔业渔政部门，利用渔船年检注册、捕捞证核发、休渔期等时机，深入渔村开展法规宣传，提高了广大渔民自觉遵守无线电法规的意识。

第六节　江西省

一、机构设置及职责

江西省无线电管理工作由江西省工业和信息化委员会负责，在无线电管理方面的主要职责是依照权限统一配置和管理无线电频谱资源，依法监督管理无线电台（站），负责无线电发射设备的管理，协调处理军地无线电管理相关事宜，负责无线电干扰监测、检测及查处工作，协调处理电磁干扰事宜，维护空中电波秩序，依法组织实施无线电管制。

江西省工业和信息化委员会内设的无线电管理机构主要包括无线电管理处和无线电监督检查处。无线电管理处（江西省无线电办公室），负责拟订全省无线电管理工作计划；规划无线电管理基础和技术设施建设；负责无线电频谱规划的编制及无线电频率的指配；负责无线电台（站）和发射设备的管理；依法组织实施无线电管制；负责无线电专项经费管理；协调处理军地无线电管理相关事宜；负责全省无线电管理的组织、协调和日常事务工作。无线电监督检查处，负责无线电行政执法和监督检查工作；组织无线电干扰监测、检测及查处和相关无线电安全保障工作；组织专项无线电监测和整顿工作；组织征收无线电管理规费；承担无线电管理地方性法规及规章的起草工作。

二、工作动态

2014年，在工信部无线电管理局和江西省工信委党组的正确领导下，江西全省无线电管理工作认真贯彻落实党的十八届三中、四中全会精神，紧紧围绕无线电管理事业发展这一主题，牢牢抓住维护空中电波秩序、确保社会和谐稳定这一主线，突出加强管理这一重点，强化队伍建设、技术建设和法制建设，各项目标任务圆满完成。认真开展非法无线电台站的清理整治工作，空中电波秩序有了明显改善；进一步加强频率台站管理工作，频谱资源利用率不断提高，台站管理更加规范有序；认真做好无线电安全保障，打击考试无线电作弊成果显著；大力支持省重点工程建设，确保了高铁、民航和地铁等用频需要和用频安全；积极推动新业务、新技术的应用，4G 和 GSM-R 基站建设稳步推进；继续加强无线电监测检测工作，无线电监测规范化建设迈上新台阶；加快无线电管理基础设施和技术设施建设步伐，应急保障能力和技术手段不断提高；进一步加强宣传工作，社会无线电使用知识和无线电管理意识不断加强。江西省在频率台站管理，行政执法、无线电监测、无线电安全等方面取得了较好的成绩，其主要工作包括：

（一）科学规划、统筹配置无线电频谱资源

1. 以调整频率规划为抓手，科学配置与合理利用无线电频率资源

随着无线电应用飞速发展，无线电频谱资源日趋紧张，为统筹规划、合理利用无线电频谱资源，江西省及时调整了 150MHz、400MHz、800MHz、1.8G 等无线电业务的频率使用规划，以频率使用效益为导向，最大限度地保障重点部门、重要业务的需求。江西省自然灾害频发，为保障防汛部门用频，将部分地区空置的水上业务频率指配给防汛部门"无线预警"系统使用，满足农村偏远地区防范应对山洪地质自然灾害的应急需要。

2. 以整合频率资源为依托，提升频谱利用率

江西省着眼无线电新技术应用，积极采取频率复用、集约共网和模转数等节约用频措施，释放占用频率，增加优质频谱资源供给，满足日益增长的新业务需求。2014 年，为保障南昌地铁乘客信息系统用频，江西省及时收回省电信、省联通闲置的共计 10MHz 带宽的 1.8G 无线接入频率，将清理回收后聚合的 15MHz 带宽的连续频谱指配给了南昌地铁公司，解决了地铁这一重点工程的用频需求。为挖掘频谱资源潜力，江西省每年对在用台站进行频率占用度监测，统计分析频谱动态，对监测中发现的闲置频率及时收回，对利用率不高的频率采取集中共网的办法，减少用频数量，针对大型商场、建筑工地、物业小区、购物中心等场所，全部采用单频组网、限制功率、频率复用等办法，最大限度地提高频率利用率；

针对超短波新设台用户，推荐使用数字对讲机，并将公安、监狱、铁路、防汛、防火等部门的模拟对讲机逐步更新为数字对讲机。为支持4G业务的运营，江西省在去年4G清频工作的基础上，下大力气清理了全省的MMDS台站，努力消除对4G业务的干扰隐患。2014年江西省共收回频率50个，撤消台站2113部，指配频率79个，新增台站14918部。

3. 简政放权为契机，实施部分频率台站管理权限下放

根据工信部减少行政审批事项和简政放权的要求，江西省积极清理相关行政审批事项，努力做到审批权力向基层倾斜，经清理调整，省级仅保留了频率、台站和进口三项行政审批事项，设区市则增加了呼号和卫星地球站二项行政审批事项，并全部取消了现存的无线电管理非行政许可事项。同时，江西省进一步下放了无线电频率许可权限，将230MHz、1.8G无线接入、800MHz数字集群等无线电业务频率审批权下放给各设区市无线电管理局，扩大了基层的频率台站审批权限，进一步完善了无线电分级管理体制。

（二）规范管理，无线电台站和设备监管有序推进

1. 全面实行台站属地化管理

台站管理是无线电管理核心，属地管理是台站管理工作的基石，围绕这一基础性工作，江西省建立了相关管理制度和考评办法。一是建立健全无线电台站数据库，严格台站入库程序，做到月初有计划、月中有调度、月末有报告，严格监督台站入库质量；二是严格实行无线电台站属地化管理制度，将校园调频电台、卫星地球站、铁路超短波电台、GSM-R基站等无线电台站审批管理权下放各设区市无线电管理局，充分发挥基层一线的监管作用；三是建立健全考核制度，重点考核台站数据库的完整性、准确性和台站入库率及非法台站查处情况等指标，推动无线电台站管理工作落实。截至目前，江西省共拥有各类无线电台站总数达3400余万台部。其中，公众移动电话3350余万部，小灵通用户30余万部，广播电视台317个，数传电台286部，短波电台19部，超短波电台23384部，船舶电台45部，蜂窝无线电通信基站80683个，PHS基站6626个，卫星地球站155个，微波站373个。

2. 积极加强对生产、销售无线电发射设备的管理

根据工信部的统一部署，江西省在开展打击非法设置无线电台站专项活动中

把"加强非法生产、销售无线电发射设备的管理"作为专项活动的一项重要内容，下发了《江西省工信委开展打击非法设置无线电台站专项治理活动实施方案》和《关于进一步加强无线广播发射设备管理的通知》，加大了对非法生产、销售无线电发射设备的清理整治力度，积极协调公安、工商、广电等部门对生产、销售不符合国家标准的无线电发射设备依法予以查处。查处了吉安市新干县"吉安新视听广电服务有限公司"非法销售无线广播发射机案件，没收了没有无线电发射设备型号核准的广播发射设备，进一步净化了无线电发射设备销售市场；协助有关管理部门调查核实了生产无线电发射设备企业情况，进一步规范了无线电发射设备的生产，从源头上清理整顿了无线电秩序。

3. 进一步加强对在用无线电发射设备的检测工作

为加强无线电台站的管理，掌握在用无线电设备实际工作情况，避免各类无线电台站之间的相互干扰，确保通信秩序安全有序。江西省坚持日常检测和专项检测并重的措施，重点加强了对民航、铁路、广电等台站的日常检测，开展了对高铁沿线 GSM-R 基站的检测，确保民航、铁路运输安全。同时，对江西省公众通信基站进行了年度专项检测，据统计，全年共检测各类无线电台站 3000 余台部，其中，公众通信基站 2600 余台部。

4. 积极引导业余无线电爱好者规范有序开展业余无线电活动

为适应新版《业余无线电台管理办法》和业余无线电台及爱好者管理工作中的变化，促进江西省业余无线电业务健康有序快速发展，江西省及时建立组织机构，确保人员、场地、经费、技术到位。首先，通过政府购买服务的方式将业余无线电操作技术能力考试验证工作委托给省无线电通信信息服务中心，保证了有专门机构和人员负责组织操作证书考核工作。其次，加大了对业余无线电爱好者的宣传力度，除了在官方网站发布信息，在省内报刊刊登考试通告，在业余无线电爱好者论坛发帖等方式外，还专门建立了"江西业余无线电考试"和"江西业余无线电活动交流"两个 QQ 群，为爱好者和管理人员交流提供便捷渠道。另外，江西省还注重引导业余无线电爱好者规范有序开展业余无线电活动，各级无线电管理机构积极为业余无线电爱好者提供前沿技术信息和国家法规政策的培训和指导。

（三）做好无线电安保工作，维护国家安全和社会稳定

1. 积极开展打击非法无线电台站专项活动

根据工信部的统一部署，江西省积极开展打击"伪基站"和非法台站的整治活动。一是组织整治非法生产销售和使用"伪基站"违法犯罪活动专项行动。成立领导机构，下发工作方案，明确任务和分工，加强排查和监测定位，打掉非法团伙20余个，涉案人员32人，缴获"伪基站"26台套，近期，江西省手机用户反映强烈的垃圾短信大幅减少，"伪基站"在江西省的生存空间受到明显压缩。二是扎实开展打击非法设置无线电台站专项治理活动。全年共查处非法案件80余起，抓获涉案人员100余人，缴获"黑广播"10台套，卫星电视干扰器30余套，手机干扰器8套，手机诈骗群发器221套，移动上网信号放大器10余套，其他非法电台62台套，有力打击了不法分子的诈骗活动，进一步净化了电磁环境。三是无线电行政执法环境不断改善。通过专项活动，部门协调更加顺畅，配合行动更加默契，设台站单位自觉遵守无线电管理法律法规意识不断增强，较好地解决了无线电管理部门执法难的问题。

2. 不断完善铁路、民航专用频率保护长效机制

加强了高铁沿线、铁路枢纽、火车站、民航机场、导航站等重要地域无线电监测小型站建设，加大了对高铁GSM-R基站干扰信号的监测排查。2014年组织相关设区市无线电管理局，对江西省境内沪昆、合福高铁沿线高铁GSM-R频段开展了保护性监测和干扰排查，重点组织排查了杭长高铁干扰问题，在干扰点多、面广、时间紧、任务重的情况下，及时召集铁路、移动运营商等单位召开协调会，认真研究排查方案，科学实施排查工作，扎实推进整改落实，对涉及干扰的345个移动基站进行了整改，其中86个基站进行了换频处理，283个基站降低了功率，优化频点744个，加装滤波器467个，有效消除了干扰，顺利通过了国家组织的联调联试验收。

2014年8月底，民航华东空管分局反映某导航频率在赣东北一带受到广播信号干扰，影响飞行安全。接到干扰申诉后，相关区域市无线电管理局立即启动固定站、小型站对民航受干扰频率进行监听监测，由于干扰是在6900米高空的飞机上发生的，地面监测设备测不到异常信号。为找到这一干扰源，根据民航反应的一些干扰特征，江西省协调周边两省无线电管理机构，启动边际协调机制，最终在邻省监测到调频发射机杂散辐射。按照管辖权限，相关无线电管理部门对

用户下达了责令整改通知书，限期更换调频发射机，确保民航通信安全。经统计，江西省全年排除铁路无线电干扰 56 起，民航干扰 20 余起。

3. 加强对重要时期无线电安全保障工作

2014 年江西省完成了全国"两会"、十八届四中全会、江西省第十四届运动会、宜春市樟树第 45 届全国药材药品交易会、第三届国际道教论坛开幕式等重大活动的无线电安全保障工作。一是加强了组织领导。建立了组织机构，制定了保障工作计划和措施，明确了目标任务，抽调技术和管理人员组成保障小组，确保了各项任务和措施的落实。二是加强了监测管控。集中统一调度各类监测、检测及便携式设备和车辆，启动全省监测网络，重点加强了校园广播、卫星电视、公众通信等重要频率监听监测，仔细排查可疑信号和干扰隐患，确保重大活动频率安全。三是加强了联合协调。按照时间任务要求，区分工作性质范围，及时加强相关部门间的协调，建立了与公安、广电、维稳办等部门的工作联系机制，启动了应急保障机制，确保一旦发现问题及时沟通联系，形成有效合力，共同协调处置。

4. 进一步防范和打击利用无线电设备进行考试作弊的不法行为

江西省积极研究应对措施，最大限度地打击考试作弊行为。一是加强了组织领导和协调工作。成立了全省考试保障工作领导小组，与教育、人事、财政、卫生、公安、国安等部门建立了联合保障机制，加强了与各相关部门的联合协作。二是加强了宣传教育工作。利用校园宣传日和考试无线电安全保障期间积极开展宣传教育活动，大力宣传无线电管理法律法规，展示无线电监测设备，利用反面教材，剖析作弊案例，有效震慑作弊行为，增强考生遵守考试规定和考场纪律的诚信意识。三是加强了反无线电作弊知识培训工作。向考务人员展示缴获的各类无线电作弊设备，揭露无线电作弊特点，讲解防范高科技无线电作弊的方法，进一步提高考试管理部门和监考人员识别无线电作弊行为的能力。2014 年，江西省共保障了各类考试 24 场，出动保障人员 1980 余人次，保障考点 760 余个、考场 28000 余个，捕获作弊使用频率 180 余个，技术压制可疑信号 130 余起，查获考试作弊案件 50 余起，涉案人员 60 余人，查获作弊设备 150 余台套，有效地防范和打击了非法利用无线电设备进行考试作弊的行为，较好地维护了各类考试的秩序和安全。

5. 进一步落实无线电频谱监测统计报告制度

为做好重要频段、重要业务的监测工作，江西省调用了 13 个固定站、80 个小型站对 87—108MHz FM 广播频段、915—930MHz、1427—1492 MHz、1850—1880 MHz 等频段进行 24 小时不间断扫描监测，累计监测时间达 129600 小时、填写《重点频段占用度统计表》144 份、《频段使用情况统计表》216 份，整理日报表数据 648 份。通过监测，在 FM 广播频段上，发现了 11 起"黑广播"。在 915—930MHz 频段上，发现了南昌、新余、吉安、鹰潭、抚州、赣州、上饶等地市有少量移动公司 GSM 网络基站杂散信号。在 1850—1880 MHz 频段上，发现了宜春、赣州、景德镇、上饶、新余、抚州、九江、萍乡、吉安、鹰潭等电信公司擅自开通的 LTE（TD-LTE/LTE FDD）混合组网试验信号。在 1427—1492 MHz 频段上电磁环境良好。针对上述情况，依据无线电管理法律法规，各级无线电管理机构及时排查分析，给予了相应处理或处罚。自实施无线电频谱监测统计报告制度以来，江西省无线电监测工作变过去被动等待干扰投诉为主动监测、主动发现、主动排查，进一步提升了无线电监测水平和不明电台信号查处能力。

（四）进一步推进全省无线电监管技术能力建设

1. 全面落实省无线电管理"十二五"规划

截至目前，江西省无线电监测网五期工作建设已接近尾声，覆盖全省中心城区、机场、港口、铁路沿线的无线电监测网络体系基本建成，已经形成了省无线电控制中心和十一个设区市无线电控制中心。固定站、移动站、可搬移站、便携式监测设备、应急通信管理指挥系统、警示系统及相应检测设备配备齐全，基本满足当前无线电管理需要。"十二五"期间，江西省进一步加快无线电应急设施建设步伐，提高无线电队伍应对公共突发事件的快速反应能力，搭建无线电应急管理指挥平台，修订了《江西省无线电应急预案》，建立健全组织机构，提升应急装备水平，在保障各类重大活动、军事演习和公共突发事件中，发挥着重要指挥作用。

2. 进一步加强频占费使用管理和固定资产管理

根据中央转移支付无线电频率占用费预算、使用及监督工作的要求，江西省研究制定《江西省无线电专项资金管理办法》，并针对专项资金的申请、分配、调整等出台相应的配套管理制度，进一步加强资金预算使用管理的公开透明程度，确保专项资金预算分配的科学合理，提高各单位专项资金预算执行的效率。2014年上半年，江西省对各级无线电管理机构专项资金使用情况进行了全面统计，启动了中央转移支付无线电频率占用费结余资金的预算调整工作，协调省财政厅对各单位账面结余时间超过一年的专项资金，统一回收并在全省范围内调整项目用途，进一步明确了中央转移支付无线电频率占用费使用管理的制度要求。举办了江西省固定资产管理和无线电频占费收费工作培训班，加强了对各级无线电管理机构财务和资产管理人员的业务能力培养。

（五）努力创建良好的无线电管理政务环境

1. 加强政务信息公开，接受设台单位和社会监督

根据《行政许可法》要求，江西省在办公场所和委门户网站制作了政务公开专栏，公示行政许可、行政处罚、监督检查、收费标准等相关内容，进一步接受设台单位和社会的监督。为落实行政执法责任制，江西省制定《江西省工业和信息化委员会行政执法责任制和评议考核制度》，通过落实行政执法责任制，有效强化服务功能，改进工作作风，提高工作效率，树立良好形象，并向社会作出多项服务承诺，促进全省无线电管理工作人员依法办事，高效工作。同时，为提高行政效率，江西省建立了统一的行政许可受理窗口，无线电行政许可申请办理时间由原来的20天，压缩到12天办结，要求工作人员对申请人的咨询要一次性告知，并书面回复受理申请书，确保行政许可申请人的合法权益。2014年江西省受理无线电行政许可申请事项167项，批复153项，其中频率申请66项，批复60项，设台申请101项，批复93项。

2. 努力提高行政执法能力和水平

江西省在无线电管理工作中坚持依法行政，严格执法。为提高全省无线电管理机构工作人员行政执法水平，进一步规范执法程序，启动了《江西省无线电行政执法规范化手册》的编写工作，注重加强了日常执法工作的指导和监督。一是严格执法过程中的程序规范。坚持持证执法，亮证执法，统一配备了执法记录仪开展执法，统一采取省工信委印制的行政处罚文书，并在结案后及时整理归档。二是要求重大行政处罚严格按规定集体讨论及报备。三是不断提升依法行政能力和水平。编印下发了《无线电行政执法自学教材》，组织了全省执法人员培训，加强了执法基础知识学习，交流了执法经验做法，研讨执法中的新情况新问题，规范了执法程序和文书制作，进一步提升了执法人员规范执法、文明执法的能力水平。四是加强了考评督促。为有效调动和提高全省各级行政执法业务学习积极

129

性，根据《江西省无线电行政执法工作考评制度》，每年对全省行政执法工作进行了考核评比，有效促进了全省执法工作能力提高。

（六）加强无线电管理宣传和培训工作

1. 创新宣传手段和方法，组织开展年度无线电宣传工作，突出宣传实效

按照《全国无线电管理宣传纲要（2011—2015年）》要求，江西省紧紧围绕"打击非法设台，依法设置使用无线电台站"宣传主题，结合工作实际，在全省各市、县（区）、乡开展形式多样、内容丰富，各具特色的庆祝活动。一是突出宣传对象。以用户单位和政府机关领导及工作人员为宣传主要对象，在省市县乡政府大厅摆放宣传展板，宣传无线电管理法律法规，同时展示无线电监测设备和收缴罚没的无线电发射设备，现场讲解无线电业务知识和打击非法台站显著成果，宣传形式生动直观，收效显著。二是创新宣传手段。江西省采取了广播电视、报刊杂志、短信、网络、户外广告、流动宣传车、腰鼓队等传统宣传形式，扩大了楼宇电视、户外LED、宣传晚会等新型宣传方式，利用多旋翼无线电监测无人机悬挂宣传条幅在城市中心上空游弋盘旋，提高宣传吸引力和影响力。三是把握宣传时机。在"世界无线电日"、"世界电信日"和纪念《中华人民共和国无线电管理条例》颁布21周年宣传活动期间，各级无线电管理机构纷纷走上街头、校园、社区、厂矿进行户外宣传，搭建咨询台、发放宣传品和宣传单，直接面对百姓答疑解惑。

2014年江西省开展现场宣传活动139场次，举办了3场户外宣传晚会；在江西省110个市（县、区）政府机关大楼设置了宣传点；电视宣传达608分钟，广播宣传共计576分钟；在报刊杂志发表宣传文章30篇；共制作宣传展板（易拉宝）848块，宣传手册20000余份，各类宣传品20000余件；活动期间接待群众来访12972人次；发送宣传短信1000余万条。

2. 加强无线电管理人才队伍建设和培训工作力度

江西省工信委党组始终把全省无线电管理队伍建设列入重要工作议程，注重全省无线电管理工作人员综合素质的提高，注重无线电管理队伍与无线电管理工作形势发展相结合，以更加适应经济社会国防建设发展的需要。2014年以来，江西省无线电管理队伍思想建设、作风建设、组织建设和业务建设有了进一步发展，尤其是在各市无线电管理局青年同志的培养方面加大了力度，一批各方面较为突出的青年同志得到重用，极大地调动了工作积极性，深得人心。2014年，

按照年度工作要点安排，江西省开展了三期紧贴实际工作的业务培训，通过学习培训和岗位实践，江西省大多数无线电管理人员都能较好地胜任本职工作，各个专业岗位都涌现了一批技术骨干。

第七节　山东省

一、机构设置及职责

山东省无线电管理管理办公室为山东省无线电管理委员会的行政办事机构，隶属于山东省经济和信息化委员会管理。下设综合处、频率台站管理处、稽查处和省无线电监测站。在全省 17 个市设派出机构，名称为"山东省无线电管理办公室 XX 管理处"，各管理处下设无线电监测站。

山东省无线电管理办公室是《中华人民共和国无线电管理条例》和《山东省无线电管理条例》在本省的行政执法主体，主要职责如下：

- 贯彻执行国家无线电管理的方针、政策、法规和规章。
- 拟定地方无线电管理的具体规定并组织实施。
- 根据审批权限审批无线电台站的建设布局和台（站）址，指配无线电台站频率和呼号，核发电台执照。
- 贯彻无线电频谱有偿使用原则，按国家规定的标准核定和收取频率占用费。
- 组织实施本行政区域内无线电监测，协调处理电磁事宜，维护空中电波秩序。
- 负责对研制、生产、进口、销售无线电发射设备的技术检测和型号核准的审查，依法组织实施本行政区域无线电管制。
- 管理派出机构的业务工作，会同地方有关部门对派出机构副处级以上干部调配、任免提出意见。
- 负责省无线电监测网和无线电管理信息系统的规划、建设，全省无线电管理人员的教育培训工作。
- 省政府和省经信委交办的其他事项。

二、工作动态

2014 年，山东省无线电管理委员会办公室围绕"三管理、三服务、一突出"

的工作要求，结合年度工作要点，理清思路，夯实基础，开拓创新，做好"伪基站"等非法电台查处、无线电安全保障、无线电监测和检测、频率台站管理和行政审批制度改革等各项重点工作，圆满完成了全年目标任务。各派出机构积极配合，勇于担当，全面配合完成各项工作。

（一）积极开展打击"伪基站"专项行动

在联合打击"伪基站"违法犯罪活动专项行动方面，青岛市无线电管理处进行联动检查。各区市无线电管理机构，根据各地市工作实际，联合公安、工商等开展联合执法检查，形成全市上下联动执法局面。全市共查处"伪基站"有关案件17起，查获设备42台；查处"黑广播"案件2起，查获设备2台；黄岛区结合两区合并，重新普查辖区设台单位，全年查处非法设台单位78家，查处补办证照390台部，补缴频率占用费4.3万元，城阳区以保护航天测控及机场重点区域电磁环境为目标，全年查处擅自使用及销售无型号核准代码企业8家，胶州市全年联合执法检查3次，共检查擅自设置使用无线电对讲机单位26家，补交频占费1万余元，进一步净化电磁环境。临沂市无线电管理处细整改、促发展，2014年共查处了各类无线电干扰86起、完成了31次无线电安全保障任务，打击非法设置无线电台专项活动和业余电台清理登记等工作都取得了良好效果，成绩得到了领导的肯定和相关部门的感谢。德州市无线电管理办公室在山东省无线电管理办公室的统一部署下，联合市公安局刑侦支队、网安支队，在市移动公司等部门的配合下，于2014年5月组织开展打击整治"伪基站"统一行动。为确保此次打击行动取得实效，联合执法小组积极调研汇总各县市公安部门、移动公司提供的情况，提高监测水平，缩短反应时间。东营无线电管理处在全省开展打击整治非法生产销售和使用"伪基站"违法犯罪活动统一行动时，主动出击，于2014年5月会同公安部门在东营国际会展中心查处3起"伪基站"案件，当场查获3套"伪基站"设备。聊城市无线电管理处根据山东省无线电管理办公室《关于集中开展全省打击整治非法生产销售和使用"伪基站"违法犯罪活动统一行动的通知》要求，切实做好"伪基站"查处工作，联合公安、通信等部门，加强信息互通，由市区到县城再到乡镇，对可能出现"伪基站"的区域进行流动监测。

（二）推进重大活动无线电安全保障工作

在重大活动无线电安全保障方面，青岛市无线电管理机构建立重点区域监测数据库。分不同时段加强奥帆中心、火车站、机场、世园会等重点区域的监测，掌握区域不同时间的频率使用情况，为重大活动保障提供了决策依据。同时围绕"西太论坛"和世园会开幕等重大活动保障，山东无线电管理办公室上下联动，注重与职能部门协作，制定了保障方案、组织了应急演练、进行了联合执法，取得了良好成效。先后完成西太平洋海军论坛、世界园艺博览会、APEC 部长级会议、2014 年极限帆船赛、世界杯帆船赛等 9 项重大活动无线电保障。重大活动累计 224 天，保障期间共派出人员 460 余人次，设备 95 台套，指配临时频率 356 个，协调频率冲突 6 个，累计监测 12500 余小时，检测设备 400 余套，检查设台单位 232 家，查处擅自更改无线电设备技术参数事件 6 起，擅自销售无型号核准无线电设备单位 3 家。尤其在"西太论坛"无线电安全保障活动中，由于保障过程中措施得当，人员设施到位，圆满完成了各项重大活动保障任务，单位 3 次、个人 6 人次受到市委市政府通报表彰。淄博管理处积极做好重大考试无线电安全保障工作，如 2014 年 10 月 18—19 日受淄博市人社局委托，淄博管理处参加 2014 年执业药师资格考试无线电保障工作，共发现作弊信号 7 起，利用设备压制、阻断 2 起，查获作弊案件 5 起，涉案人员 13 人，涉案车辆 5 台。滨州管理处从实战要求出发，分解保障任务，以对抗演习的方式开展无线电安全保障练兵活动，全面检验无线电安全保障队伍能力，扎实做好十八届四中全会期间无线电安全保障准备工作。

（三）深化推进无线电管理改革

在深化推进无线电管理改革，提升服务质量方面，青岛市无线电管理处统筹现有频率资源，加强精细化管理。一是按照重大活动保障需求、突发事件应急响应需求，结合频段属性、业务属性等要素，在原来频率规划基础上进一步细化频率资源的使用和储备。二是在奥帆中心等频率使用密集区域，探讨以网格化监测为基础，进行资源复用和配置模式，掌握以规划单元格为单位的频率资源实时运行态势，加强频率资源事中、事后监管。三是强化在用频率使用规范，做好不规范业务用频率清理整治。四是在现有基础上进一步加强登记备案台站的分类管理，形成不同审批权限下不同类型台站的管理实施意见。按照权力清单，对于有审批权限的台站，结合行政审批大厅工作，强化工作规范;对于基站、雷达站、微波站、地球站等无审批权限台站，重点加强初审和事后监督。按照行业分类，加强台站数据管理，不断提高频率台站数据的完整性、准确性、实时性，为频率台站的管理和决策提供科学依据。威海管理处继续优化服务，连续9年获"部门行政审批服务先进办事窗口"称号。2014年，威海市无线电管理处进一步完善行政审批环节，实现与市电子审批系统深度融合，促进行政审批工作的更加规范和服务效率的进一步提高，推动行政审批服务再上新水平。一是严格履行服务承诺。将审批时限由规定的20天压缩为7天并对外承诺严格按承诺时限办结审批手续。二是开辟行政审批"绿色通道"。在不违反办事规程的前提下，急事急办、特事特办，最大限度地为用户节省时间。三是实行电话预约服务。针对赴韩作业渔船办理业务时间要求紧的实际情况。临沂无线电管理处为认真贯彻落实国务院、省、市政府关于深化推进行政审批制度改革的有关要求，积极开展行政审批事项清理工作，采取三项措施确保清理工作规范、顺利完成。一是高度重视，明确分工：对行政审批清理规范工作高度重视，进行了专题研究，明确了清理原则，指定了频管站负责具体事项的整理上报，责任到人，确保清理工作落实到位。二是认真梳理，精减事项：对原有4项行政许可的设定依据、审批对象、审批时限及近年的办结数量进行了仔细梳理，按照能合并的坚决合并，能取消的坚决取消的原则，最终上报行政许可2项，真正做到审批事项的精减。三是加强沟通，力求完善：事项清理过程中，多次与市政府行政审批制度改革办公室、市经信委沟通联系，仅设定依据就补充完善3次，行政审批项目名称修改2次，力求完善。潍坊无线电管理处不断完善审批机制，规范审批行为，提高审批效率，最大程度地缩短审批时限，全面提升行政审批效能，努力营造良好的经济发展软环境。一是全面实行市政务服务中心窗口与管理处网上审批联动，大大缩短审批时限。申请使用网上办公扫描设备，实现网上审批。形成了由主任把关的"一审一核制"，方便办事群众，缩短审批时限。二是审批事项全部纳入中心集中办理。按照市委市政府"两集中、两到位"的要求和"一个窗口进一个窗口出"的管理运行模式，现潍坊管理处所有的审批服务项目都已纳入大厅办理，在原有窗口工作人员的基础上，又增加一名副科级干部入驻中心，实现了审批事项集中到位、授权到位、业务咨询到位，落实了由主任负责的一审一核制，提高审批效率。2014年共办理行政许可事项120项，按时办结率达到100%。三是围绕路线教育开展换位思考活动，着力提升服务水平。中心窗口结合工作岗位，按中心要求积极开展"换位思考"活动，优化服务改进作风。窗口工作人员在办理业务时，放下架子，扑下身子，为服务对象排忧解难，着力解决"四风"及人民群众反应强烈的问题，促进审批服务工作更上新水平。济宁管理处按照《济宁市人民政府办公室关于开展市级行政审批事项专项核实清理工作的通知》要求，认真开展市级行政审批事项专项核实清理工作。首先，结合实际情况制定详细的自查实施方案，确立行政审批事项清理范围和标准；其次，严格依照填报说明，实事求是地填写项目报表；最终，形成自查报告，提出单位的清理意见并如期上报。此项工作的开展进一步深化了行政审批制度改革，加快推进了简政放权，优化了无线电管理的发展环境。

第八章　华中地区

第一节　河南省

一、机构设置及职责

河南省的无线电管理工作主要由河南省工业和信息化厅的下属机构无线电管理局负责，其主要职责包括：贯彻执行国家有关无线电管理的法规和政策，编制全省无线电频谱规划；负责全省无线电频谱资源的划分、分配与指配；依法监督管理无线电台(站)；协调处理军地间无线电管理相关事宜；负责无线电监测、检测、干扰查处工作，协调处理电磁波干扰事宜，维护空中电波秩序；依法组织实施无线电管制；负责无线电安全保障工作；承担省无线电管理委员会办公室的日常工作。

二、工作动态

2014年，河南省无线电管理工作在工信部无线电管理局和厅党组的领导下，紧紧围绕河南省工业和信息化厅中心工作和河南省无线电管理工作要点，全面落实群众路线教育实践活动，求真务实，开拓创新，锐意进取，认真履行无线电管理职责，依法加强无线电频率和台站管理，严厉打击"伪基站"等非法设台，较好地维护了空中电波秩序，圆满完成了工作任务。

（一）突出重点，切实加强无线电管理创新工作

河南省以党的群众路线教育实践活动为契机，深化和巩固教育实践活动成果，增强党员干部理想信念、党性修养和廉洁从政观念，坚持正确的世界观、价值观和政绩观，筑牢拒腐防变的思想道德防线。严格执行"八项规定"和"省委20条"，

坚决杜绝"四风"，认真履行一岗双责。

2014年是深化行政体制改革，减少行政审批程序，加快政府职能转变的一年，按照党中央、国务院和省委省政府的部署和要求，河南省依法对无线电管理行政审批进行了精简和清理，和相关处室一起对无线电管理行政审批逐条按照要求梳理，并对无线电受理深化改革工作进行初步的尝试。

随着无线电通信技术的迅猛发展，无线电管理事关国民安全、领土安全、政治安全、军事安全、主权安全、经济安全，文化安全等等，所以在国家高度重视信息通信产业发展的新形势下，河南省无线电管理机构认真贯彻落实党中央、国务院有关要求和部署，进一步创新思路，完善举措。面对4G的到来，河南省无线电管理部门主动对接，管理前移，积极参与4G的规划建设，在优化频率资源、规划布局、共建共享、协调推动中发挥了重要作用，有力地推进了4G的建设。

为了促进郑州航空港经济综合实验区更好、更快地发展，联合"中国民用航空河南安全监督管理局、郑州航空港经济综合实验区管理委员会"成立了"郑州航空港经济综合实验区管理委员无线电管理工作领导小组"，统一协调港区通信建设规划、电磁环境保护、无线电设台规划、审批、台站管理等工作，建立实验区无线电管理工作定期协调机制。同时与公安、广电、交通、铁塔、航空、工商、电信等部门继续加强合作，采取有效措施，建立长效机制，形成合力，确保无线电管理任务的落实完成。

2014年11月12—14日，在河南安阳成功组织了《晋冀鲁豫边界区域无线电频率协调暨无线电技术演练交流联谊会》，旨在进一步提升晋冀鲁豫边界区域兄弟市之间协同处置无线电突发事件的能力，促进相互间的合作与交流。河南安阳、鹤壁、濮阳、河北邯郸、山西长治无线电管理局，山东聊城、菏泽无线电管理办公室等7个单位60余人参加了会议。会上，各省无管局对本单位的基本情况和无线电管理工作情况进行了介绍，并对如何加强晋冀鲁豫边界区域无线电频率协调和联合查处无线电干扰等工作进行了广泛交流。大家一致认为，此次晋冀鲁豫边界区域无线电频率协调联谊会的召开非常必要，对晋冀鲁豫边界区域市之间协同处置无线电干扰等突发事件起到了积极作用。联谊会通过了《晋冀鲁豫边界区域无线电频率协调联谊制度》，明确了下一届晋冀鲁豫边界区域无线电频率协调联谊会举办地市。

（二）重点加强，打击"伪基站"违法犯罪专项活动及"打击非法设置无线电台（站）"专项治理活动

河南省无线电管理部门坚持有法必依、执法必严、违法必究的原则，切实提高依法行政意识，认真组织开展了各类无线电监督检查行动和严厉打击"伪基站"违法犯罪专项活动。按照中央9部委和工信部打击"伪基站"专项活动领导小组工作安排，河南省无线电管理机构在上半年开展了打击"伪基站"专项活动。在此期间，河南省工信厅无线电管理局与河南省公安厅建立打击"伪基站"违法活动工作的热线机制，畅通了联系渠道，为快速反应打击"伪基站"奠定了基础。另一方面各省辖市无管局工作小组各尽其职，在具体工作中做到极致，抓住重点工作的主要环节和专项活动的时间节点形成工作合力，建立了一套"准确检测、快速查找、多方配合"的工作机制。此次专项活动全省共出动人员1867人次，车辆563台次，监测检测设备1059台（套），查处"伪基站"、卫星电视干扰器、非法广播电台等违法犯罪案件209起，收缴设备158台（套），查处涉案人员328人，暂扣车辆40余辆，出具检测证明200余份，有效地遏制了"伪基站"等违法犯罪活动。

3月27日，国家工信部副部长刘利华、工信部无线电管理局局长谢飞波等一行7人来到河南省就打击"伪基站"工作进行调研，对河南省在此次专项活动中所取得的成绩给予了组织健全、措施得力、行动快速、效果明显的充分肯定。

同时，根据2014年全国无线电管理重点工作安排，开展了"打击非法设置无线电台（站）专项治理活动"。抽调全省力量，统一指挥，联合公安、工商、广电以及移动、联通、电信公司开展了声势浩大的非法电台电视台等清查打击集中行动。组织人员累计驱车十余万公里，对全省98992座移动基站铁塔排查登记，对可疑铁塔逐个进行核查落实，共查处非法电视台387个。累计查处卫星信号干扰器1985起，国家投诉问题受理表10起，处理回复10起，依法没收非法无线电设备1000余台（套），查处各类有害无线电干扰1328起。

（三）围绕中心，切实加强重大活动的无线电安全保障

河南省无线电管理部门强化组织协调与相互配合，科学合理指配频率，加强无线电监测。一是圆满完成了河南省重大活动和重大任务的无线电安全保障工作。截至2014年11月30日，河南省累计完成中国郑开国际马拉松赛、黄帝拜祖大典、洛阳牡丹文化节、中国王屋山国际旅游登山节等重大任务无线电安全保障工作 37 次，共出动人员 756 人次、车辆 213 台次、设备 567 台（套）。开展查处非法安装使用卫星电视信号干扰器活动，处理投诉 109 起。二是做好重大考试无线电安全保障。配合考试管理部门开展普通高考、研究生考试、政法干警招录考试、公务员考试等考试期间防范和打击利用无线电设备作弊工作 23 次。结合 2014 年 9 月 20—21 日进行的政法干警招录、公安招警、一级建造师三项考试的实际情况，由河南省人力资源和社会保障厅、河南省公安厅、河南省工业和信息化厅、河南省公务员局联合组织开展人事考试环境综合治理"9.20"专项行动。此次专项行动的开展，有效打击了各类人事考试违法违纪行为，维护了考试的公平公正。三是保障维稳工作。按照中央和省委、省政府的统一部署，认真做好维稳、无线电安全保障工作。在春节、全国和河南省"两会"反恐防恐期间，加强对航空导航、公众无线电通信、广播电视等重要频率的监测，确保广播电视信号安全畅通播放，确保全省人民过一个安全祥和的春节，确保"两会"期间安全稳定。同时在地质灾害防治以及减灾防灾的无线电安全保障工作中，在河南省重要区域实行 24 小时不间断监测，严防死守，确保无线电安全。

2014 年 10 月 31 日，由国家工信部和河南省人民政府联合河北、山西、内蒙古、安徽、江西、湖北、湖南、陕西等 8 省（区）人民政府共同参与主办的第四届中国（郑州）产业转移系列对接活动在郑州召开。该活动参与人员多、规模大、规格高，为确保这次对接活动圆满成功，根据工作安排，河南省无线电管理系统负责场所安检、交通、通讯、保卫、消防、食品安全、秩序维护和贵宾安保工作，做好活动现场及周边交通指挥、车辆停放、交通疏导工作，维护活动秩序，预防和妥善处置突发事件；协调交通、票务、医疗、卫生、食品安全、通信、电力、应急保障等事宜。在此期间共出动人员 56 人，保障车辆 23 台次，监测设备 45 台（套），安保工作圆满成功。在 11 月 1 日，苗圩部长到会祝贺，并对此次活动给予了充分肯定。

（四）落实机制，切实加强了航空和铁路专用频率保护

在河南省保护航空无线电专用频率工作领导小组和协调办公室的领导、协调下，在河南省无委办、河南省军区、河南省公安厅、河南省安监局、河南省广电局、民航河南监管局、民航河南空管局、机场公司、三大通信运营公司等成员单位和河南省各市无线电管理部门的共同努力下，形成了保护航空专用频率的季度定期通报、协调制度，干扰即时通报查处制度，各地无线电管理单位定期监测制度等机制，使保护航空无线电专用频率工作由事后查处转变为事前预防，极大提高了干扰查处能力，航空频率保护工作逐步形成了有效的长效机制。2014 年河南省区域内民航专用频率受干扰 31 起，回复处理 31 起，比 2013 年的 67 起减少了 36 起，航空专用频率电磁环境明显改善。

河南省还开展了铁路无线电专用频率保护工作。2014 年，各职能部门积极配合，加强铁路无线电台站管理，加强日常性监督检查，加强铁路沿线电磁环境的保护力度，确保了河南省铁路运输特别是高速铁路的运行安全。

（五）强基固本，切实加强无线电基础管理工作

一是认真做好无线电监测和频谱监测月报工作。河南省无线电监测站和各市无线电管理局按照监测工作目标，建立并落实规范化的日常监测、应急机动监测和重点频段监听监测机制，全年累计监测、监听 13 万小时。二是建立健全移动通信基站管理长效机制。为进一步规范河南省移动通信基站的管理，促进公众移动通信事业健康、有序、快速发展，对新建基站和设备进行了验收。根据无线电台站设置审批程序，抽调全省无线电系统相关技术骨干，对移动、联通、电信在全省 2013 年新建的 4800 个通信基站和 2012 年新建基站整改的 120 个通信基站进行检测验收，共检测基站 169 个，检测发射设备 438 个，对不合格基站要求关停整改 6 个基站。三是加强基础设施和技术设施建设。积极配合财政部门加强中央财政转移支付无线电频率占用费专项资金使用管理，财务制度建设和专项资金使用管理进一步规范。利用中央转移资金，对南阳、三门峡、许昌无线电管理局固定监测站进行了验收，对鹤壁、新乡等 9 个地市局的安立频谱分析仪设备进行了升级，对平顶山、安阳等 6 个地市局的便携式监测测试仪进行了接收，对全省的固定监测站、移动监测站、管制设备、频谱仪等主要的无线电设备进行了维修和巡检。组织专家对 2012 年鹤壁无线电管理通过政府招标采购的 4 个无人值守小型固定监测站的验收工作。四是开展了各类业务培训和技术演练。通过走出去、请进来等多种方式，组织有关人员参加了国家无线电办公室开展的新技术业务培训、新闻写作培训和领导干部岗位培训，组织开展了无线电设备检测业务培训和新设备操作培训。

河南省分别在郑州、三门峡、信阳分别举办了《机场电磁环境测试规范暨行政执法及"伪基站"查找培训班》《2014 年河南省无线电管理宣传工作培训班》《全省无线电信息数据容灾备份系统培训班》，培训人员涉及 18 各地市局，三大

运营商及相关设台单位 500 余人次。通过培训，河南省无线电管理的管理水平业务水平均得到大幅提升。

2014 年 9 月 28 日，省无线电管理委员会办公室组织举办了"2014 年河南省打击非法设台专项活动技术演练"。此次演练是根据国家无线电管理局关于开展打击非法设台专项活动的统一部署，进一步扩大河南省无线电宣传月活动影响面，锻炼和提高河南省无线电管理局队伍专业人员技术水平，在中原崛起、河南振兴新形势下更好地发挥服务保障作用开展的一次实战演练。目的在于促进河南省无线电管理工作者有效提高无线电检测技术和对突发不明干扰快速分析与查处能力，培养和锻炼一支具有较高政治和业务素质的无线电管理队伍，增强河南省无线电管理机构对专用频率保护能力及反恐维稳态势下的快速应变能力。赛场设置在有小山、湖水、丛林、楼房、铁路的地方，面积大、信号源多、电磁环境复杂。模拟突发状态下多个专用指定频率受到非法不明信号干扰，在限定时间内快速排除干扰源及同频信号进行监测分析判定。在整个演练过程中参加队员充分发扬了团队拼搏奉献精神，不放弃、不抛弃，团结一致、不畏雷雨、沉着应战，比技术、比毅力、比速度，赛出了友谊、赛出了水平、赛出了风格。这场在风雨中开展的无线电监测技术演练不仅是对全省无线电管理队伍监管能力、技术能力、应急处置能力和团队协作能力的一次检阅，也是一次在恶劣环境下对监测技术人员的检验，是一次技术的交流和学习成果的展示。

2014 年 11 月 6—7 日，在洛阳、平顶山、许昌、洛阳、三门峡成功组织了《民航干扰源查找及对抗演练活动》，一是结合民航 122.2MHZ 干扰投诉为依据，成立指挥部和 10 个监测分队，近 70 人携带监测测向设备和行政执法相关文本、经洛阳嵩县山区、汝阳、到达汝州，一路上选取不同地点对民航的受干扰频率进行监测；二是对设置的干扰源进行对抗演练，成立 11 个监测分队，共 72 人，7 个徒步队，4 个机动队，完全模拟实战场景，在陆浑水库库区，各监测队历经种种困难，找出干扰源，出示执法证进行行政执法处理，顺利完成任务。三是积极开展了"十三五"规划前期重大研究课题研究工作，河南省《郑州航空港经济综合实验区无线电频率资源市场化应用探索与研究》和《省级无线电管理体制创新研究——"河南模式"的提升完善》两项课题已经取得阶段性成果，为"十三五"规划的提出提供了理论支持。

（六）营造氛围，切实加强无线电管理宣传工作

河南省在无线电管理宣传工作方面取得了良好效果，多项工作在全国引起了较大反响，提升了河南省在全国无线电管理系统内的形象和地位。

2014年，河南省无线电管理局进一步加强无线电管理宣传工作，按照工业和信息化部无线电管理局（国家无线电办公室）工作部署，印发了《2014年河南省无线电管理宣传工作计划》，对全年宣传工作进行了安排，同时为了增强内部交流，展现工作风貌，推广先进经验，编制了12期《无线电管理工作通讯》，每期的内容均都体现了河南省无线电管理机构在"人才队伍建设、技术设施建设、业务能力建设，在频率资源规划、电波秩序维护、设备检定、重大无线电安全保障以及维护国家权益等方面发挥了不可替代的技术支撑作用"。并在8月份召开无线电管理宣传工作会议，制定了宣传月活动方案，重点对9月份宣传工作做出布置。

在宣传月活动中，河南省无线电管理部门打造宣传载体、拓宽宣传渠道、丰富宣传内容、强化宣传措施。一是充分利用各类媒体宣传。河南省无线电管理局第一时间在网站上开设了宣传月活动专栏，将无线电管理宣传月活动方案，无线电管理宣传资料和宣传口号及时上网，及时更新无线电宣传工作动态信息。河南电视台、郑州电视台、郑州教育台，每天以不同形式播出宣传标板6次，向广大群众宣传保护无线电频谱资源的重要性，并倡导广大群众自觉遵守《中华人民共和国无线电管理条例》，共同维护空中电波秩序。同时，积极与河南省、市电视台、人民广播电台、交通台、《河南省法制报》、《河南商报》、《大河报》、《东方今报》、《河南工人日报》、《郑州日报》木等新闻媒体进行沟通合作，对宣传月活动进行跟踪报道，营造无线电管理宣传活动的良好氛围。二是开展大型宣传活动。征订了3000册《漫画无线电管理——法律法规宣传手册》、《漫画无线电管理－依法设台宣传手册》、《漫画无线电管理——科普宣传手册》以及各种手提袋，面向机关干部、广大群众进行了发放，反应强烈。同时在电视台、楼宇间电子屏（分众传媒）等电子媒体播放无线电管理公益广告片、无线电管理宣传片等。三是利用展板、宣传标语宣传。河南省、市移动、联通、电信、广电、机场、铁路等窗口单位，从2014年9月1日起，都在办公场所悬挂了宣传标语和无线电管理宣传板，在迎街面上营业厅显示屏上滚动播放宣传标语口号8000余条（次）。四是利用出租车宣传。根据出租车流动性强、车顶LED显示屏宣传覆盖面广的特点，注重利用出租车抓好无线电宣传工作。从2014年9月1日起，通过"郑州出租汽车无线电调度管理中心"群呼方式发送无线电管理宣传内容 300 次，发布出租车 LED 宣传标语 300 次，发放无线电宣传资料、彩页 6000 余份，使无线电管理流动载体传媒宣传伴随着出租车走进郑州市的大街小巷。五是召开无线电管理法律法规宣贯会集中宣传。2014 年 8 月 30 日，组织召开了无线电管理宣传月活动动员部署大会，省广电局、移动、联通、电信、铁路、民航、省电视台、郑州市人民广播电台、出租车调度中心及无线电设备销售单位、业余电台等单位有关负责人参加了会议。各设台单位纷纷表示，要借助"无线电管理宣传月"活动契机，充分利用各自的宣传手段，积极参与到宣传活动中来，使无线电知识和管理法规深入人心，更好地为地方经济建设服务。六是开展了手机短信宣传，通过与中国电信河南分公司、中国移动河南分公司、中国联通河南分公司的积极配合，共同制定短信宣传方案，开展了两次集中的短信宣传，向 350 万手机用户发送无线电管理公益短信。

（七）落实有力，圆满完成各项工作

一是对移动、联通、电信运营商申请的 2014 年新建基站事宜，按照审批程序的要求召开专家评审会，形成专家意见，规范申请单位的基站建设。二是为打击非法设台，在河南全省范围内开展对微波台站的检查工作，成立三个检查小组对各市工作进行检查指导。首先是对数据库内微波台站用户进行梳理，掌握台站现状。其次对 1—30GHz 频段进行监测，掌握用频情况，对微波信号进行侧向定位，查处非法设台。三是为河南省辖市无管局申请的业余无线电呼号进行指配，共指配呼号 856 个。四是积极召开三次由 MMDS 设台单位和基础电信运营商的协调会，有计划地调节使用频率，避免频率重叠产生的矛盾，妥善解决一百多万户农民收看电视问题，避免群体事件的发生。五是圆满完成广播电视台站空间辐射现场测试专项检测工作。根据国家无委下发的《国家无线电监测中心关于开展广播电视台站空间辐射现场测试验证工作的函》，河南省被确定为参加现场测试验证工作的测试单位，承担测试方法的现场验证专项任务。河南省无线电管理局对这次任务高度重视，按照国家相关要求，组织有关单位，为确保测试验证工作顺利完成，迅速组织拟定了《广电台站辐射测试工作方案》，方案中对任务要求，组织保障，任务实施，时间进度，总结报告编制等都作了具体部署。精心的筹划，认真的落实，扎实的推进，历时一个多月，在规定时间内河南省圆满完成了专项检测任务。由于河南省在测试台址数量、测试台站数量、测试地点选取量、测试数据获取量

均名列前茅，受到了国家的充分认可和肯定。六是联合湖北、安徽无线电管理机构完成了工信部下发的《关于做好中国气象局拟建湖北黄冈（麻城）新一代天气雷达站有关论证工作》的工作。七是完成了郑州至新郑城际铁路地下段公众移动通信网络场强覆盖的报告。

第二节　湖北省

一、机构设置及职责

湖北省无线电管理委员会办公室（简称"湖北省无委办"）是湖北省无线电管理委员会（简称"湖北省无委会"）的办事机构，承担湖北省无线电管理委员会的日常工作，行使全省除军事系统外的无线电管理政府行政职能，实行全省集中统一管理的模式，下设13个垂直管理的派出机构。根据《中华人民共和国无线电管理条例》、《湖北省无线电管理条例》和省政府的有关规定，省无线电管理委员会办公室负责全省除军事系统外的无线电管理工作。其主要职责包括：贯彻执行无线电管理的方针、政策、法规和规章；根据国家频率分配，做好本省频率规划，合理安排、有效利用频率资源；根据审批权限审查无线电台（站）的建设布局和台址，指配无线电台（站）的频率和呼号，核发电台执照；协调处理本省内无线电管理方面的工作，重大问题及时报告省无线电管理委员会；负责全省无线电监测站的建设规划，加强无线电监测管理，维护空中电波秩序；负责对省无委办所设派出机构的集中统一管理；完成上级交办的其他工作。

二、工作动态

2014年，湖北省无线电管理工作在湖北省委、省政府和省经信委的领导下，在国家无线电办公室的指导下，以全面深化改革为引领，以创新和突破为抓手，以开展打击非法设台专项治理活动为重点，按照促进湖北省无线电管理工作由一般性技术业务工作向融入党委和政府中心工作的转变，由一般性基建工作向现代化装备建设的转变，将湖北省无委办打造成推动信息产业发展的促进中心，促进企业发展的服务中心，努力建设一支"政治强、作风硬、业务精、纪律严"的无线电管理队伍，重塑湖北无线电管理新形象的工作思路，实现了湖北无线电管理工作的新突破。

（一）科学规划、统筹配置无线电频谱资源

1. 科学配置、合理利用无线电频谱资源，统筹保障各部门各行业频率需求

随着行政审批权限的有序下放，湖北省无委办重点对湖北电信武汉分公司、湖北城际铁路、武汉地铁集团、中南空管局湖北分局等 10 多个单位设置的 2500 余部台站进行了审批；办理中国电信股份有限公司仙桃分公司等 9 个单位 2531 部台站注销手续；审查武汉、天门、潜江、仙桃市移动公司、电信公司、联通公司上报的 3255 个 4G 公众移动基站资料，完成了武汉电信公司 LTE FDD 试验网的审批工作；完成了湖北城际铁路武咸、武冈、武石城际铁路 GSM-R 基站和武汉地铁集团 800MHZ 数字集群系统、1.8GHZ 图像视频传输系统的频率指配和验收工作；组织召开黄冈（麻城）新一代天气雷达站工作频率论证会并完成了黄冈麻城气象雷达在湖北省内的频率协调和指配工作；完成了中南空管局湖北分局天河、襄阳、恩施、十堰、仙桃等机场的电磁环境审查，二次雷达频率指配，导航台站站址审核和数字集群通信系统等审批事项和业务指导；完成黄石海事局船舶交管系统 6 个雷达站和省民政厅民政双向卫星地球站的设台审批及交通银行湖北省分行卫星地球站注销审批。完成行政审批窗口的资料审查、信息入库等业务受理工作，在线沟通事项共计 80 余次、业务受理 60 余项。

同时，湖北各市州管理处认真承接下放的行政审批权限，完成了相应的审批事项。其中，襄阳市管理处全年共受理审批事项 46 件，批准 33 个单位新设台共 1282 部，发放电台执照 296 份。加强了对专网设置使用的频率配置、技术指导和实地验收等环节的服务与管理工作，确保了南漳县防汛办、市森林防火指挥部、襄阳万寿玉制品有限公司和华润燃气公司等单位共计 200 多部专网电台的正常使用。

2. 无线电频谱资源管理方面好的经验做法

一是按照规范行政权力运行和便民高效的要求，进一步减少了频率台站行政审批前置环节，优化工作程序，简化办事环节，限定办结时限，提高工作效能，方便设台用户。二是优化频率资源高效集约利用，充分发挥频谱资源配置优势，引导频谱资源与湖北省产业对接，促进湖北省信息产业和信息消费发展。三是根据民航、铁路、水上交通、地铁、通信运营商等重要行业和领域的特点和实际情况，进一步完善频率保护长效工作机制，提高干扰排查效率，更好地服务企业发展。四是加强了湖北省监测站国家级检测实验室建设，充分发挥型号核准检测的

资源优势，为东湖高新区及省内高新企业、中南地区的无线电发射设备生产企业提供型号核准检测服务。

2014年，湖北省在频率资源引导和促进产业发展方面，引进了北京信威集团投资十多亿元建设武汉地区1.8GHZ频段政企行业共网，以满足政府各部门和大型企事业单位的数据通信需求。该项目首期投资已到位，建网工作正在进行之中；在完善频率保护长效机制方面，湖北省无委办与长江无委联合发布《长江湖北段无线电管理实施办法》，从长江沿线无线电台站的设置、频占费征收、通信监管、监督检查、行政执法、无线电监测和技术交流与培训等方面进行理顺 职责和明确分工，为湖北省无线电管理长效机制建设工作进行有益的尝试；在积极探索无线电管理新思路、新举措方面，深入开展基础性、前瞻性研究，根据湖北省服务行业服务企业的工作思路和当前产业发展的实际情况，撰写了《积极利用频率资源，推进中国制造2025进程》的调研文章，在《中国无线电研究》发表，受到国家无线电办公室的好评。

3. 推动部分频率资源管理权限下放相关工作情况

为稳妥、有序、按照时间节点逐步完成频率管理权限下放相关工作，湖北省充分发挥全系统集中统一垂直管理的优越性，省市两个层面统一推进，上下协调同步，完成了阶段性工作目标。

湖北省无委办从履行整体职能的角度，创新监管理念，建立"事前、事中、事后"全过程的监管链条，推动工作重心从"事前审批"向"事中事后监管"转移。在事中事后监管中，做到上级监督与技术监管相结合、完善监管机制与创新监管方式相结合，抓好频谱工程研究、频率规划、频率指配、频率资源清理回收、频率使用绩效评估等全过程管理。

同时，各市州管理处积极行动，在省无委办的统一指导下，认真承接下放的行政审批职能，顺利完成年初确定的目标任务。其中，襄阳市管理处按照市政府要求积极探索通信基站建设和管理改革工作，制定发布了《基站设置管理实施细则》，出台了《基站建设审批流程》和《路灯式基站建设审批流程》等文件，建立了几个部门参与的基站联合审批机制，简化了基站建设审批流程；宜昌市管理处起草了《湖北省无线电管理委员会办公室宜昌市管理处事中事后监督管理暂行办法（送审稿）》，进一步加强对宜昌、神农架林区的无线电业务行政审批事中事后监督管理，强化对取得无线电相关业务行政审批许可业务单位的监管，制作了行政权力和行政服务事项登记表和流程图上传到宜昌市政务公开信息网，方便群众办理行政审批事项；咸宁市管理处变被动审批为主动上门服务，处理好管理与服务关系，主动到咸宁市政务服务中心大厅、到群众办事窗口开展咨询、宣传及业务办理服务，实现所有行政审批事项限制在 3 个工作日内完成；恩施州管理处计划 2015 年将台站审批工作人员成建制进驻行政服务中心，统一受理、办理行政审批事项，做到窗口审批、盖章、证照制作三到位。

（二）做好无线电台站和设备管理工作

1. 推动台站属地化管理相关工作进展

为逐步有序地推进台站属地化管理工作,适应湖北省无线电事业发展的需要,湖北省无委办制定出台了《省无委办关于进一步明确台站审批相关事项的通知》,在全省工作会议上就台站属地化管理工作进行了安排和部署；在宜昌和荆门对全省频管工作人员进行了 2 次有针对性的业务培训,加强了对属地化管理工作的抽检和指导,收集实施过程中存在的困难和问题；针对市州反映困难较多的公众移动通信基站和铁路站场电台的管理问题,进行了专题调研,对铁路站场电台管理思路进行了调整；就电磁环境测试、基站检测、环评报告、站址审核和审批程序等难点和敏感问题向上海、江苏、福建等兄弟省市学习取经,对全省公众基站管理工作进行规范,起草了《省无委办关于进一步做好蜂窝无线电通信基站管理工作的通知》。

湖北省台站属地化管理工作取得了阶段性进展。各市州管理处因地制宜地有重点、分步骤地开展了台站属地化管理工作。其中,武汉市管理处将新下放的业余无线电业务审批纳入受理窗口一起开始执行；黄石市管理处对数据库进行了清理、核查,认真学习下放文件精神,先后赴宜昌、荆门参加培训,就公众移动通信基站的审批与管理、铁路站场无线电台站管理、业余无线电台管理等工作提出建议；孝感市管理处认真贯彻执行国家相关政策和省的配套实施办法,积极探讨摸索属地化管理的办法措施,思考研究属地化管理给市州无线电管理工作带来的新变化、新特点,着手制定市州一级属地化管理文件资料汇编。

2. 无线电设台申请的审批情况

截至 2014 年 11 月,湖北省无线电台站总数量为 106952 个。其中,广播电台 749 个,高频电台 32 个,甚高频、特高频电台 28150,船舶电台 84 个,集群移动通信系统 193 个，GSM 基站 43384 个，电信 CDMA 基站 9328 个，联通 WCDMA 基站 12331 个，移动 TD-SCDMA 基站 6948 个，无线市话基站 2733 个，无线数据电台 395 个，卫星地球站 82 个，微波接力站 788 个，业余电台 1254 个，其他台站 473 个。

3. 用无线电台站发射设备检测、核查情况

湖北省监测站认真做好实验室认可监督评审准备。一是加强设备管理。对检测机房及每台设备分配专人管理，定时开机维护，并建立了相关的设备档案便于设备维护。二是完善实验室相关管理条例和登记制度，按照 CNAS 认可实验室的规定进行落实，按照质量手册和程序文件的规定制定相应的标准。三是加强实验室硬件建设，对 CNAS 认可实验室检测项目 3G，Bluetooth,WLAN 等进行扩项。

4. 引导业余无线电爱好者规范有序开展业余无线电活动

主要完成了以下工作：一是在 4 月份在宜昌组织召开了湖北省业余无线电运动研讨和培训工作会，编撰了《业余无线电爱好者宣传手册》；二是在宜昌成功组织和主办了湖北省第一届业余无线电应急通信演练；三是与湖北省考试院一起，成功组织了业余电台验证能力考试工作；四是建立湖北省业余无线电台站数据库，对业余无线电台爱好者台站材料进行了整理与数据录入。

同时，湖北省各市州管理处积极主动引导服务广大业余无线电爱好者，各地呈现蓬勃发展的良好态势。襄阳市针对业余无线电爱好者队伍不断壮大、业余电台数量快速增长、业余电台分布广泛的新情况，专门申请在襄阳设立了无线电业余爱好者资格考试考点并成功举办首次应急通信救援演练，由业余电台完成了陕汽杯全国超级卡车越野大赛襄阳站的通信保障；孝感市管理处积极支持孝感市义工联合会成立由业余无线电爱好者和出租车义工爱心人士发起的"紧急救援通信大队"，在政策和技术上为该公益组织提供帮助，及时指配专用频率，参与开展无线电通信演练，排查有害干扰，免费提供无线电设备检测，以实际行动协助开展公益活动，服务社会。

（三）保障无线网络和信息安全，维护空中电波秩序

1. 配合有关部门开展"伪基站"、卫星电视接收器、非法广播电台等非法设台专项清理活动

湖北省共查处案件 207 起（移交公安 31 起，行政处罚 176 起），查获设备

547套（"伪基站"56套，"黑广播"25套，卫星电视干扰器46套，其他无线电设备420套），协助公安抓捕犯罪嫌疑人80人，车辆36台。

据统计，专项活动中湖北省共出动监测车590次，动用监测设备610次，完成专项监测850次，监测时长1903小时。全省出动监督检查人员2600多人次，车辆670台次，检查单位2500家，查处违法设台用户190多家，计各类电台515套，涉及"伪基站"、"黑广播"、卫星电视干扰器、非法广播电台、水上电台、考试作弊设备、微型直放站和民用超短波对讲机等各类台站。共下达限期整改通知书371份，行政处罚决定176件，申请法院强制执行11起，补办各类设台手续200多件，罚款6万余元。

通过专项活动开展，有效遏制了非法设台违法活动的蔓延，维护了公共通信秩序和社会安全稳定，保障了无线电通信网络安全；促进了对擅自设台、违规设台的查处，维护了合法用户权益，营造了依法依规使用无线电台站的良好氛围；锻炼了队伍，提升了人员的业务水平，培养了扎实的工作作风，向全社会展现了无线电管理队伍的良好形象；有效地进行了一次无线电管理法律、法规、政策知识的普及，广大人民群众更加了解无线电，关心、支持无线电工作。

专项活动总体呈现了四个特点：一是省市统一推进，上下协调同步，整体配合联动；二是技术监测、市场检查和执法巡查同时展开；三是以打击"伪基站"、非法广播电台、卫星电视干扰器三项工作为重点；四是正式启动、深入开展、全面打击、总结验收四个阶段有序推进；五是专项活动每一环节、每一事项都确保了时间、任务、标准、责任和效果的落实。活动期间，湖北省无委办向分管副省长就打击"伪基站"进行专项汇报，获得了充分肯定和大力支持。同时也得到省无线电管理委员会广大委员单位的积极配合。湖北省公安厅与湖北省无委办联合制定出台了《打击"伪基站"和"非法广播电台"违法犯罪协作机制》，从案件通报、线索核查、联合执法、证据搜集、案件查处等方面强化双方配合，形成长效的工作机制。

2. 加强无线电监测工作，重要业务专用频率保护长效机制工作情况

做好节假日、重大活动无线电监测值班工作。建立了双人值班制度，对重点频率、信道进行24小时不间断监测，对出现的非法信号或干扰信号迅速处理，确保各类无线电业务安全和节假日无线电通信畅通。对国家安排的超短波监测任务开路电视部分频道，以及137—167MHz，403—423.5MHz频段按要求、按时域

进行监测、统计、上报。

3. 重大任务、维稳无线电安全保障工作

湖北省各市州管理处围绕当地党委政府工作，全力完成了重大任务无线电管理服务工作。其中，咸宁市管理处出色完成了"1·10"专案一审、一审宣判、二审、二审宣判四个阶段的无线电通信安全保障任务；宜昌市管理处参加了"6·22"专案保障工作，承担了庭审期间庭审现场、新闻发布会现场的无线电监测保障任务及后续相关工作；武汉、黄石、荆州、荆门、随州等市州管理处还完成了哈萨克斯坦总理访汉、黄石"中国—东盟北斗示范城"、湖北省第十四届运动会、西气东输三线天然气管道中段荆门分输站、"甲午年世界华人炎帝故里寻根节"等重大任务无线电安全保障工作。

4. 防范和打击利用无线电设备进行考试作弊保障工作

共配合教育、司法、人社、财政、公安等部门完成高考、研究生招生考试，领导干部招录考试、公务员招录考试，护士资格考试、经济师资格考试、一级建造师资格考试等15类考试监测保障任务，出动专业技术人员200余人次，无线电监测车50余辆，各种无线电监测设备200余套，各种无线电屏蔽发射设备60余部，确保了2014年全省各类考试无线电安全保障工作顺利完成。

5. 实施无线电频谱监测统计报告制度情况

按时准确上报监测月报信息。及时收集湖北省各市州的监测统计数据和监测工作内容，按时向国家无线电办公室上报，并及时对市州反映的问题提出处理意见。

（四）推进无线电监管能力建设

1. 落实无线电管理"十二五"规划做好无线电技术设施建设

认真做好监测网扩容升级（一期）项目调概工作。一是积极与湖北省政府办公厅、湖北省发改委和湖北省审计厅进行联系和沟通。二是面对项目停工时间长、湖北省政府固定资产投资管理办法出台、本单位和发改委工作人员及情况变化较大等复杂因素，恪尽职守地开展工作，组织编写调概预算材料。三是先后三次向湖北省政府递交专题报告，多次向分管副省长、分管秘书长、发改委和审计厅领导进行汇报和沟通，经过不懈努力，克服诸多困难，终于使调概工作有了突破性进展。调概已经进入审计阶段。

2. "十三五" 规划预研开展情况

湖北省按照"统一规划，统一建设；技术先进，适度超前；重点突出，全面推进；量入为出，统筹兼顾"的原则，高标准、高质量地做好无线电管理"十三五"规划的编制启动工作。目前已完成成立"十三五"规划编写工作组织机构，制订编写工作方案，召开预研工作会议，征询下发预研课题。

3. 无线电监测、干扰查处技术能力（如中心城区网格化分布式频谱管理与监测系统、无线电管理信息系统一体化平台等）提升情况

为加快推进湖北省技术设施和技术装备建设，湖北省无委办邀请国内外 15 家无线电监测检测系统行业相关厂商进行交流座谈，博采众家之长，广借四方之力，加快推进湖北省监测技术设施建设提档升级。对武汉地区遥控站数据链路进行了改造升级。监测业务平台完成项目初审。对监测网所属武汉地区各监测站进行了一次全面的系统巡检。完成了全省视频会议系统安装调试和应用。积极推进襄阳市、宜昌市管理处遥控站建设，已完成站址选址、电磁环境测试等工作。

4. 加强频占费使用管理、固定资产管理等工作

为落实缴费制度早部署、早行动，根据台站数据库数据，按照规定的收费标准和计算方法，仔细计算出辖区内各设台单位 2014 年度应缴纳的频率占用费，下发了频率占用费缴费通知单，并制作了收费明细表备查，规范制发收费文件，采取现场送达，上门宣传并现场办理的方式，共收频占费 186.4382 万元。

（五）推进无线电管理法制建设，依法行政

1. 地方无线电管理法规、规章、规范性文件发布情况

对《移动基站管理办法》进行立法调研，对《中华人民共和国无线电管理条例》提出修改意见 2 次，完成了《湖北省无线电管理条例》清理 1 次，规章和规范性文件清理 2 次，向省商务厅提供外资限制性措施的评估意见，完成无线电管理信用目录体系建设。行政权力事项由原来 12 项减少为 10 项。

2. 规范行政执法行为，完善行政审批流程和办事制度、提高行政执法能力方面的做法

为规范行政执法行为，湖北省无委办以《中华人民共和国无线电管理条例》、《中华人民共和国无线电管制规定》《湖北省无线电管理条例》等常用法规为重点，以《建设卫星通信网和设置使用地球站管理规定》、《卫星移动通信系统终端地球

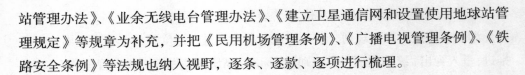
站管理办法》、《业余无线电台管理办法》、《建立卫星通信网和设置使用地球站管理规定》等规章为补充，并把《民用机场管理条例》、《广播电视管理条例》、《铁路安全条例》等法规也纳入视野，逐条、逐款、逐项进行梳理。

（六）做好军地无线电管理统筹协调

按照军民融合发展的要求，进一步加强军地合作与协调，建立军地无线电管理部门协调沟通机制，为地方经济社会发展和国防建设提供有力保障，完成了空军驻孝感某部军用机场导航台电磁环境保护工作。

（七）加强无线电管理宣传和培训工作力度

2014年，湖北省无委办在主流媒体发表文章120余篇，在网站、微博、微信等新媒体发布信息1100余条。在查处"伪基站"、"黑广播"等专项行动中，共组织大型宣传活动11次，完成信息报道及专题文章200余篇，发放各类宣传资料13000余份。湖北省内《湖北卫视》、《湖北经视》等电视台报道执法活动10多次，新浪、腾讯、网易、新华网、荆楚网等省外主流媒体也对湖北省专项活动开展进行过采访和报道。通过三大运营商向全省数千万用户发送了宣传短信。

同时，各市州管理处积极开展宣传活动，亮点纷呈。黄石管理处在湖北师范学院举办了"电磁频谱——无形的疆土"主题宣传教育活动；十堰市管理处在写字楼、商场、酒店、医院、校园、客运站、火车站等近千余台楼宇电视进行立体组合宣传；荆州市管理处下农村进社区开展宣传活动；荆门市管理处在中心城区人流量最大的中天街步行街设立宣传点，进行无线电管理知识有奖问答，集知识性、趣味性和娱乐互动于一体，把"看不见的电波"变为"看得见的服务"、"听得清的法规"和"说得明的管理"；孝感市管理处将国家和省无线电管理条例单行本、管理知识宣传手册赠给驻孝高等院校图书馆；黄冈市管理处在市委机关大院制设宣传专栏。通过扎实的宣传工作普及了无线电方面的科普知识，扩大了无线电管理部门的影响面，拉近了无线电与日常生活的距离，提高了社会有效利用、依法保护无线电频谱的意识，收到了很好的宣传效果。

第三节　湖南省

一、机构设置及职责

湖南省无线电管理委员会办公室主要负责：拟订地方无线电管理法规规章和

规范性文件；负责无线电频率指配；依法监督管理无线电台（站）；协调处理军地间无线电管理相关事宜；负责无线电监测、电磁环境测试、无线电设备检测、技术审查、干扰查处，协调处理电磁干扰事宜，维护空中电波秩序；依法组织实施无线电管制；负责全省无线电管理基础设施和技术设施的建设及其运行维护；承担省无线电管理委员会的日常工作。

二、工作动态

2014 年湖南省无委办在国家无线电办公室和湖南省经信委的正确领导下，按照"三管理、三服务、一突出"的总体要求，锐意改革创新，努力服务大局，较好完成了各项工作任务。

（一）统筹配置无线电频谱资源

科学配置与合理利用无线电频率资源，统筹保障各行各业用频需求。完成长沙轨道交通集团 800MHz 数字集群、长沙磁悬浮 800MHz 数字集群、长沙磁悬浮 1.8GHz 无线接入、广铁集团株洲站 1.8GHz 无线接入、华菱安赛乐米塔尔公司 1.8GHz 无线接入、郴州广播电视 7GHz 微波传输、永州广播电视 7GHz 微波传输、省电力公司益阳段 7GHz 微波传输、省气象局张家界新一代天气雷达等频率审批。开展 MMDS 频段清理，收回相应频率，维护中国移动 TD-LTE 正常通信秩序。

（二）做好无线电台站和设备管理

1. 组织开展打击"伪基站"、非法广播电台专项行动

根据部无线电管理局统一部署，积极开展专项活动的组织宣传工作，及时下发通知和召开专题会议进行工作安排。

上半年全国 9 部委联合的打击整治非法生产、销售和使用"伪基站"违法犯罪活动专项行动中，全省无线电管理机构共出动车辆 200 余台次，人员 600 多人次，查处"伪基站"案件 34 起（其中移交公安处理 18 起），抓获犯罪嫌疑人 17 名，缴获"伪基站"设备 38 套。专项行动有效地震慑了违法犯罪分子的嚣张气焰，取得了明显成效。

7 月，湖南省经信委联合省新闻出版广电总局召开了全省打击非法设台专项行动电视电话会。湖南省各市州无线电管理处在当地广电部门的协助配合下，采取上门查看设备和全面监测信号的方式，对全省广播电视频率台站进行了大范围普查，基本掌握了全省广电台站情况。长沙、常德等市州查处多起大功率非法调

频电台。11月3日，在湖南省无线电监测站支持下，长沙市无线电管理处联合公安、文化执法等部门，成功将隐藏在望城区黑麋峰以播放性药品广告为主的大功率黑广播窝点予以捣毁。

2. 加强无线电台站管理

加强台站管理，规范设台审批。2014年完成通信运营商新建台站审批7443个，及时核发无线电台执照。长沙市出台《关于加快推进4G通信基站建设的通知》，支持4G基站建设和发展，组织召开基站建设联合审批会，通过2014年第一批路灯或景观塔式4G通信基站共计604个的建设计划。努力推进公用移动通信基站规范化建设，按照统一规划、集约建设、资源共享、美化环境的原则，继长沙市之后，益阳市出台《益阳市通信基础设施专项规划》。加强台站数据日常管理，及时录入新建台站数据和更新数据。强化对设台单位的服务，共为12家单位协调拟建高层建筑是否阻挡微波通道。

3. 规范有序开展业余无线电活动

加强业余无线电管理，努力为爱好者服务。2014年12月，在长沙组织召开业余无线电爱好者年会，共有300名业余无线电爱好者参加会议，会上集中更换了操作证，换领了电台执照。开展业余无线电活动，组织爱好者深入怀化靖州乡村，现场为青少年学生普及无线电知识，赠送无线电科普读物，开展电台通联活动，并以奖品的形式赠送20台小功率无线对讲机。规范业余无线电台操作技术能力考试。2014年5月、8月和12月，分别在长沙、郴州、岳阳举办了三期四场考试。共有610人参加A、B类考试，500余人顺利通过考试拿到了操作证。各市州加强业余无线电管理，邵阳、郴州两市相继成立了业余无线电协会，并开展了丰富多彩的活动。8月，邵阳市管理处组织市业余无线电协会、市移动分公司在城步南山"高山红哨"举办主题为"弘扬革命传统，当好电波卫士"的无线电通联活动。郴州市业余无线电协会参加"中国（郴州）第四届湘粤骡马古道慈善公益徒步行"等各类活动应急通信保障工作10余次，积极协助打击"伪基站"、调查"黑电台"、实施无线电监考、宣传月等活动。

（三）保障无线电安全，维护空中电波秩序

1. 加强无线电监测，完善重要业务专用频率保护

切实做好重要时期无线电安全保障工作，实行24小时监测值班，防范非法

无线活动，及时查处无线电干扰。2014年，湖南省各级无线电管理机构累计监测141950小时。继续完善民航专用频率保护机制，一方面通过固定监测站对民航频率重点监测，另一方面利用移动监测站对民航机场、重要航路进行了野外定点监测。全年为民航部门排查无线电干扰6起。加强对铁路部门GSM-R频率的保护，全面推进武广高铁（湖南段）GSM-R频率网格化实时监测系统建设。目前，全网建设已完成第一阶段设备安装，正在进行调试。

2. 加强无线电干扰查处

规范无线电干扰查处程序，用好网上申诉处理平台，取得了良好的效果。2014年湖南省共受理无线电干扰申诉112起，发现不明信号16起，共组织无线电干扰排查128次，成功查明干扰源105起。其中，排查公众通信网受干扰事件48起，排查广播电台、卫星电视受干扰事件43起，排查航空通信及导航受干扰事件8起，排查列车调度通信受干扰事件6起，其他类型受干扰事件9起。国庆期间，广铁集团反映武广线长沙高铁南站多趟列车出现无线超时现象，列控业务中断，造成列车减速运行。10月2日上午，长沙市无委办到长沙火车南站进行监测，判断干扰源是车站北侧的一个通信基站的杂散信号。经关机试验，确认干扰源为基站设备。国庆节后，长沙移动公司对高铁南站附近基站设备进行了一次全面检查，排除设备故障，确保基站设备正常运行。

3. 做好重大任务无线电安全保障

2014年10月10—12日，"欧斯塔克"杯湖南汝城中国汽车拉力锦标赛在郴州汝城举行，11月20—27日，湖南省第八届少数民族传统体育运动会在岳阳举行，郴州、岳阳市无线电管理处承担了赛事的无线电安全保障任务。赛前，无线电管理部门对比赛用路段及现场进行勘查测试，并及时清理了一批频率供组委会及各用频单位临时使用，满足了各单位的用频需求。赛事期间，对赛道场地及周边区域进行无线电实时监测，对有关使用的频率进行了监测跟踪，确保了无线通信电安全，圆满完成无线电安全保障任务，赢得相关部门好评。

4. 做好防范和打击利用无线电设备进行考试作弊工作

湖南省各级无线电管理机构对全国硕士研究生招生、普通高等学校招生、大学英语四六级、国家司法考试、湖南省公务员录用考试等组织开展了无线电巡考工作。2014年，湖南省各级无线电管理机构参加各类安全保障活动233场次，

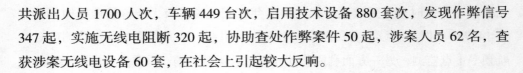

共派出人员 1700 人次，车辆 449 台次，启用技术设备 880 套次，发现作弊信号 347 起，实施无线电阻断 320 起，协助查处作弊案件 50 起，涉案人员 62 名，查获涉案无线电设备 60 套，在社会上引起较大反响。

（四）加快实施"十二五"规划，规范频占费使用管理

按照《湖南省无线电管理"十二五"规划》要求，加快了技术设施既设步伐，2014 年完成投资 2400 余万元。完成电磁环境自动测试系统及武广高铁（湖南段）GSM-R 频率网格化实时监测系统固定监测小站、系统集成与数据处理中心软件、工程设计、工程监理及监测数据处理中心等项目的政府采购招标工作。加快武广高铁监测系统建设，继试验网成功运行后，当前全面建设阶段第一批设备安装到位，系统运行正常。督促市州推进市州无线电管理指挥中心建设。做好"十二五"三期项目建设扫尾及"十二五"四期项目准备工作，目前四期项目正在上报审批中。

加强频占费资金及资产使用管理。严格按照湖南省财政厅、湖南省经信委联合发布的《湖南省无线电频率占用费使用管理实施办法》，做好中央转移支付频率占用费资金的申请、拨付和使用管理。加强资产管理，制订并发布《湖南省无线电管理机构固定资产管理办法》。组织资产处置和资产核查两次培训。聘请会计事务所对全省无线电管理机构存量固定资产进行了一次全面审计核查。对历年来积压的 1300 余万元废旧设备进行了集中处置。依据新的资产管理办法，按照账实相符、权责统一的原则，进行湖南省无委系统固定资产向省站和市州划账的前期准备工作。

（五）推进无线电管理法制建设和依法行政

1. 全力推进无线电管理立法工作

《湖南省无线电管理条例》继续列入湖南省人大 2014 年立法计划后，湖南省无委办全力以赴，配合法规处完成了多次修改和征求意见、调研等工作。专门制作了针对立法的无线电管理宣传片和宣传手册，邀请部分湖南省人大常委会委员来省监测站参观，听取汇报，扩大无线电管理影响。在与国家《条例》精神一致上面，作了大量请示、修改、完善工作，《条例》已顺利通过二审。

2. 努力完善工作制度，依法行政步入制度化和规范化

针对无线电管理依法行政的需要和工作实际，着重进行了制度建设。9 月，根据湖南省政府下放的 3 项重要的无线电管理行政许可审批权的要求，出台《关

于〈湖南省无线电台行政审批权限规定的通知〉的指导意见》等3个文件，以规范性文件形式下发，对如何贯彻执行、细化、规范市州无线电行政许可工作作了明确具体规定。创新服务工作，召开专家论证会征求意见，在此基础上制定发布了无线电频率审批和无线电台站设置行政许可裁量权基准。

3. 加强行政执法能力建设

加强培训，提高执法人员的法律意识和执法水平。2014年6月，在湘潭举办湖南省无线电管理行政执法培训班，湖南省各市州80余名行政执法人员参加了为期1天半的行政执法案件办理知识培训。同时，分别组织各市州参加了国家无委组织的3期执法人员培训及法制部门组织的持证培训。

组织督促市州管理处严格依法行政。先后两次召开会议，就依法行政工作情况、行政处罚裁量权基准运用、行政执法案件分析等进行座谈。

严格依法办理各类行政执法案件。2014年，湖南省无委办共办理行政许可案件8件，办理行政处罚案件24件，办理行政征收案件21件，市州无线电管理机构共办理行政征收案件280余件，办理行政监督检查案件近230余件。

（六）加大无线电管理宣传力度

积极开展日常宣传工作。2014年印发《湖南无线电管理》12期，向上级领导、省无委成员、设台单位、相关无线电管理机构、有关媒体报送。做好"湖南无线电管理"门户网站宣传工作，在网站上发布动态信息263条。做好信息报送工作，建立完善信息报送激励机制。被"中国无线电"内网"无线电管理工作通讯"栏目采用信息61篇，"中国无线电管理"因特网采用信息65篇。

突出抓好2月13日"世界无线电日"宣传活动和9月份全国无线电管理宣传月活动。"世界无线电日"宣传活动中，湖南省无委办在当日的《湖南日报》作了题为《珍惜频谱资源保护电磁环境》的专版宣传。各市州按要求开展以展板宣传为主的各种宣传活动。宣传月活动期间，湖南省各级无线电管理机构高度重视，周密安排，精心组织，全方位、多形式地开展了宣传活动。湖南省无委办联合湖南经视以珍惜频谱资源、打击"伪基站"、打击非法设置广播电台、基站建设与电磁辐射、如何办理频率台站手续、航空专用频率保护、铁路专用频率保护等主题制作了12期宣传视频，并在湖南经视新闻时段播出，获得一致好评。湖南省无委办还订制了一批文化衫发放给相关单位。宣传月期间，共举行大型户外宣传活动 45 场，粘贴标语 6000 条，悬挂横幅 1900 条，设立咨询台 100 个，散发宣传资料 60 万份，布置宣传栏 360 个，平面媒体专版宣传 70 多次，发送手机短信 3000 万条，设立广告展板 240 个，广播电视宣传 490 次，网络宣传 280 条，政策法规宣贯会 40 多场。通过积极向社会宣传无线电法律法规，有效地提升无线电管理工作在全社会的认知度和影响力，取得了良好的社会效应。

（七）加强无线电管理人才队伍建设

2014 年湖南省无委办开展了丰富多彩的培训。5 月 6—7 日在长沙举办了以提升 H500 频谱侦测系统的实践操作能力为主要内容的全省第一期无线电监测技术培训班，6 月 5 日邀请中国无线电协会陈平老师作了业余无线电管理知识视频专题讲座，7 月 15—16 日在湘潭市举行全省无线电管理行政执法培训班，11 月 2 日举行"联动大围山 -2014"湖南省业余无线电森林防火应急通信演练，10 月 27 日—11 月 1 日开展省无线电管理机动大队封闭式集训，各种培训参加人数 370 余人次。湖南省经信委还组织 20 位专业技术人员参加为期 21 天的赴美软件无线电技术和应用高级培训班，学习了新知识，开阔了视野。湖南省各市州也开展了分片或联合技术演练，锻炼队伍技术水平。同时，湖南省不断引进人才充实无线电管理队伍，各市州通过公开招考引进技术人员，努力改善队伍结构。

（八）做好无线电管理基础工作

进一步加强对派出机构市州无线电管理处的集中统一领导和整体协调，完善工作机制。印发《2014 年全省市州无线电管理工作目标管理考核指标》，完善了市州无线电管理工作目标考核。加强对市州工作的督促检查和通报讲评，落实重大事项和重要情况报告制度。继续开展县级无线电管理协管员试点工作。通过上述措施的有效落实，省市联动，形成工作合力，有力推进了各项工作的开展，有效提升了无线电管理工作整体协调能力。

第九章　华南地区

第一节　广东省

一、机构设置及职责

广东省无线电管理办公室是广东省经济和信息化委员会的内设机构。其职责是：

（1）贯彻执行国家、省无线电管理的法规、规章和有关政策；

（2）拟定广东省无线电管理的法规、规章草案；

（3）按权限实施无线电管理：审查、审批无线电台（站）的建设布局、设置和使用，规划和指配频率、呼号，核发无线电台（站）执照或使用证书，组织划分城市无线电收发信区域；审核研制、生产、进口无线电发射设备的技术性能、技术指标和型号；无线电管理协调处理及查处违法、违章行为；根据国家无线电管理机构授权或委托，负责广东省与港、澳地区的频率规划、指配、台站设置及干扰的协调；对进出粤港、粤澳人员随身携带和车载无线电发射设备进行管理；组织全省无线电监测工作；

（4）负责无线电管理收费；

（5）组织实施无线电管制；

（6）完成国家无线电管理机构和省人民政府交办的其他工作。

二、工作动态

（一）紧抓无线宽带技术发展机遇，推动智慧城市建设

全省各级无线电管理机构深入贯彻落实国务院"宽带中国"战略，以无线城市、新一代移动通信网络、三网融合等领域发展为抓手，以国家科技重大专项为引领，重点做好宽带网络规划、无线宽带基础设施建设督导、公共区域无线接入

建设，推进无线宽带技术在国民经济和社会各个领域的应用，促进两化深度融合，全面提升广东省信息化水平。截至 2014 年 9 月底，全省年内累计完成 3G 网络及配套投入 71.567 亿元，新增 3G/4G 基站 12.9 万座，3G/4G 基站累计达到 25.8 万座，3G 移动用户达 6164.03 万户；累计建成 WLAN 热点 8.8 万个，无线访问接入点（AP）数量累计达到 38.2 万个，长期稳定 WLAN 用户达 1209.53 万，在全国处于先进水平。全省无线宽带网络覆盖率已达 67.9%，其中珠三角地区无线宽带网络覆盖率为 78.8%，粤东西北各市无线宽带网络覆盖率为 63.1%。

一是牵头编制宽带发展规划。以重点打造世界级珠三角宽带城市群为目标，制定出台了《宽带广东发展规划（2014—2020 年）》，进一步提高广东省宽带网络基础设施综合竞争力。7 月，召开了宽带广东发展规划新闻发布会，加强政策宣传推广和普及，提高全社会对宽带广东发展的支持力度。

二是推动 3G、4G 无线宽带网络基础设施建设。督导电信运营商加大宽带网络建设投入，加快建设步伐。协调解决部分地区基站建设遇到的选址难、逼迁多等问题。目前 3G、4G 网络建设稳步推进，实现了 3G 网络覆盖城乡、4G 网络重点覆盖城市主城区，并向城郊区域覆盖延伸。

三是加快公共区域 WLAN 建设。经省政府同意，确立了"政府主导、市场运作、企业投资、社会参与"的公共无线接入建设思路，制定了《广东省公共区域无线接入服务建设指南》，并启动了公共区域无线接入服务项目招投标工作，争取尽快开通公共免费无线接入服务。

四是全力推进三网融合。根据国务院加快三网融合工作的原则要求，加强统筹规划，以推广广电和电信业务双向实质性进入为阶段性目标，推进试点实施。2014 年组织开展了第二阶段试点双向进入业务许可申报工作，并协调有关部门加快资质审批进度，扎实推进网络基础设施建设，基本完成试点地区网络双向化改造；大力推进基础设施和安全监管平台建设，省级广电信息网络视听节目监管平台建设方案已经省政府批准同意即将实施。为促进广播电视网与电信网、互联网的有效融合，破解广东省推进三网融合工作存在的难题，广东省无线电管理办公室牵头制定《加快推进广东省三网融合的工作方案》，提请省政府召开了省三网融合工作协调小组会议，研究推动全省三网融合深入开展的有效措施。

五是牵头抓好新一代宽带无线移动通信网国家科技重大专项在广东省实施。及时跟进往年立项课题的实施情况，配合国家专项办开展检查、验收、财务审计及整改等工作，组织做好 2014 年立项课题预算书与合同书签订工作，推荐 6 个课题（涉及总资金 3.3 亿元）向国家专项办申报 2015 年项目。2014 年省内（不含深圳）共有 2 个课题获得国家立项批复，获得中央财政支持 3831.84 万元。

（二）坚持依法行政，加快无线电管理法治化进程

1.增强法制支撑，构建较完备的无线电管理法规体系

法律是治国之重器，良法是善治之前提。广东省不断完善无线电管理法规体系建设，为全面推进依法行政奠定坚实基础。为适应行政体制改革关于审批权力下放的要求，广东省无线电管理办公室提出修订《广东省无线电管理条例》，并配合省人大法工委提出具体修订内容。以完善《广东省无线电管理条例》实施细则为基本要求，广东省开展了广东省电磁环境保护区域划定的研究工作，目前基本完成《广东省电磁环境保护区域划分规定》和《广东省电磁环境保护区域划定方案》的起草工作，并申请将其列入 2015 年省政府规章新制定项目。2014 年 11 月，《广东省电磁环境保护区域划定方案》已通过专家评审。按照行政审批制度改革的要求，抓紧制定下放地方的"市属单位进口无线电发射设备审批"、"产生电磁辐射的工程设施选址确认" 2 项审批事项的后续监管办法。对近年出台的可能影响行政相对人权力义务的文件进行清理，做好无线电管理文件规范性审查工作。

同时各地也纷纷制定出台了适应本地管理需求的有关政策法规。佛山市以市政府名义印发了《佛山市公用移动通信基站设置管理办法》和《加快通信基础设施建设推进新一代移动通信网络发展实施方案》，明确基站建设纳入城乡规划。顺德区及时修订《佛山市顺德区公用移动通信基站设置管理办法》，简化基站审批流程。东莞市出台了《东莞市无线通信基站建设管理暂行办法》。这些法规文件的制定，为广东省无线电管理工作提供了强有力的支撑，加快推进了广东省无线电管理法治化进程。

2.深化行政审批制度改革，依法履行职责

为切实转变政府职能，找准政府定位，广东省无线电管理办公室认真梳理无线电管理行政职权，编制了省级无线电管理权责清单，清单上行政审批、行政处罚、行政强制、行政检查、行政征收等各项无线电管理法定职责一目了然，确保行使的每一项职权、开展的每一项工作都有法可依。同时按照省编办的要求，将省、市级权责清单事项进行衔接，保障了政策的一致性、业务的延续性、服务的

一体化。根据简政放权权力重心下放的精神，2014年广东省将2项无线电管理行政审批事项由省级下放至地市级实施，取得较好的实施效果。

3. 规范行政审批行为，依法行使职权

根据全省网上办事大厅建设工作的统一部署，广东省已完成所有6大项18小项无线电管理行政审批事项的办事指南、业务手册的制定工作，并制定下放地市审批事项的办事指南和业务手册，供地市承接审批业务时参考。在办事指南和业务手册制定工作中，进一步优化办事流程、压缩办理时限、精简申请材料，提供多样化的便民措施，提高无线电管理行政效能和公共服务水平，并全面规范行政审批自由裁量权，细化、量化许可各环节的行政裁量标准，真正做到把权力关进制度的笼子，有利于消除权力寻租设租空间。

自省级、地市级审批事项在全省网上办事大厅统一受理后，取消系统内跨层级审批环节，采取会办形式取代初审，极大缩短行政审批时限。全省审批事项在无线电管理一体化平台上流转运行良好，形成了省市管理层级相互监督机制，实现了省级审批事项网上办理率100%、办理深度100%。

4. 加强监督检查能力建设，向建设高效法治实施体系迈进

无线电管理编制人员少，行政执法力量不足是困扰无线电管理执法工作存在的长期问题。为从根本上扭转被动执法的局面，湛江市建成了一个覆盖湛江城区，可管控130—3000MHz频段范围的无线电台站智能管理执法系统，该系统运行至今效果较好。中山市正开展"无线电监督和执法系统"建设，力争解决目前无线电执法人员不足、能力不强和不到位等问题，项目已于2014年上半年完成招标工作，目前项目的实施正在有序推进中。东莞市应用了基于数字东莞地理空间框架的无线电台站业务管理系统，将行政审批系统延伸至镇街一级，极大地提高了管理效能。

（三）优化配置频谱资源，力求效益最大化和效率最优化

贯彻落实十八届三中全会关于发挥市场在资源配置中起决定性作用的精神，在行政管理的基础上结合市场发展需要，优化配置无线电频谱资源，推动频率资源配置向效益最大化和效率最优化方向发展。本着集约、高效原则，为中山市、珠海市政府调度通信网配置800MHz数字集群频率资源，组织广州、中山、珠海等市建立800MHz数字集群共网系统频率协调机制，提高频率资源复用率；统筹

考虑各地无线政务专网建设需要，完成了佛山新城无线政务专网临时使用频率指配工作，支持佛山新城 McWiLL 宽带无线通信技术试验网建设；加快对珠海横琴新区 1.4GHz 频段无线政务网频率申请进行评估，待审核通过后尽快向国家报批。

同时广东省加强对无线电频率资源配置的宏观调控能力，重点做好频率资源的科学规划，统筹有关部门对频谱资源的共性需求，推进频率资源的高效集约利用。佛山、江门、惠州等市在全省规划的基础上制定了 150MHz、400MHz 频段专用对讲机地域性频率规划方案和指配规则，将小区覆盖频率按县级行政区域细分，进一步提高了频率复用率。

（四）加强无线电台站使用和设备监管

1. 创新管理方式，促进公众移动通信网络健康发展

为解决公众移动通信基站存在的普遍问题，探索创新管理的新方式，根据工业和信息化部无线电管理局任务要求，广东省委托工信部电信研究院开展了《广东公众移动通信基站创新管理研究》项目，课题从公众移动通信基站发展和管理的实际需求出发，研究公众移动通信基站管理对体制机制、政策法规、配套手段等建设的需求，为构筑公众移动通信基站建设、管理和谐发展的新格局提供指引。

考虑到基站管理涉及的台站数量众多，面临的情况较为复杂，甚至与其他部门如环保、城乡建设规划部门的审批事项有关联，广东省计划稳妥推进全省公众移动通信基站管理审批改革，从降低申报门槛、加强数据核验、优化审批流程等方式入手，逐渐向备案制、承诺制方向推进。首先以江门市为试点实施，期望通过试点摸索有效科学模式后再向全省推广。

2. 扎实抓好业余无线电业务管理工作

依据国家相关规定，调动社会组织、基层无线电管理机构的积极性和主观能动性，运用无线电管理信息化系统，开展业余无线电台操作证书旧证换发工作，受理换证总人数 1419 人；组织了 5 期 A 类和 1 期 B 类业余无线电台操作证书资格考试，到场考生共 1128 人。开启了广东省自取消无线电运动协会预指配呼号工作后的由无线电管理机构直接指配业余呼号工作，全年共指配各类业余呼号600 余个，业余无线电台的设置使用审批和呼号指配工作进入常态化管理。

3. 规范对讲机业务管理工作

广州市开展珠江新城、濂泉路专业市场非法使用对讲机专项整治活动。对天

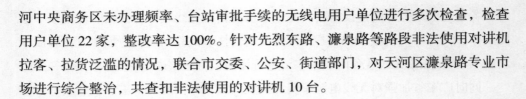

河中央商务区未办理频率、台站审批手续的无线电用户单位进行多次检查，检查用户单位22家，整改率达100%。针对先烈东路、濂泉路等路段非法使用对讲机拉客、拉货泛滥的情况，联合市交委、公安、街道部门，对天河区濂泉路专业市场进行综合整治，共查扣非法使用的对讲机10台。

（五）加大监督检查力度，优化空中电波秩序

推动无线电管理监督检查职能向基层下移，强化全省特别是县区无线电监督检查工作。2014年，全省各级无线电管理机构共出动人员6361人次，投入专用无线电设备555台（套），共计检查单位1816家，发出责令整改通知书294份，处罚单位185家，及时纠正非法使用频点702个，查封设备1260套，重新规范电台执照2071个。

1. 全力开展打击非法设置无线电台（站）专项治理活动

上半年按照国家、省打击整治非法生产销售和使用"伪基站"违法犯罪活动专项行动的统一部署，认真组织发动、精心策划、周密部署、全力配合公安部门开展专项行动。牵头建立了系统内专项行动组织架构，制定了工作方案，组织各地无线电管理机构充分发挥对"伪基站"的监测定位、逼近查找等技术支撑作用，配合公安部门开展工作。

下半年按照国家部署，在全省范围内开展打击非法设置无线电台（站）专项治理活动，重点打击"伪基站"、非法广播电台和卫星电视干扰器等违法犯罪活动，维护良好空中电波秩序。在治理行动中，加强部门协作，强化工作措施，提高快速甄别能力和监测技术水平，加强监听检测，发动群众力量，依法严厉打击查处非法设置无线电台站。

专项行动部署以来，全省无线电管理机构配合公安机关共侦破"伪基站"案件128起，缴获"伪基站"设备205套；全省各级无线电管理机构查处非法广播电台26起，缴获设备30套；活动中共出动监测车807车次，出动监测定位设备986台次，出动监测人员3006人次，累计监测时长约5865小时。专项行动取得了显著成效，大大打压了非法设置无线电台站的势头，维护社会安全，保障人民群众切身利益。

2. 突出做好重要无线电业务安全保障工作

加大保障力度，做好对民航、铁路、广电、气象、海事等重要业务和基础信

息网络的保护性监测和干扰查处。全省各级无线电管理机构以高度的政治责任感和政治敏感性，圆满完成春运、"五一"、国庆和十八届四中全会等重要时期重大活动的无线电安全保障任务。为提高广东省区域范围内对民航大面积无线电干扰的应急响应速度和处置效率，确保春运等重要时期民航无线电业务的安全有效运行，编修了《广东省区域民航大面积无线电干扰应急协调处置方案》并建立完善了相关联络机制。完成了排查铁路沿线 GSM-R 系统、民航 DME 和通信导航系统、顺德均安对空雷达等无线电通信系统受干扰等任务。

各地市将重大活动无线电业务安全保障作为重要工作来落实。珠海市开展了第十届中国国际国际航空航天博览会无线电安全保障工作，航展期间对各新闻媒体临时用频、公安用频、有关航空用频以及公众通讯等重要频点进行重点监测，及时协调处理现场出现的同频和互调干扰。广州市圆满完成了广交会、广州国际龙舟邀请赛、广州马拉松等重大活动无线电安全保障任务，广交会期间会同公安机关在凤浦路、会展南五路交界处查处一起"伪基站"案件，现场抓获黑龙江籍案犯一名，缴获涉案小汽车一台、车载伪基站设备及管制刀具各一套。肇庆市开展了贵广、南广高铁 GSM-R 系统电磁环境保护专项工作，对非法直放站以及其他非法电台依法实施清理整顿，发现干扰及时赶赴现场处理，净化了铁路沿线电磁环境。

3.加强日常无线电监测，协调处理社会反映的普遍问题

组织完成国家下发的频谱监测任务，按时上报频谱监测月度报告。严格按照有法必依、执法必严、违法必究的要求对无线电违法行为依法处置。针对日常监测发现的问题和群众反映的突出问题，加大对不明信号的排查和监督检查。广东省重视非法设置公众移动通信直放站群众投诉举报，协调处理城中村非法直放站问题，完善城中村公众移动通信网络覆盖，维护公众移动通信电波秩序。河源市积极协调广电网络公司在用 MMDS 系统对河源移动分公司 4G 系统产生干扰事宜，通过召开协调会议定通过技术协调方式尽快解决 4G 系统干扰问题。惠州市积极协调惠州移动分公司和广电网络公司 2.6G 频段使用问题，要求广电网络公司升级改造相关频段无线设备系统，避免影响 TD-LTE 业务正常使用。

全年共完成了干扰查处 881 起，其中查处民航干扰 51 起，其他重要受干扰业务 135 起，投入人员力量 5062 人次。

4. 积极防范和打击利用无线电设备进行考试作弊工作

根据工业和信息化部及相关部委的统一部署，全省无线电管理机构配合考务主管部门，对全国硕士研究生招生考试、广东省2014年录用公务员笔试、全国高考、大学英语四六级考试、司法考试等重要考试提供防作弊保障，为各类重要考试营造了公平、公正的良好氛围。

全年共完成全省性无线电考试保障任务19起，各地市结合当地实际情况开展了考试保障多达30余起，省市共出动人员5334人次，出动车辆1479台次，发现作弊无线电信号41起，实施无线电技术阻断42起，查处作弊案件7起，有效防范和震慑企图利用无线电设备在考试中的作弊行为，为经济发展和社会稳定提供有力的无线电安全保障。

（六）加大协调力度，深化区域合作

1. 完善协调机制，促进粤港澳合作

广东省从国家大局利益出发，积极应对边界协调突出问题，认真开展粤港澳边界地区无线电业务频率协调工作。协助工信部无线电管理局召开2014年内地与香港无线电业务频率协调专题会，就粤港双方1785—1805MHz频段专用网络频率使用协调工作达成共识，开展粤港2300—2400MHz及2500—2690MHz频段的LTE网络协调研究工作，组织测试验证有关协调限值事宜；重点做好两地公众移动通信网络的过界协调工作，定期组织测试公众移动通信信号过界情况。已完成了3次（两次联合测试和一次独立测试）粤澳边界地区公众移动通信业务的电磁环境测试工作；建立边界地区电磁环境测试机制，制定并下发了《粤港澳边界地区电磁环境测试工作方案》，定期开展边界地区电磁环境测试工作，完成了87—108MHz频段广播业务、2G/3G公众移动通信业务的电磁环境测试工作，并为今后逐步扩展至其他业务频段做好准备。

广东省积极推进粤港澳在无线电管理领域深入合作，推动粤港信息化合作与发展。2014年11月，广东省无线电管理机构联合公安部门，协助澳门司法警察局、电信管理局成功查处了全国首例跨境覆盖"伪基站"案件。2014年8月下旬，珠海市通过无线电监测初步确认在澳门境内靠近珠海边界的高楼上设有"伪基站"，这些"伪基站"向珠海方向发射影响内地移动通信网络信号，导致珠海拱北口岸地区GSM网络受到严重干扰，造成用户脱网现象时有发生。为解决此类

跨境覆盖"伪基站"干扰问题，广东省无线电管理办公室按照粤澳无线电干扰申述查处机制，迅速将干扰情况反馈至澳门电信管理局，请求该局尽快查处此类干扰。经过多次沟通协调，11月5日澳门司法警察局采取突击行动，对澳门靠近珠海边界高楼内所设跨境"伪基站"进行查处，查处行动持续3天。行动中，内地方面向澳门方面提供查处工作在线支持，中国移动珠海分公司负责效果验证等技术支撑，及时解决查处遗留问题。本次行动，澳门司法警察局共查获48台用于"伪基站"的笔记本电脑，11台一体式"伪基站"无线电信号发射机，59套天馈线系统，并拘捕涉案人员4名。粤澳双方联合打击"伪基站"工作取得显著成效。

2. 加强区域无线电合作与协调

无线电波无疆界的固有特性，决定了无线电管理工作加强区域、部门间无线电合作与协调的必要性。根据省委省政府关于加强区域发展规划精神，2014年广东省积极开展省内珠中江、粤东五市相关区域内，以及与邻省的无线电管理区域合作。9月，粤东五市召开了无线电管理业务协作会议，交流了打击非法设置无线电台（站）专项治理活动工作经验，探讨陆地与海洋无线电管理及建设，探讨预备役基层队站工作开展和建设情况等。开展粤桂无线电管理合作，广东省肇庆市、云浮市与广西梧州、贺州等相邻省市无线电管理机构开展交流合作，实地考察邻近台站布局设置情况，建立了相邻地区无线电干扰排查和重大活动、应急通信保障联动机制，提高突发事件应急协调处置能力。

（七）加强无线电管理专项资金和固定资产管理

1. 强化无线电频率占用费专项资金监管

根据工信部和财政部门关于专项资金管理的要求，引入竞争性分配方法，加强对无线电频率占用费专项资金的监督，公平公正地开展资金下拨和预算申报工作。2014年，组织开展了2014年无线电频率占用费中央专项资金"三类固定监测站建设项目"竞争性分配评审工作，加强专项资金安排的公正透明性。在无线电频率占用费2015年预算申报工作中增加专家评审环节，依据专家评审意见遴选申报项目，申报过程、专家评审方案、评审过程全公开，有利于更加科学合理地安排财政资金。

2. 落实固定资产管理工作

在历年来中央转移支付下拨的专用资金的支持下，广东省积累了一批庞大数量的无线电管理专用设备设施。据统计，2014年全省累计建成固定监测站214座，其中高山站5座、市县固定监测站110个、小型监测站99个；移动监测系统53套，建有搬移式监测系统154套，便携监测系统176套。全省共建成18个常规检测实验室，检测仪器设备476台（套），其中有10个检测实验室通过了省质量技术监督部门的计量认证。

按照国有资产管理要求，建立严格的资产管理责任制，健全资产统计报告制度，将固定资产管理责任落实到人。针对分布在珠三角地市高山站设备的管理，省无线电监测站制订和实施《广东省无线电监测网高山站运行维护管理暂行规定》，云浮市按该规定加强对大金山高山站的维护，确保高山站长期、高效、稳定、安全运行。肇庆市加强对无线电监测固定站、小型站等技术设施的维护保养，每季度组织专业技术人员对所有技术设施开展一次例行检测、维护、保养工作，保证各类无线电监测设备处于良好的工作状态。

（八）进一步完善管理综合体系，构建全省"智慧无线电管理"体系

1. 稳步推进无线电管理基础设施建设，向管理精细化迈进

目前全省无线电管理基础设施建设水平离与发展相适宜的高效管理监测机制还有一定的距离。因此，广东省启动无线电管理"十三五"规划研究，加强无线电管理技术设施建设的顶层设计，把物联网、大数据、云计算、高端芯片等新一代信息技术发展成果应用到无线电管理技术设施建设中。启动珠三角网格化无线电监测网建设、无线电管理业务云平台化、无线电频率台站大数据库建设、空间地理信息应用系统建设、面向海洋的无线电安全保障平台建设等，构建全省"智慧无线电管理"体系。

2. 积极探索多层次覆盖、多功能应用、多业务保障的管理设施建设技术规范

启动相关标准规范体系建设，引导全省无线电系统相关工作规范开展，积极开展广东省无线电管理信息化应用顶层设计研究，组织有关地市讨论珠三角网格化无线电监测网规划和有关建设标准，启动研究海洋无线电安全保障系统建设研究工作。加强广东省无线电监测网监测数据分析工作，通过信息化技术手段对广东省无线电监测网采集的监测数据进行全方位的分析和研究，为无线电频率、台

站管理和行政审批提供科学、严谨的依据。

3.适应新形势下无线电管理工作的需要，加强广东省无线电管理培训

举办多层次的培训活动、多形式的技术演练，不断提高无线电管理人员的政策水平、业务素质和协调能力。12月16日，全省无线电管理业务培训班在广州召开，就依法行政、无线电管理业务、无线电网格化管理等主题进行培训，全省无线电管理系统及省直大设台单位约120人参训。7月份，全省打击非法设置无线电台（站）专项治理活动技术演练成功举办，通过技术培训和技术比赛，提高了业务技能，检验和锻炼了广东省无线电管理技术支撑能力。

（九）全方位开展宣传，营造依法使用无线电业务的良好环境

适应新形势下无线电管理工作需要，完善广东省无线电管理宣传工作站体系，全方位加强无线电管理宣传工作。组织开展"世界无线电日"、"世界电信日"、"911无线电管理条例宣传日"主题宣传活动，在省经信委、省无线电协会官网和各地信息化宣传网站发布宣传通稿。各地市利用微信、微博等新媒体，通过2设立现场咨询点、张贴宣传海报等形式，进一步扩大无线电宣传的普及面。结合广东省信息化建设、打击非法设置"伪基站"宣传工作，组织全省无线电管理机构编写、报送宣传材料，提高公众对信息化建设、电磁辐射科学的正确认识。

第二节　广西壮族自治区

一、机构设置及职责

广西壮族自治区无线电管理局是广西壮族自治区工业和信息化委员会的内设机构，其具体职责为：

（一）负责依法组织实施无线电管制；

（二）组织无线电管理行政执法和执法监督；

（三）负责依法组织实施无线电管制；

（四）负责无线电频率资源和无线电台站的管理；

（五）根据管理权限审批无线电台站的频率和呼号，核发电台执照；

（六）负责无线电管理费的征收与管理；

（七）负责无线电监测及干扰协调、查处；

（八）负责无线电基础、技术设施建设；

（九）归口管理无线电发射设备的研制、生产、进口和销售；

（十）负责管理各市派出机构及自治区无线电监测站；

（十一）协调处理自治区无线电管理方面的有关事宜。

二、工作动态

（一）合理配置频率资源，为广西经济社会发展服务

1. 根据行政审批要求，严格把关，对频率使用和设台申请需要的文件和材料仔细审核。2014 年，受理各类行政许可事项 11（批）次。所有行政许可项目均在时限内办结，没有发生因行政许可引起的行政复议或行政诉讼。

为了更好地规范行政许可工作，对原有的六项行政许可项目和一项非行政许可的审批项目进行了梳理，按照国家简政放权要求，理顺和简化办事流程，并经请示国家无线电管理机构，将原来六项行政许可项目和一项非行政许可项目调整为五项行政许可项目，取消了一项非行政许可项目，并修改了广西无线电行政许可审批操作规范流程，理顺和简化办事流程；为提高行政审批效率，将承诺办结时限由 14 天压缩为 10 天。

2. 加强业余无线电管理工作，建成了业余无线电呼号网上申请系统，实现了呼号分配的无纸化办公；开始在全区范围内开展对原有业余无线电用户的清理工作。

3. 推动广西边境地区台站向国际电联申报工作开展。作为 2014 年国家布置的一项重要工作，广西无线电管理委员会办公室高度重视，积极开展边境地区频率台站管理调研工作，走访崇左、百色、防城港市等边境无线电管理处，实际了解边境地区设台情况，收集相关台站资料，为台站申报工作全面开展做好准备。9 月份，广西无委办召集移动运营商召开了边境地区台站国际申报登记工作布置会，开展台站登记申报试点工作，对移动运营商进行了申报工作培训，介绍了台站国际申报登记工作具体填报要求和方式，协助运营商在 2014 年上报一批边境地区公众移动通信基站。

4. 走访专用通信管理局、南宁铁路局等单位，了解设台用户的频率需求，协调新建线路 GSM-R 频段保护和铁路台站管理工作，进一步规范广西重要部门的频率台站管理。

（二）认真贯彻国家部署，严打非法设台，维护空中电波秩序

1. 积极开展打击利用"伪基站"实施违法犯罪专项工作

2014年2月20日，根据公安部等其他相关部委联合召开电视电话会议，以及中宣部9个部委和工信部等有关文件要求，广西成立了由自治区工信委牵头的打击整治非法生产、销售和使用"伪基站"违法犯罪活动专项行动工作小组，制定了《广西联合开展打击整治非法生产销售和使用"伪基站"违法犯罪活动专项行动工作方案》，明确了各部门按照各自职责做好相关工作，建立了联合工作机制、信息共享机制。同时各市无线电管理处也成立了相应的联络机制。

广西无线电管理委员会与公安、工商、通信管理等部门，以及通信运营商组成联合工作组，开展打击非法生产、研制和销售"伪基站"专项行动，自开展行动至2014年11月，分别在南宁、柳州、桂林、河池、钦州、北海、玉林、梧州、防城港等市，破获"伪基站"违法犯罪案件37起，查获违法犯罪嫌疑人45人，查获设备37套，涉案汽车17辆。开展专项行动以来，全区无线电管理机构累计出动人数5619人（次），出动监测车3152辆（次），动用监测定位设备数量3675台（次），工作测试时间12615小时。

广西壮族自治区党委书记彭清华在自治区工信委进行调研时，深入广西无线电监测站检查指导工作，对广西无线电管理机构在业务工作开展所取得的成绩给予了充分肯定。

2. 打击非法设置无线电台（站）专项治理活动情况

根据《国家无线电办公室关于开展打击非法设置无线电台（站）专项治理活动的通知》（国无办〔2014〕2号）要求，联合610办、公安、国安、工商、食品药品监督等部门组建的清查治理联合行动工作组，严厉打击黑广播电台。从2014年3月至11月，分别在南宁、柳州、桂林市查获非法设置广播案件7起，查扣设备7套。广播频段播放秩序有了明显好转。

3. 做好干扰查处工作，有效维护空中电波秩序

2014年（截至11月1日）全区共受理无线电干扰52起，比去年同期的49起，增加3起；查处52起，干扰查处率为100%。其中：查排航空无线导航业务受理7起；移动通信基站受干扰受理20起；铁路通信干扰13起；部队通讯受干扰6起、其他业务受干扰4起，有效保障了广西正常的空中电波秩序，推动了广西

无线电通信事业的发展。

为保障民用航空和高铁专用频率安全使用，根据桂林空管站《关于贺州区域对空频率被干扰的情况报告》《关于申请桂林区域上空对空频率被干扰协查的函》（民航桂林空站函〔2014〕12号）及南宁铁路局《关于排查广西南广铁路黎塘西至梧州南区GSM-R系统干扰的函》（南无办电〔2014〕3号）、《关于协助清查衡柳客运专线GSM-R通信频率受外部信号干扰的函》（南无办电〔2014〕5号）干扰排查的要求，迅速安排相关管理处对受干扰区域及时进行干扰排查工作，并及时向受干扰单位通报排查情况。

4. 依法行政，为无线电管理各项工作提供法律保障

（1）2014年共进行行政执法10起，对违规的单位和个人分别给予责令整改、警告及没收设备，案情严重的转交公安机关进一步处理。日常监督检查226个设台单位；检查台站及数量共1282个，查出14家违规使用、设置无线电台的单位或个人，并已对其进行责令整改等行政处理。

（2）广西壮族自治区的无线电立法工作正在按计划进行中。继续开展《广西壮族自治区无线电管理办法》修订升级为《广西壮族自治区无线电管理条例》工作。根据自治区法制办2014年政府立法项目对接会的会议要求，2014年3月初，广西无线电管理委员会制定了《广西壮族自治区无线电管理条例》立法起草调研工作方案，成立了《广西壮族自治区无线电管理条例》起草调研工作领导小组。经过多次调研、讨论及修改，目前已形成了《广西壮族自治区无线电管理条例》修改稿，完成了《广西无线电管理立法调研报告》。11月，形成广西无线电立法材料汇编报自治区人民政府法制办公室审核。

（3）开展广西无线电法规规范化清理工作，组织召开了《广西壮族自治区无线电管理行政处罚程序规定》（草案）专家评审会，并顺利通过。

（三）突出重点，全力做好重大活动无线电安全保障工作

1. 全力做好重大活动无线电安全保障工作

圆满完成春运、全国"两会"、十八届四中全会、中国-东盟博览会、中国-东盟投资峰会、南宁国际民歌艺术节、柳州国际水上运动等重要节假日及重大活动期间的无线电安全保障工作，制定了无线电专用频率保护工作及值班方案，加强保护性监测工作。开展对重点频段调频广播、航空导航通信、铁路调度通信、

电视、移动通信业务等的监测监听工作。排查民航、铁路、部队卫星测控站专用频率受干扰 3 起。共出动各类监测、保障车辆 100 余台次，出动人员 670 多人次，启动设备 390 余次，发现干扰信号 3 起，查处 3 起。各种监测台、站、通信网络全部启用。

2. 圆满完成第四十五届体操世锦赛无线电保障工作

第四十五届世界体操锦标赛是继 1999 年天津首次举办体操世锦赛后，该项国际性体操赛事再次落户中国，也是我国首次在少数民族边疆地区——广西壮族自治区首府南宁举办重要国际性体育赛事，作为此次体操世锦赛组委会通信保障部的成员，从 2014 年 6 月开始，广西无线电管理机构就启动了世锦赛前期无线电安全保障工作，包括：派人赴江苏南京进行学习调研南京青奥会、与南宁市政府第四十五届世界体操锦标赛组委会就无线电安全保障工作进行沟通，制定第四十五届体操锦标赛无线电安全保障工作方案及应急预案，成立保障领导小组；在世锦赛官网建立"第四十五届体操锦标赛无线电频率申报系统"、举行"第四十五届世界体操锦标赛无线电频率台站申报审批及设备许可证发放专项演练"及"第四十五届体操锦标赛无线电安全保障技术演练"等，为锦标赛赛会期间的无线电安全保障工作打下了良好的基础。

从 7 月 15 日开始，第四十五届世锦赛无线电安全保障组按照体操锦标赛无线电安全保障方案，开展赛前常规监测，使用监测车、路测系统等多种监测手段对主体育馆及场馆周边进行了定期监测和收集相关频谱数据，赛前无线电监测累计 300 多小时，收集电磁环境频谱图 200 余幅，建立了完整的前期监测数据库。

10 月 3—12 日，世锦赛正式开赛期间，无线电安全保障组共出动场馆内、外保障人员 80 多人次，车辆 50 车次，监测时间累计达 200 多小时，其中：场内工作出动人员 23 人次，场内人员每天上午 9 点至晚上 9 点在场内进行现场驻守监测，场外人员利用移动监测车在场馆周边进行保护性监测，赛会期间共协调和处理各类无线电通信设备干扰 5 起、劝停 23 处无线热点，保证了场馆内、外无线电通信的畅通，得到了赛事组委会、通信运营商、广电等部门的一致认可。

3. 圆满完成各类重大考试无线电安全保障任务

全区组织参与公务员考试、普通高校招生考试等各类考试无线电安全保障任务 17 次，监测考点 664 个。出动无线电保障人员 776 人次，出动监测车 244 架次，

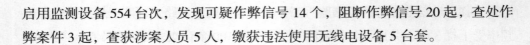

启用监测设备 554 台次，发现可疑作弊信号 14 个，阻断作弊信号 20 起，查处作弊案件 3 起，查获涉案人员 5 人，缴获违法使用无线电设备 5 台套。

（四）开展业务学习和技术培训，加强人才队伍建设

1. 为落实中央关于加强干部学习培训的要求，培养锻炼干部，建设高素质干部队伍，树立工信委整体一盘棋的思想。5 月 14—15 日，组织召开了无线电管理机构新录用人员培训班。培训课程作了精心安排，有广西经济运行情况、工业政策、规划、发展情况的介绍，增强大家对广西经济和信息化社会发展大局的认识；有党建工作、廉政建设、公务员行为规范的介绍，加强同志们的廉政意识和作风建设；有财务管理制度、公务卡管理等相关规定的讲解，提高守纪意识和行政管理能力；有无线电管理各项业务工作培训，提升大家的理论水平和业务技能，可以说内容丰富务实，具有很强的针对性。

2. 为增强干部职工专业知识，提高业务能力，先后举办了查找"伪基站"专用设备技术培训、边境电磁环境测试规范培训、无线电管理宣传培训等培训班，派员参加了国家举办的各类无线电技术培训班，并组织技术人员与相关单位、设备生产商进行技术交流，增强了干部职工专业知识，提高了干部队伍的综合素质。

（五）大力推进无线电管理基础设施建设

2014 年基建工作延续了 2013 年度的工作重点，抓紧抓好在建项目的建设及协调工作。在广西工信委领导的正确指导和各市无线电管理处的共同努力下，基建工作进展顺利。北海 B 级固定监测站、防城港 C 级固定监测站项目建设已全部完工并完成搬迁工作，梧州、防城港东兴、玉林市 C 级固定监测站机房建设，钦州市无线电管理处 C 级无线电监测站机房装修等各项工作正在有序推进。完成了百色市隆林县、西林县、田林县、德保县、凌云县及钦州市小董、崇左市浦寨等 7 个小型无线电监测站用房的购买工作，全部完成了无线电监测站县级以上建站的任务。

第三节　海南省

一、机构设置及职责

海南省无线电监督管理局隶属省工业和信息化厅管理，负责全省无线电监督

和管理工作。内设办公室、无线电科技规划、频率台站管理、无线电监测、监督执法等5个机构,下设三亚无线电监督管理站、儋州无线电监督管理站、琼海无线电监督管理站等3个派出机构。

主要有以下职责:

一是贯彻执行国家和省无线电管理法律、法规和方针、政策,依法拟订本省无线电管理法规、规章、政策,编制全省无线电管理总体规划,经批准后组织实施。

二是负责全省无线电频率和无线电台站管理。指导和协调省人民政府有关部门和市、县、自治县人民政府依法履行无线电监督和管理职责;编制全省无线电频率使用规划和无线电站址专项规划;审批无线电台站的设置使用,指配频率和电台呼号,核发无线电台执照;计征、收缴无线电频率占用费;会同有关部门对涉及重大公共安全和公共利益的重要无线电台站划定电磁环境保护区。

三是依法开展无线电监督检查。监督管理无线电发射设备的研制、生产、进口、销售和使用;监督公安、国家安全、广电、民航、交通、渔业、气象、"三防"等部门规范使用频率资源;监督、协调公共电信企业通信基站建设,根据省人民政府授权对通信基站共建共享事宜进行统筹协调;对非法占用频率、干扰无线电业务等行为进行查处。

四是负责无线电监测与应急保障工作。协调和查处无线电干扰,维护空中电波秩序;开展重大活动、抢险救灾等频率监测与保护;防范和打击利用无线电设备插播非法信号干扰广播电视和考试作弊行为。

五是负责推进无线电应用,促进通信行业发展,为经济建设和社会发展服务。组织、协调和服务通信产业、三网融合和"两化融合";组织、指导、协调公众通信、专用无线通信、物联网等新技术的推广应用。

六是依法组织实施无线电管制。协调处理军地间无线电管理工作;协调处理省际间无线电管理工作。

七是承办省政府及省工业和信息化厅交办的其他事项。

二、工作动态

(一)统筹协调、科学配置频率资源,满足各类需求

一是按照保障重点,兼顾一般的原则,统筹各领域、各行业通信需求,科学合理配置无线电频率资源,有力促进海南省信息基础设施建设,有效保障公共管

理、公共服务、安全生产等领域对频率资源的需求。指配用于完善全省公众信息网络基础建设的频率，推动 McWill 移动宽带无线接入系统发展应用，服务海南"信息智能岛"战略。指配相关频率用于建设无线宽带接入专网，加强码头和机场安全生产管理。指配相关频率用于建设机场地勤指挥调度系统。二是稳妥推进MMDS 系统频率清退工作。按照海南省有线电视 MMDS 系统频率专题协调会议和领导批示精神，完成全省 57 个 MMDS 基站现场核查，全面掌握台站设置和使用情况，为深入开展 MMDS 频率清退协调工作奠定基础。三是落实无线电频率台站国际申报登记工作。按照工信部无线电管理局统一部署，开展海南省边境地区无线电频率台站国际申报登记工作，有效维护了边境地区无线电频率台站合法使用权益。

（二）依法管理无线电台站，无线电事业健康发展

一是推进行政审批改革，依法审批频率台站。按照海南省政府要求，配合省工信厅推进行政审批制度改革，优化行政审批流程，细化审批事项，积极推进网上审批办理业务，在政务中心窗口受理并承诺办件时限，有效提高了工作透明度和服务效能。二是扎实开展无线电台站检测、核查工作。采取用户自查和现场抽查相结合的方式，开展海南省微波站、同频同播基站等多个大型固定台站的无线电发射设备检测工作，对发射功率、频率、占用带宽等主要技术指标进行测试。通过人机见面，进一步提高台站数据信息的规范性和准确性。三是开展水上业务台站专项检查活动。联合海事部门和渔业监察部门开展海南省游艇电台和渔业电台的专项执法检查，在三亚市组织召开游艇电台业务用户培训会，对全省渔业船舶电台和岸台进行了抽检，通过开展专项活动，进一步提高了海南省无线电台站数据库准确性，促进了海南省水上业务台站规范化管理。四是继续开展非法设台清理整顿。在去年开展出租车对讲专项检查基础上，继续开展非法使用中转台清理整顿，共清理非法使用中转台 28 例。通过技术压制和执法宣传，大部分用户补办了设台手续，对屡教不改的，依法给予行政处罚。通过持续开展监督执法，违章设台现象得到有效遏制。五是加强无线电发射设备销售管理。按照有关部门考试环境综合治理专项工作部署要求，联合海口市工商局通过暗访、突击检查等多种方式调查海口无线电发射设备销售市场，未发现有销售考试作弊器材违法行为。2014 年共有 17 家销售商办理了备案手续，累计销售备案 35 家，海南省无线电发射设备销售管理逐步走上正轨。六是加强业余无线电管理，促进业余无线电活动的有序开展。举办 3 次业余无线电台 A 类操作技术能力验证考试，共有 60 人报名参加考试。开展旧版业余无线电台操作证书集中换发工作，共换发新版证书 53 份。七是依法审批无线电台站，无线电事业健康发展。全年共审批各类无线电台站 74 个，核发、换发无线电台执照 20839 张，注销电台 13 个。截至 2014 年底，无线电业务广泛应用于海南省公安、安全、广电、民航、铁路、气象、林业、海事、渔业、教育、应急救灾、军事等领域，全省各类无线电台站数量除手机外共 38925 个，其中广播电视台 251 个，微波站 981 个，卫星地球站 62 个，公众移动通信基站 23840 个，船舶电台 7066 个，业余电台 396 个，其他电台 6329 个。全省手机用户 899 万部，同比净增约 41 万部，普及率达到 101.36%，位于全国前列。

（三）保障无线网络和信息安全，有效维护空中电波秩序

一是按照中央网信办、公安部、工信部、最高检、最高法等 9 部委联合开展打击整治生产销售和使用"伪基站"违法犯罪活动专项行动总体部署和工信部的要求，海南省无线电监督管理局牵头组织省通信管理局和电信运营企业，制定工作方案，配合公安机关联合开展行动。共出动人员 36 人次，监测车 12 辆次，设备 24 台次，在线索摸排、测向定位、设备鉴定等方面做了大量工作。专项行动期间，共查处"伪基站"案件 6 起，缴获作案设备 12 套，专项行动取得显著成效。二是加强对调频广播频段监测，成功查处一起"非法广播电台"，这是海南省首例"黑电台"案件。在查处过程中，海南省无线电监督管理局与海口市公安局联手开展执法工作，查扣了非法广播电台，并对违法人员进行行政处罚。三是及时查处无线电干扰，保障通信畅通。全年共查处各类干扰 11 起，包括民航专用盲降频段干扰、省公安厅安保指挥调度频率干扰、公众移动通信受"伪基站"和"黑直放站"干扰等，为重要无线电业务正常开展保驾护航。四是圆满完成各项重大活动无线电安全保障工作。重点开展博鳌亚洲论坛年会、环岛国际自行车赛、中华龙舟大赛总决赛海南陵水站等无线电保障工作，协助外交部、工信部为哈萨克斯坦、新加坡、澳大利亚、巴基斯坦、韩国等参会国临时使用频率和重大赛事组织指挥、电视直播提供保障。五是全力做好各类考试无线电安全保障。配合教育、公安、人社、司法、财政、卫生等部门，开展普通高考、公务员、律师、会计师、医师等 15 次全国性考试无线电保障工作。累计出动保障人员 118 人次，发现并有效阻断作弊信号 1 起，为打击考试作弊，维护考试公平公正发挥了积极作用。六是开展抗击台风应急保障工作。41 年不遇的超强台风"威马逊"给海南造成巨大破坏,灾情发生后,海南省无线电监督管理局快速为海口市龙华区环卫局办理频率审批手续,并积极协调设备销售商和业余无线电爱好,解决了通信设备并帮助环卫局组建应急通信系统,确保抢险救灾工作顺利进行。同时加强了对三防、公安等部门的抢险救灾指挥频率通信畅通,并做好受灾单位的跟踪服务工作,保障其迅速恢复生产。七是加强日常监测和月报工作,掌控重点区域电磁环境状况。全年累计监测达 38120 小时,向国家上报监测月报 12 份,存储了大量有价值的监测数据,逐步掌控重点区域电磁环境状况。

(四)加快无线电监管设施建设,提升无线电监管能力

一是大力推进无线电管理基础设施建设。三亚监控中心项目完成室内装修工作,初步具备办公条件。文昌无线电保障基地项目基本完成初步设计和概算、工程量清单预算、施工图纸等审批工作,着手推进施工招标工作。积极协调琼海市有关部门和当地镇政府,推进琼海保障中心项目征地收尾工作。二是继续完善技术设施建设,技术支撑能力大幅提升。在相关市县工信部门的大力支持下,完成 3 个一类固定监测站和 5 个四类固定监测站的选址、设备安装调试及系统验收等工作,全省固定监测站数量由 20 个增加到 28 个,实现全省重点保障区域和所有 19 个市县主要城区的监测覆盖,全省无线电监测网监测覆盖范围和监测能力大幅提升。完成 2 套无移动无线电设备检测系统、4 套便携式实时频谱仪、2 套便携式电磁环境测试系统等项目建设,具备对公众移动通信 CDMA 2000、TD-SCDMA 和 WCDMA 基站和直放站的检测能力,具备对模拟对讲机终端和基站、数字对讲机终端和基站、广播、电视、雷达站、短波等设备的检测能力。配置了频段最高达 50GHz 的频谱仪,满足了高频段应用的测试需求。

(五)扎实开展课题研究,推进无线电管理工作深入开展

一是完成《南海无线电监管总体规划》评审稿,作为"十三五"规划前期重大研究课题上报工信部无线电管理局。二是完成《海南省无线电管理和经济发展相关性研究》、《机场电磁环境保护区划定》、《海南航天发射场电磁环境保护区划定》等课题征求意见稿,为下一步实施保护区划定及台站管理工作奠定基础。三是参加国家无线电监测中心"无线电台(站)在用发射设备空间辐射现场测试"课题组,圆满完成了海南省 8 个广播电视台站的测试工作和数据收集工作,为课

题研究提供了可靠的数据。四是开展《海南省公众通信基站站址布局规划》课题研究，将为海南省基站建设的科学规划、合理布局提供依据。

（六）发挥自身优势，服务经济社会发展和国防建设

一是服务企业和重点行业。为游艇、宾馆酒店设置使用电台开展现场服务。支持中国电信、中国移动、中国联通三大电信运营企业持续开展网络建设与网络优化，帮助协调解决有关问题，保障公众无线通信网络与信息安全。为南山电厂厂区发电机组扩容开展无线电协调。为民航单位设置大型台站进行选址提供技术支持，完成三亚崖城镇南山港通用航空起降场、三亚红塘湾兴建美亚旅游航空有限公司临时起降场、民航三亚空管站气象台和三亚凤凰机场迁建、美亚航空旅游（海南）有限公司航空基地 5 个预选场址进行了电磁环境测试工作。二是服务海南航天发射场建设。会同总装备部开展航天发射场无线电电磁环境测试工作，对海口、文昌等 4 个重点区域进行了连续 9 天 24 小时不间断、全方位电磁频谱测试，全面掌握了航天发射电磁环境状况，为航天发射场建设提供技术支持，受到总装备部的肯定并专门给主管部门发来感谢信。三是协助三亚某部队开展营区电磁环境测试工作，对部队周边信息环境进行摸底排查，确保军事信息安全。四是开展军地无线电频率协调。海南航天发射场在建设过程中，发现使用频率与文昌市广播电视台频率有冲突，海南省无线电监督管理局积极协调，多次组织召开频率协调会，与海南省文体厅、文昌市广播电视局、海南航天发射场等单位进行协调，协调工作取得积极成果。

（七）与多部门联合，加强无线电管理宣传工作

一是加强与相关部门合作开展无线电管理宣传工作。与省交通厅、民航、各市县工信部门、电信运营企业的配合，开展"世界无线电日"专题宣传，通过在政府办公楼、汽车站、机场、码头和高铁车站等场所摆放易拉宝、设置宣传栏以及发送公益宣传短信等方式，面向公众广泛宣传无线电法律法规和科普知识。在宣传月期间，充分调动了市县工信部门的力量，实施具有本地特色的宣传活动，使整个宣传活动更"接地气"。共发放宣传页近 9 万份、宣传手册 7 多万份、张贴宣传画 5000 多张、悬挂横幅 1630 条、使用公益宣传 LED 显示屏 32 块。二是与学校联合，开展无线电管理进校园宣传活动。先后联合海口市第四中学、海南大学等学校，开展了两次校园的专题宣传活动，通过知识讲座、有奖问答、参观

无线电监测车等形式，宣传《海南省无线电管理条例》和无线电知识，培养青少年对无线电技术的兴趣和普及青少年的无线电管理常识，受到在校师生们的热烈欢迎。三是加强与新闻媒体合作，借助媒体力量。联合海口广播电视台 FM101.8新闻综合广播频道组织策划无线电科普知识、无线电管理政策法规等广播专题节目，采用热线电话、微信互动等方式与广大听众朋友就无线电管理热点问题进行互动交流。《中国电子报》对海南省无线电监督管理局重大活动保障以及无线电监管工作进行专题报道，共刊登专题文章 4 篇，信息稿 3 篇。通过丰富多彩、形式多样的立体宣传，公众对无线电认知度进一步提高。

（八）加强培训和作风建设，提高干部队伍整体素质

一是开展市县工信系统无线电协管人员业务培训。依托国家无线电监测中心成都站，组织对全省 19 个市县工信系统无线电协管人员进行系统的无线电管理业务培训，充分发挥市县无线电协管人员的协助和配合作用。二是加强无线电管理人员业务培训。安排业务骨干结合实际工作开展专题讲座和经验交流，以此带动全局干部职工提高学习自觉性和主动性。有 48 人次参加了国家举办的各类培训班。举办了 8 期专题技术讲座，邀请专家授课，进行技术研讨。组织业务人员赴河北、山东、上海等省市开展频率台站规范化管理经验交流，开阔视野，取长补短。三是深入学习领会党的十八届四中全会和习近平总书记系列重要讲话精神。努力打造依法办事、依法行政的氛围，全面推进干部作风和反腐倡廉建设，全局干部职工呈现出爱岗敬业、主动服务的良好局面。四是认真贯彻国家清理办公用房有关文件精神，制定具体工作方案，完成办公用房自查清理整改工作。

第十章　西南地区

第一节　四川省

一、机构设置及职责

四川省无线电管理委员会于1962年成立，办公室设置在四川省军区通信部门，1985年办公室移交地方政府，归口省政府办公室办公厅管理，1995年机构改革时，省编委将省无委办公室明确为副厅级行政机构，内设综合处、频率管理处、监督检查处。各市州无线电管理委员会办公室作为省无线电管理委员会办公室的派出机构。2000年机构改革时省无线电管理委员会办公室与原电子厅、信息化领导小组办公室合并组建信息产业厅。2010年机构改革，四川省信息产业厅、四川省经济委员会、四川省乡镇企业局合并组建四川省经济和信息化委员会，设立四川省无线电办公室。承办无线电管理业务的主要处室和单位是设在四川省经信委内的两个业务处：无线电频率台站管理处、无线电监督检查处，以及四川省无线电监测站。

各办事机构的职责分别是：

1. 无线电频率台站管理处：负责无线电频谱规划；负责指配无线电频率和台站呼号；审批无线电台（站）建设规划，核发电台执照，实施年检验证；负责无线电台（站）的日常管理；负责无线电设备型号核准及进口审批；负责协调处理军地及省际间无线电频率管理相关事宜；负责各市（州）无线电派出机构的频率台站管理指导，指导无线电管理相关协（学）会工作。

2. 无线电监督检查处：负责无线电管理发展规划；依法查处无线电违法行为；组织实施无线电管制；负责组织重要时期、重点区域、重大活动的无线电安全保障；

管理无线电发射设备市场；负责协调处理军地及省际间无线电行政执法事宜；负责收缴无线电频率资源占用费，负责各市（州）无线电派出机构的监督检查指导。

3. 省无线电监测站：是四川省无线电管理的技术支撑机构，主要从事无线电波的监测、无线电收发设备的检测、无线电台（站）址电磁环境测试及电磁辐射测试。负责全省 21 个市州监测站的业务指导，解决全省无线电监测工作中的重大疑难问题，组织指挥区域联合监测。省监测站还承担全省监测技术培训演练、全省监测技术设施建设等工作任务。

二、工作动态

（一）建立专用频率使用保护长效机制，统筹保障部门和行业频率需求

加强专用频率使用保护工作规范化建设，及时消除干扰隐患，保障重要业务频率使用，努力维护人民生命财产安全。一是建立了民航专用频率保护和干扰快速沟通协查机制。年初，李建疆副主任带领无线电办公室相关人员赴民航西南空中交通管理局开展调研，进一步推进民航频率台站规范化管理、干扰通报和协查机制建设，建立了民航西南空中交通管理局和省无线电监测站、成都市无线电监测站的干扰快速通报协查机制，明确了流程，划分了职责，落实了责任，提高了干扰投诉时效。同时，加大技术演练，以及与民航的业务、技术交流工作力度，提高了一线工作人员的干扰排查能力。二是重点加强了与铁路部门的协调和沟通，完善了铁路无线电专用频率保护工作长效机制。在 2011 年与成都铁路局联合建立铁路无线电专用频率保护工作长效机制的基础上，今年进一步细化机制的工作流程，完善协查机制，及时组织召开了成绵乐城际快铁无线电干扰查处协调会，有效地查处了 50 余起干扰铁路通信系统的无线电信号，确保了铁路无线电频率的使用安全。三是加强频率资源管理，加大频率清理工作力度。完成了800MHz 成都市应急指挥调度无线通信网扩网的频率使用协调；引导成都地铁开展 800MHz 调度指挥系统的全网频率规划分配，保障了已开通地铁线路的频率正常使用；继续清理 150MHz、450 MHz 段频率；加强对频率复用的研究，整合现有资源，积极协调各行业各部门的用频需求，保证了经济建设和社会发展对频率资源日益增长的需要。四是加强了对其他重要无线电业务频率和电波秩序的保障。今年，结合四川省实际，重点开展了对 3G 公众移动通信、水上交通、气象、电力、减灾、遇险呼叫等重要无线电业务的频率和电波秩序保障，加大重要台站的保护

力度，保证了各项重点无线电业务的正常开展，为四川省经济和社会发展做出了贡献。

（二）深化行政审批制度改革，进一步规范无线电台站管理

一是深化行政审批制度改革，积极转变政府职能。为了落实"行政审批权力向政务服务中心集中，向政务服务中心窗口集中"的规定，在四川省经信委指导下，进行了专题研究，完善整合了行政审批项目流程，规范了工作程序，形成了工作制度，并下发各地市（州）参照执行，确保无线电管理行政审批事项在全省各级政务服务中心办理；同时，对频占费用收缴的标准进行公开，实现审批过程阳光和透明。

二是继续做好台站数据清理核查工作。在前几年台站专项清理、专项核查和台站规范化检查的基础上，四川省继续开展台站数据清理核查工作，进一步规范台站数据库管理，提高了台站数据库的完整性和准确性，为无线电台站的规范化管理工作打下了良好的基础。

三是加强了对业余无线电台站的管理。根据四川省业余无线电快速发展的实际，在国家无线电协会业余分会的指导下，加强了对业余无线业务的管理，继续调整和规范对业余无线电爱好者协会的管理指导，引导广大业余无线电爱好者遵纪守法，积极投入到无线电应急救灾和无线电技术的应用推广、无线电管理法律法规的宣传行动中，促进了四川省业余无线电爱好者队伍和业务无线电的健康发展，全年共组织考试 15 次，新增爱好者 955 人，新增无线电台站执照 1930 个。

四是做好无线电台站日常管理工作。在无线电台站日常管理工作中，结合群众路线教育活动，努力提高服务意识，开展对基层无线电管理机构、重点设台用户、申请设备型号核准单位的走访活动，了解用户、企业和基层群众的需求和呼声，耐心宣传无线电设台相关规定和要求，受到用户好评。一年来，全省办理新增台站 4882 个，为 20 余家企业的 65 个型号产品办理了无线电发射设备型号核准初审；政务服务窗口受理的无线电设台等审批事项，都能按时办理，群众满意率 100%。

（三）保障无线电网络和信息安全，维护空中电波秩序

1. 深入开展非法设台专项治理行动，努力保障无线电网络和信息安全

积极开展打击"伪基站"专项行动。为贯彻落实"2014 年全国无线电会议"精神，3 月 28 日，根据工业和信息化部与四川省委宣传部的部署，四川省无线

电办公室召开了"关于在全省范围内配合公安等部门开展打击整治非法生产、销售和使用'伪基站'的违法犯罪活动专项行动的会议",统一部署专项行动。通过成立专项行动领导小组,严密组织,积极营造舆论氛围,狠抓工作落实,专项行动取得了较好的成效。截止到11月底,全省无线电管理部门共查处"伪基站"案件30起,缴获"伪基站"设备26套。四川省监测站检测实验室免费为公安和运营商缴获的"伪基站"设备开展检测,共检测19套设备。无线电管理和通信管理部门还积极收集汇总"伪基站"违法犯罪的有关证据、定位可疑目标,及时为公安部门立案侦查提供可疑目标线索27个,为后续"伪基站"违法犯罪的取证工作提供依据,为配合公安机关及时破获使用"伪基站"违法犯罪活动的案件提供了有力支撑。到目前为止,公安机关已经刑事立案17人,刑事拘留39人,打掉生产窝点6个,销售窝点8个。

深入开展打击"黑广播"专项行动和卫星电视干扰器排查工作。配合公安部门开展了打击"黑广播"专项行动,与公安、广电部门建立了联动机制;通过监测监听和群众举报,收集线索15个,查处"黑广播"11起,没收设备11套;加大卫星电视干扰器排查力度;对非法设置使用卫星电视干扰器进行专项清理整治,全年共处理群众投诉15起,依法取缔了卫星电视干扰器15个,并责令相关广电网络公司拆除干扰设备,保障群众正常收看电视节目。

认真开展出租车非法黑中继专项执法,成都市在龙泉驿山泉镇、柏合镇、都江堰灵岩山和市内等地域,开展执法15次,没收黑中继设备37套、拆除天线50余根;同时,通过与交委联合开展路面执法,没收出租车司机非法使用的对讲机11台。

2. 认真做好无线电管理服务保障工作,切实维护无线电波秩序

（1）开展藏区敏感时期安全保障

藏区维稳无线电安全保障工作关系藏区的社会稳定和国家安全,是四川省无线电安全保障工作的重中之重。在具体工作中,细化工作环节,狠抓工作落实,重点突出"三到位":即监测任务细化到位,重点区域、重点频率、重点频段、重点寺庙监测到位,配合协助到位,保障了藏区敏感时期无线电安全。

一是各地准备充分,动作迅速。3月1日至22日,四川省下发了《关于做好2014年涉藏敏感期维稳专项无线电监测工作的通知》（川无办发〔2014〕7号）。省监测站、阿坝州、凉山州、甘孜州、雅安市、绵阳市无线电管理机构迅

速行动，利用各类监测设施和技术力量，严密组织开展了涉藏敏感期维稳专项无线电监测工作，对工信无函〔2014〕7号文件所列的75个频率进行了监听。二是加强常规监听、每日报告。对"美国之音"、"自由亚洲"、"西藏之声"等频点的广播进行了24小时的监测、监听，高标准、高质量地完成了维稳监测情报信息收集上报工作，形成每日维稳无线电监测监听报告，并主动与公安、国安、广电等有关部门进行沟通和协调，互通情报，实现情报资源共享。三是突出重点区域、深入监测。加强了重点区域的短波和超短波无线电通信的监测监听，对重点频段进行扫描监测，对可疑信号进行认真监测监听、压制干预、做好记录。工作人员不辞辛苦，深入到阿坝、若尔盖、红原、壤塘、甘孜、理塘、稻城、巴塘、色达、炉霍、木里、西昌、北川、平武等县乡，启动车载监测系统和便携式全频段高效收音机等设备，进行了22天528小时不间断的监测收听。特别是深入甘孜州时，监测人员工作地平均海拔在3500米以上，最高翻越山口4850米，工作极为艰苦。在涉藏敏感期专项监测工作中，共派出工作人员110名，累计监测1860小时，行程4800多公里，启动固定监测站2个，车载无线电监测车45台，全频段收音机8部，监听短波频率100多个。

（2）做好重大任务无线电安全保障

一年来，四川省积极开展了保障重大工程和重要无线电业务的无线电安全工作，为重大工业项目和涉及民生的重要工程提供了快捷、良好的无线电管理服务。一是全面做好了"两会"期间无线电安全维稳保障工作。采取多项措施备战两会期间无线电安全保障工作：严格执行无线电监测值班制度，落实好24小时值班工作，做到领导带班、人员到岗、责任落实；开展岗位练兵活动，加强对无线电监测设备、车辆的维护，确保人员、车辆第一时间到位；加强重点频率的监测保护，做好了突发事件应急处置准备工作。二是确保了重大活动期间的无线电安全。按照工信部无线电管理局的指示，及时为德国、英国、美国、新西兰、捷克等国家总统或政要到访四川的外事活动筛选了通信频率，对外事活动中无线电通信安全进行了全程保障。认真做好了广安市"邓小平诞辰110周年纪念活动"和在遂宁市举办的"第十二届省运会"的无线电通信安全保障，收到省市领导的表彰。三是确保了突发事件中的应急通讯。根据市地震应急预案和突发公共事件总体应急预案中有关无线电应急通信要求，针对当前无线电通讯设施状况和部分片区信号较差甚至呼叫难以应答等情况，经两周时间精心准备和设备调试，分别对雅安天全朱家岩（海拔 1800 米）和汉源轿顶山（海拔 3300 米）两个中继电台进行了紧急检修，对石棉、汉源全部基地电台完成测试，做好了地震等灾害多发地区的应急通信准备，在康定"11.22"地震抗震救灾中发挥了较好的作用。

（3）加强无线电考试保障工作

四川省无线电管理机构认真组织落实无线电考试保障工作，积极防范和打击利用无线电设备进行各类考试作弊的违法行为。一是加强监测力度。落实考前无线电电磁环境测试和信号数据收集，及时甄别考试中可疑信号，快速查找作弊信号；二是整治作弊设备。对无线电设备销售市场开展了暗访和监督检查，对经销商进行了无线电法规宣传，从源头上治理利用无线电设备进行考试作弊的违法行为；三是落实好联络机制。积极参与四川省人事考试联席会议机制，保证了多元力量护航各类考试，切实维护了考试的公平、公正和良好秩序。

在全国硕士研究生考试、全国职称英语考试、国家公务员考试、全省公务员考试、全国普通高校招生考试、全国英语四、六级考试、全国高等教育自学考试等考试中，共监测到作弊信号 100 多个，阻断作弊信号 90% 以上；吓阻场外作弊行为 20 余起；查获作弊案件 37 起；挡获作弊信号发射人员 68 人；缴获作弊设备 38 套。在其中的一次考试中就挡获作弊信号发射人员 2 人、缴获作弊用对讲机 2 部，作弊车辆 1 台，检测新型数字无线电作弊系统 2 套，对利用无线电设备进行考试作弊的行为起到了有力的震慑作用，并为公安机关定案提供了可靠的技术依据，有效维护了考试的公平、公正，提升了无线电管理的大众知晓度，取得社会的良好反响。

3. 加强日常无线电频谱监测和干扰整治工作，规范全省频谱监测月报工作

2014 年以来，共为民航西南空管局、省气象局、铁路系统等完成电磁环境测试 15 起；联合西南民航开展了对川南区域干扰民航地空无线电通信专项整治和排查行动，有效查处了宜宾干扰卫星观测站雷达事。进一步规范监测值班及无线电频谱监测统计报告的撰写，要求工作人员本着实事求是、科学严谨的态度，突出重点，真实反映监测情况，力求文字表达清楚、完整准确，频谱监测统计报告的质量得到逐步提高。截至 11 月底，全省各级监测站对国家、省下达的 40 多个（次）超短波、微波重点业务频段开展了监测，监测时间约 80000 余小时。

（四）推进无线电监管能力，加大基础和技术设施投入

四川省按照《四川省无线电管理"十二五"规划》，兼顾省市实际，加大应

用需求和新技术、新设备发展调研力度，完善技术方案，注重技术设施建设的规范性、科学性和实效性，并按照国家新的要求严格进行项目申报，有序推进技术设施建设工作，无线电监管能力得到进一步提升。

1. 推进四川省无线电应急指挥中心二期工程建设项目和四川省无线电技术监管中心及综合训练基地建设项目。成立了由省无线电管理机构相关处室和省监测站领导组成的工作小组，制定了相关工作议事、决策流程和规范，确保项目按时、按期优质进行，进一步推进了无线电管理技术基础设施建设。

2. 扩大四川省无线电监测网规模。实现了都江堰、新津、彭州、大邑、双流机场、A级网大华站、甘孜州、南充市多地小型无线电监测联网；完成了凤凰山站、龙泉站、阿坝县、自贡理工学院、荣县遥控站等小型无线电监测站的建设、改造；启动了成都市网格化无线电监测系统试验网建设项目；保障了四川省应急救灾通信网正常运行；无线综合测试仪、射频矢量信号发生器以及4G（FDD/TDD）基站检测设备等新型数字无线电检测设备已采购到位并正式启用。

3. 加强藏区无线电管理技术设施建设。"十一五"以来，四川省在资金、项目等方面加大向藏区投入，提升了重点地区机动监测和应急响应能力。"十二五"期间，计划建成覆盖四川省涉藏"三州两市"，统一调度指挥和应急联动，技术先进、布局合理、功能基本齐全的四川省藏区维稳无线电监测网，以及应急通信与干预系统，主要包括藏区无线电管理指挥系统、藏区固定监测系统、藏区移动监测系统、藏区应急干预系统，使四川省藏区无线电监管和保障能力得到极大提升。

4. 深入开展无线电设备检测工作。四川省监测站作为西南地区首家无线电设备发射特性核准检测机构，在2014年3月，顺利通过了计量认证的监督评审，6月，通过了CNAS的定期监督评审。全年，全省共检测无线电发射设备985台，其中型号核准监测208台，在用基站检测560台，委托检测217台；并配合"打击伪基站专项行动"，做好了"伪基站"的委托测试工作。

5. 强化培训演练工作。在打击"伪基站"专项行动中，四川省举办了全省非法电台无线电监测定位培训演练会，在成都市集中开展"伪基站"侦测演练，由参加培训演练会的人员分成21个测试小组，在成都市主城区和14个郊区县进行"伪基站"实地侦测演练，极大提升了对"伪基站"查打能力。为提高四川省无线电管理人员理论和业务水平，11月中旬，在宜宾举办了"无线电管理综合业务培训班"，各市州分管领导和业务骨干近80人参加了培训；12月初，在泸州

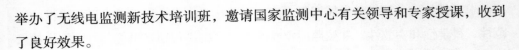

举办了无线电监测新技术培训班，邀请国家监测中心有关领导和专家授课，收到了良好效果。

（五）创新无线电管理宣传，积极营造良好管理氛围

全力倡导四川省各级无线电管理机构用新的理念、新的方式、新的手段做好无线电管理知识、法律法规和实时工作情况的宣传工作。一是创新宣传手段。充分把握当下互联网络发展形势，用互联网思维，以创新而严谨的态度利用新媒体平台普及无线电技术、无线电管理法律法规，宣传四川省无线电管理资讯以及介绍无线电管理形势状况。每月通过"四川经信"政务微博实时发布了无线电管理工作相关信息，与广大网友互动，听取意见建议，取得了良好的成效；二是完善信息报送。针对省委办公厅、省政府办公厅的《川政晨讯》、《每日要情》的政务工作板块要求，合理把握政策性、广泛性、全局性、机密性要求，完善了每月无线电管理信息报送工作，四川省委、省政府领导对四川省无线电管理工作及形势等有了进一步认识；三是认真开展培训。针对近几年，四川省无线电管理人员队伍新人多的特点，把对各级无线电管理人员的培训和宣传工作结合起来，要使别人知道，先使自己知道，要让别人懂，先让自己懂；省、市州先后举办了多次业务、宣传培训班，近一半县一级从事无线电管理的人员参加了培训；四是普及宣传受众。全省以第三届"世界无线电日"、"3.15 消费者权益日"和重大任务、考试保障、无线电台（站）年检及无线电专项执法活动为契机，通过发放宣传资料、接受群众咨询、引导群众参与成都市"998 法治大讲堂"节目的专题录制等活动，提高了全社会对无线电频谱资源重要性的认识，倡导了遵守无线电管理法规的理念。同时，通过各地市政府门户网站和《成都日报》、《凉山日报》等各地报刊，刊载"珍惜频谱资源、保护电磁环境"等宣传文章；利用电信、移动、联通、火车站、机场、汽车站、广场及学校等场所，进行横幅和 LED 显示器滚动标语宣传；多方位、多角度、多区域、多时段宣传了无线电知识和无线电管理，积极营造了良好的社会氛围。

（六）规范项目建设管理，努力提高管理效能

认真开展了党的"群众路线教育实践活动"，学习了党风廉政建设相关文件精神，不断建立健全反腐倡廉制度，形成用制度规范从政行为、按制度办事、靠制度管人的有效机制，凝聚奋进的正能量，推动四川省的无线电管理工作迈上新

台阶。一是明确工作思路，树立大局意识。将反腐倡廉制度建设与完善无线电管理工作制度相结合，始终把反腐倡廉作为管理工作的有机组成部分，将反腐倡廉制度建设与无线电管理体制建设和改革的总体规划相融合，与履行管理职能相结合，既从源头上预防和解决腐败问题，又将党员干部廉洁自律意识融入党员干部日常的从政行为准则和道德规范之中。二是正确行使权力，加大源头预防力度。从严廉政纪律，严格遵守八项规定和政府采购法规等国家的相关法律法规，确保正确行使权力；从立项审批开始，到项目实施、项目验收等各个环节，强化制度监督检查，确保项目立项、设备购置、装修招标等每个环节合法合规，保证项目、资金运行安全。三是加强资金和固定资产管理。以规范控制重点工程建设资金为重点，积极推进四川省无线电应急指挥中心二期工程建设项目和四川省无线电技术监管中心及综合训练基地建设项目；以完善专项资金管理为重点，严格落实财务"收支两条线"监督制度；以加强固定资产管理为重点，优化提升无线电管理专项资金使用效益。四是完善监督制度，保证监督的有效性。建立民主决策制度，完善监督制约机制。在资金使用、人事、设备采购等方面实行民主科学决策，全程接受监督，严格廉政纪律，保证资金和人员的安全，保证资金使用效率和管理工作的效能。

第二节　云南省

一、机构设置及职责

根据《中共云南省委办公厅云南省人民政府办公厅关于印发〈云南省人民政府机构改革实施意见〉的通知》，无线电管理职能划入云南省工业和信息化委员会，同时加挂云南省无线电管理办公室牌子。云南省工业和信息化委员会（无线电管理办公室）是云南省实施无线电管理行政职能的政府机构，负责全省的无线电管理工作。其主要职责：

（一）贯彻实施无线电管理的法律、法规，草拟、制定地方性法规、规章及规范性文件，制定全省无线电事业发展规划、频率规划和具体管理规定，负责无线电管理工作的行政执法和监督检查；

（二）负责制定全省无线电电磁环境保护制度，审查电磁环境保护区划方案；

（三）负责全省无线电频谱资源和无线电台址地面资源的管理，审批无线电台的设置、使用，核发无线电台执照；依照国家有关规定收取无线电频率占用费；

（四）负责无线电监测、检测、干扰查处工作，协调处理电磁干扰事宜；

（五）协调处理军地间、边境地区无线电管理有关事宜，指导设台单位的无线电管理工作；

（六）维护空中电波秩序，依法组织实施无线电管制；

（七）提供无线电技术咨询和人员培训服务。

云南省无线电监测中心是云南省工业和信息化委员会（无线电管理办公室）的技术监管部门，其主要职责是：

（一）负责无线电监测工作，实施无线电频谱监测和电波监管；负责无线电行政许可和监督检查技术审查工作，提供无线电监测、检测、电磁环境测试、电磁兼容分析等报告；

（二）实施无线电电磁环境的监测、评估和电磁兼容分析，定期提供无线电电磁环境评估报告；

（三）负责涉及无线电的特殊监测任务，参与重大活动保障，支持配合军地活动，防范、打击利用无线电设备进行的违法活动；

（四）查找不明信号和无线电干扰源，对无线电非法信号实施技术管制，维护空中电波秩序；

（五）检测无线电发射设备和非无线电发射设备技术参数；

（六）建立无线电监测应急保障技术体系，实施无线电监测应急保障；

（七）负责无线电技术研究、开发和推广工作；

（八）制定并组织实施全省无线电监测基础设施及技术设施规划建设；

（九）提供技术咨询及培训服务；

（十）指导下级无线电监测机构开展业务工作。

二、工作动态

（一）科学配置、合理利用频谱资源，统筹保障各部门各行业用频需求

一是强化对频谱资源使用的政策管理，加强对短波应急通信、民航导航、铁路调度、森林防火和4G通信等业务所用频率的保护，加强对150MHz和400MHz频段专用对讲机、800MHz数字集群等业务频率使用的规划管理。二是健全重点频段频率配置方案审查制度，研究制定频谱资源使用政策，对铁路GSM-R系统

所用频率进行协调，保障铁路建设的需要。三是对云南天文台景东 80 米口径射电天文台选址进行实地查看、测试，召开论证会，确定了初步选址方案。四是组织召开川滇毗邻地区无线电管理频率协调联席会，落实联席会议制度，定期沟通，加强交流，提高查处干扰效率，促进毗邻地区的无线电管理工作。五是深入开展清频退网工作，依法收回不符合规划使用的频率，大力支持新一代无线通信网络建设。六是组织边境州市开展边境地区电磁环境和公众移动通信业务测试工作，获取了大量电磁环境测试数据，掌握了边境地区短波和超短波频段的频谱使用情况和境内外无线电信号信息。七是参加中越第 11 次频率协调会，通报第 10 次 GSM 900 和 GSM 1800 网络调整情况，开展中越双方 2.1GHz 频段 WCDMA 网络之间，以及 WCDMA 与 CDMA 2000 网络之间的频率协调。

（二）大力加强无线电台站和设备管理

一是持续协调广电、民航、气象和公众移动通信等部门及时报送台站数据，督促铁路完善部分台站手续，不断提高台站数据库的准确性，进一步巩固 2013 年无线电台站规范化管理成果，深入推进台站属地化管理。二是组织开展边境地区无线电频率台站国际申报登记工作，全年共报送无线电台站 22 个、计 66 个频点申请国际登记。三是进一步规范许可审批行为、依法行政。全年全省各级无线电管理机构共受理设台申请 167 个，已审批 167 台（套）。四是开展广播电视设备检测和民航、气象、射电天文等重要区域的电磁环境测试工作，消除干扰隐患，保障重要业务的用频安全。全年共检测无线电设备 400 余台（套），共对全省拟设台站址进行电磁环境测试，测试频段涵盖中波、短波、VHF 频段、UHF 频段、C 波段、S 波段、Ku 波段，存储频谱图 1000 余张，编制电磁环境测试报告 28 份，派出人员 75 人次，派出测试用车 15 辆次，累计行驶 12400 公里，测试用时约 176 小时。五是组织 134 名业余无线电爱好者参加业余无线电台操作资格考试，127 人考核合格，具备无线电台操作资格。

（三）全力保障无线网络和信息安全，有效维护空中电波秩序

一是开展打击整治"伪基站"专项行动，共梳理线索 1037 条，准确定位固定式"伪基站"发射信号 63 个、车载流动式发射信号 25 个，查处"伪基站"案件 56 起，缴获设备 79 套，出具"伪基站"设备鉴定报告 26 份，云南省无线电管理办公室被评为"打击整治非法生产销售和使用'伪基站'违法犯罪活动专项行动工作先进集体"，4名个人被国家评为"打击整治非法生产销售和使用'伪基站'违法犯罪活动专项行动工作先进个人"。二是严厉打击"黑广播"，共查处10起非法设置使用调频广播案件，查获涉案设备10套，掌握了5条不明广播信号线索，均按职责及时函告了省广电局，并形成专报上报省政府。三是开展边境专项执法活动，红河州查获了一起私自开展跨境通信、非法经营国际电信业务案件，现场查获并没收价值20余万元的涉案设备及1万多张越南手机充值卡，罚款5万元。德宏州查处了12起非法使用手机信号放大器案件，收缴GSM手机信号放大器20台，拆除天线48付。四是加强对重点业务频段、重点地区无线电监测与干扰排查。春运期间和8月中旬，分别在昆明和昭通巧家地震灾区排查2起广电设备指标超标，严重干扰民航高空机载电台和管制区通信频率事件。五是圆满完成抗震救灾无线电应急保障工作。在普洱景谷"10.7"地震、昭通鲁甸"8.03"地震、曲靖富源"4.21"矿难、怒江沙瓦"7.9"泥石流灾害等应急通信保障工作中，各级无线电管理机构和相关部门上下左右联动，及时掌握灾区无线电安保情况，迅速启动应急预案，启用应急通信频率，组织协调、指挥抢修受损通信设施，安排应急通信车辆及设备前往灾区，实施24小时监测，及时消除干扰隐患，确保应急通信畅通。六是组织开展节假日、敏感时期和大型活动的无线电安全保障工作。七是安排迪庆州加强无线电专项监测，配合有关部门实施特殊时段的无线电管制，同时要求云南省无线电管理机构加强指导及丽江、大理、怒江等州（市）给予积极配合和支持，今年重点完成了云南省第十届少数民族传统体育运动会期间的无线电安全保障工作。八是组织开展高考及司法资格、公务员等重大考试保障，全年累计派出人员570人次、车辆160辆次，使用固定站237站次、便携式监测设备361台次，发现疑似信号82起，对34起作弊信号实施阻断干扰，查处作弊案件24起，查处涉案人员20名，查获涉案设备52台（套）。九是加强经常性的干扰查处。全年共查处无线电干扰50余起，涉及公众移动通信、公安警用通信、民航、广播电视、森林防火、对讲机、电子卷帘门和汽车遥控开关等。十是持续抓好无线电频谱监测统计月报工作，严格按要求编写月报并按时上报，全年的月报都得到了国家无线电管理局"较好"以上评价。全省各监测站2014年1月至今，累计监测时间324161小时，平均月监测27195小时。

（四）扎实推进无线电监管能力建设

一是如期完成了边境固定站、高山站等四个项目共33个站点的建设和验收工作，红河河口、德宏瑞丽和文山薄竹山三个边境固定站选用高性能接收机构成双通道监测测向系统，并具备短波和超短波信号监测测向功能，有效提升了覆盖范围和监测能力。二是通过运用新技术不断创新，建成了全国第一套运用飞艇搭载小型无线电监测设备的测向站；建成了全国第一个从船只建造、监测设备选型和软件集成等三个方面全局设计的船载监测站，建成了搭载卫星、多媒体基站、短波和超短波通信系统的通信指挥车，三个技术创新极大地提升了无线电安全保障能力。三是加强频占费使用和固定资产管理。起草了《云南省无线电频率占用费专项资金管理专项支出绩效评价办法》；优化升级了云南省无线电财务集中管理平台——固定资产管理系统；审计了 2012 年至 2013 年频率占用费专项资金；清查了固定资产；完成了空中无线电监测平台、Ⅱ级高山遥控站监测测向设备、电磁环境移动监测系统等 16 个项目的建设工作，以及可搬移监测设备、边境基站测试系统、无线电干扰警示系统等 5 个项目的招投标工作。

（五）积极推进无线电管理法制建设

根据《云南省无线通信网络建设管理办法》，自 2014 年 3 月 1 日正式颁布施行的情况，及时下发了配套文件《云南省人民政府办公厅关于大力支持第四代移动通信网络建设的通知》和《云南省工业和信息化委关于贯彻实施〈云南省无线通信网络建设管理办法〉大力推进新一代无线通信网络建设的通知》，促进了《办法》的学习和贯彻落实。结合贯彻执行《业余无线电台管理办法》，进一步明确了省和州（市）业余无线电台管理职责和权限。积极配合国家修订《中华人民共和国无线电管理条例》，简化行政许可程序，推进依法行政。加强云南省无线电管理办公室网站的建设和管理，加快推进云南省无线电管理电子政务应用，依据信息公开、保密优先原则，将各项应公开信息及时予以公布，最大限度满足社会群众对无线电管理信息的需求。强化无线电管理人员的服务意识，完善行政审批流程和办事制度，规范行政管理行为，提高依法行政能力。

（六）加强涉外无线电管理工作

一是组织召开了边境地区无线电管理工作会议，学习贯彻《边境地区电磁环境测试规范》和《中越边境频率协调会谈纪要》，部署边境地区无线电管理和电磁环境测试工作。二是组织开展了边境州市电磁环境和公众移动通信业务测试工作，收集最新数据，建立边境地区无线覆盖数据库，及时掌握边境地区电磁环境状况，为国家开展国际频率协调，维护国家主权提供依据。边境电磁环境测试工作，累计派出人员 92 人次、车辆 20 余台次，使用 GSM 网络路测系统 16 套、3G 路测系统 19 套，通用业务测试系统 8 套，共监测到边境地区越界覆盖的 GSM 信号 359 个、WCDMA 信号 19 个、广播电视信号 28 个。三是督促移动、联通、电信运营商认真学习《边境地区电磁环境测试规范》，落实《中越边境频率协调会谈纪要》，调整 GSM 900 和 GSM 1800 网络。四是参与中越第十一次无线电频率协调会谈。

（七）不断加强无线电管理宣传和培训工作力度

一是突出工作重点。紧密结合依法治理"伪基站"、"黑广播"、"干扰器"专项活动，清理违规使用无线电对讲机、民航专用频率保护、边境地区频率调查等专项工作，大力宣传非法用频、违规设台的危害，保护广大人民群众权益，维护社会稳定。二是抓好集中宣传。制定并下发《云南省 2014 年无线电宣传工作实施方案》和《关于 2014 年无线电管理宣传月活动实施方案的通知》，在"世界无线电日"和"无线电管理宣传月"活动中，以"珍惜频谱资源，保护电磁环境"为主题，借助广播、电视、报刊、互联网、手机短信等媒介，全方位、多层次地开展宣传活动，大力宣传无线电管理法律、法规、规章、制度，普及无线电管理知识，提高全社会"守法用频、依法设台"意识。三是强化人才队伍建设。全年各级无线电管理机构主动作为，引进了 6 名无线电技术人员，加强了无线电管理队伍；通过举办涉及政策法规、行政管理、工程建设和专业技术等方面的培训班 13 期，参训人员达 728 名，提高了管理队伍政治素质、业务能力和管理水平，为各项工作开展奠定了坚实基础。

第三节　贵州省

一、机构设置及职责

内设机构：省无线电监测站、综合处、监督检查处、频率台站管理处。

地市机构：贵州省无线电管理局黔西南分局、贵州省无线电管理局六盘水分局、贵州省无线电管理局毕节分局、贵州省无线电管理局铜仁分局、贵州省无线电管理局黔东南分局、贵州省无线电管理局黔南分局、贵州省无线电管理局安顺分局、贵州省无线电管理局遵义分局。

二、工作动态

（一）加强频谱资源和台站管理，提升管理和服务水平

一是合理指配和规范公安系统用频。按照工信部关于移动无线视频传输系统使用频率的规定，从规范管理和保障重点部门频率需求出发，将贵州省公安系统自行使用的 336–344MHZ 无线图像传输频率进行了规范，为其重新指定了无线图像传输频率并办理了设台手续，节省了 4MHz 频率资源，提高了频谱资源使用效率。

二是简化审批程序。对移动通信基站实行批次审批，取消了电磁环境监测和在用设备检测 2 个收费项目。按属地管理的原则向分局下放了广电延伸台、地球站等审批权限。截至目前，全省行政审批 73 起，新增台站 10666 座，核查台站 7567 个，指配频率 70 组，回收频率 32 组，年审单位 257 家，换发执照 10324 本，年审执照 18201 本，报停台站 1056 个，收缴频占费 272.6 万元。

三是开展无线电设备检测。完成对农行贵州省分行应急无线电台（站）中继台、三大电信运营商 LTE 基站、公安局系统无线图像传输系统基站、广播系统广播电台等抽样检测，对不符合技术参数要求的发射设备，提出了整改意见。全年共检测各类无线电发射设备 297 台（套）。

四是加强业余无线电台站管理。认真落实《业余无线电台管理办法》，对贵州省业余无线电台进行了清理登记。制定了《业余无线电台操作技术能力验证考试实施方案》和《考试工作手册（试行）》，组织完成了贵州省首次业余无线电操作技术能力考试，颁发了 495 个合格证书。对贵州省 286 个业余无线电台站进行了全面核查，规范了业余无线电台的管理。

（二）保障无线网络和信息安全，维护空中电波秩序

一是开展专项行动。按照工信部和国家 9 部委通知精神，经过周密安排，成立组织机构，制定工作方案，及时召开了打击"伪基站"、"黑电台"动员部署会。建立了由贵州省通信管理局、公安厅、广播电视局、无线电管理局和三大运营商参加的联席会议制度，形成了齐抓共管、联合作战的工作合力。截至目前，全省共查处"伪基站"29 起，"黑电台"6 起，"响一声"12 起，收缴"伪基站"发射设备 31 套，笔记本电脑 28 台，缴获手机 1327 台，手机卡 1049 张，协助公安机关抓获犯罪嫌疑人 6 名。

二是保障重要业务用频安全。对广电、民航、森防、气象、铁路等使用频

率进行了重点监测，对 124 个违规发射频点进行了排查处理。对贵阳机场、茅台机场和铜仁凤凰机场进行了电磁环境测试，对 500 米口径球面射电天文望远镜（FAST）核心区域实施了保护性监测。对贵广高铁沿线贵州段 1600 余个移动基站进行了实地核查清频，对 174 个高铁通信基站进行了电磁环境测试和审批。成功完成了贵广高铁列车的联调联试和保护性监测，及时排除移动通信基站和"电子围栏"干扰 5 起。

三是保障重大活动和考试无线电安全。根据工信部和地方政府部门的要求，圆满完成了全国"两会"、十八届四中全会及跳伞国际邀请赛等 8 个重大活动的无线电安全保障任务。先后参加全国硕士研究生招生入学考试、公务员考试、普通高校招生全国统一考试等 17 类考试保障。共派出人员 742 人次，监测车辆 217 辆次，启用技术设备 717 套次。发现并实施阻断无线电作弊信号 118 起，查获违规设备 54 台（套），移交涉案人员 39 人。

（三）推进无线电管理基础建设，切实提高监管水平

一是加强无线电技术设施建设和维护。对"十二五"规划进行了中期评估，对规划实施落实情况进行了检查，对技术设施建设和人才队伍培训制定了具体措施。完成了无线电检测实验室升级改造、警示压制站建设、小型监测站改造等建设项目。升级改造和完善了贵州省无线电综合业务平台，提升了无线电管理工作效率。建立了责任到人的无线电监测设施维护巡检制度，降低了固定监测站、小型站等设备故障率，全省设备正常率达到 85% 以上。

二是加强无线电管理技术人才队伍建设。针对不断发展的新业务、新技术，多次组织技术专家对全省监测技术人员进行理论培训和业务培训，增强了技术人员理论水平和实际操作的能力。联合省军区、业余无线电协会共同开展了岗位练兵和无线电技能演练活动，达到了交流经验、锻炼队伍、提升技能的目的。

三是加强频占费和固定资产管理。按照专项资金专款专用的原则，成立了项目组、技术组和资产组，从项目申报、技术把关和资产管理等方面加强对采购各个环节的监督管理；在无线电监管经费上，根据各市、州分局工作量和工作成效等因数进行科学测算和分配；在固定资产管理方面，以贯彻新的《行政单位会计制度》为契机，重新购置财务处理系统，采用双重分类的方法对固定资产进行有效管理。

（四）加强无线电管理法制建设，积极推进依法行政

一是积极推进法制建设。在省人大财经委的支持下，正式启动《贵州省无线管理条例》立法工作。在赴省外调研的基础上，结合工作实际，完成了《贵州省无线电管理条例》草案起草工作，申报了 2015 年贵州省人大常委会审议的地方性法规项目。

二是规范管理行为，推行政务公开。制定了《贵州省无线电监测规范》和《查处非法设台、擅自占用频谱资源工作规范》，明确了无线电监测业务和行政执法的工作流程。对行政审批事项和行政许可事项进行了梳理，明确和细化了工作流程和业务指南。通过"省政府政务办事大厅"和单位门户网站公开行政审批的程序、条件、要求和服务事项，承诺办结期限。一年来，实现了受理业务"零延误"，办理业务"零积压"，服务设台单位和用户"零距离"，服务质量"零投诉"。

（五）加强无线电宣传工作，积极营造良好的舆论环境

一是创新宣传形式。明确了将宣传工作融于无线电管理工作的工作思路，制定了贵州省无线电宣传工作方案，以"世界无线电日"和"无线电宣传月"为抓手，以查处打击"伪基站"、"黑电台"和考试保障中的案例宣传为重点，以电视、广播、报纸、微信、网站、短信等媒体为依托，开展了全方位、立体化的宣传。

二是丰富宣传内容。在宣传活动中，贵州省共制作并展出宣传展板 150 块，发放各种宣传资料 10000 余份，发送手机宣传短信 3000 万条。在全省组织开展了征文、摄影比赛、无线电体验和国防动员员主题教育暨无线电技能演练等"四个一"活动。省、市电视台对无线电发射设备销售市场检查、打击"伪基站"、"黑电台"专项行动和考试无线电安全保障工作进行了 15 次宣传报道。向相关刊物、网站报送信息通讯 300 余条，《贵州日报》、《贵阳晚报》、《中国电子报》、《人民邮电报》采用新闻通讯稿件 20 余篇。在省经信委信息保障评比中获得通报表彰。

第四节　西藏自治区

一、机构设置及职责

西藏自治区无线电管理局组织结构如图 10-1 所示：

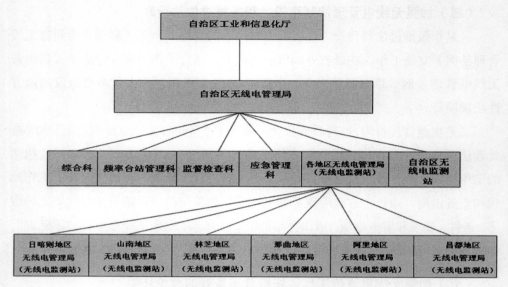

图10-1 西藏自治区无线电管理局组织结构

西藏自治区无线电管理局综合办工作职责：

（一）负责各种会议的组织安排，编发会议纪要或信息简报；

（二）负责各种综合性文件的起草上报；

（三）负责各种文件收发和归档工作，并按管理规定借阅、回收文件；

（四）负责无委办工作的综合计划，督促内部管理制度的落实；

（五）负责年度绩效目标的考核实施和职工思想政治教育、业务培训的计划安排；

（六）负责相关资产管理、人员接待和车辆、办公用品及易耗品的购置、分配、管理及安全保卫工作等；

（七）负责领导批示、有关决定贯彻落实情况的督促检查以及下级请示、上级来文的检查催办工作；

（八）协调与有关部门的工作事宜；

（九）完成无委办领导交办的其他工作。

西藏自治区无线电管理局工作职责：

（一）贯彻执行国家无线电管理的方针、政策、法律和法规；

（二）拟定全区无线电管理的具体规定；

（三）协调处理全区无线电管理方面的事宜；

（四）制定全区的无线电管理方面的行业标准；

（五）办理全区的无线电管理的行业标准；

（六）负责全区的无线电监测；

（七）指导地区无委办的业务、监督、检查工作；

（八）负责督促和办理全区的频率占用费缴纳工作；

（九）根据审批权限审查全区的无线电台站的建设布局和台址、指配无线电台（站）的频率和呼号，核发电台执照；

（十）履行国家无线电管理委员会委托行使的其他职责。

各地区无管办（监测站）工作职责：

自治区无委办赋予的本地区管辖范围内，无线电频率台站管理和无线电监测、检测工作。

西藏自治区无线电管理局监督检查科岗位职责：

（一）根据上级部署，负责组织重要时期、重点区域、重大活动的无线电安全保障；组织实施无线电管制。

（二）贯彻落实国家无线电管理法规、制度；负责无线电管理地方性法规、规章的草拟和制定；

（三）负责无线电管理有关法规、条文的解释及咨询，接受干扰投诉、申诉工作。

（四）负责组织法律法规培训，进行法律法规宣传、无线电管理宣传工作；

（五）负责收费工作中抗费不缴、拖延迟缴用户的催缴工作；

（六）负责无线电发射设备的研制、生产、进口及销售的监督管理，以及对影响无线电通信的其它设施进行查处；

（七）负责与其他执法部门的联系及协调工作；

（八）完成无委办领导交办的其他工作；

西藏自治区无线电管理局频率台站管理科职责：

（一）受理无线电频率的使用申请、核准；

（二）无线电频率的指配、备案；

（三）颁发无线电台站执政、批复；

（四）审核无线电设备的技术指标；

（五）完成国家无线电管理机构及有关部门规定的其他职责。

二、工作动态

（一）科学规划、统筹配置无线电频率资源

一是为巩固无线电台（站）规范化管理专项活动工作成果，切实提高全区无线电台站数据库数据准确性和完整率，通过逐项核查台（站）历史数据，梳理错误参数并逐条修改，台（站）数据准确率达到98%。二是深入民航、气象、广电及三家电信运营企业开展调查研究工作。全面了解掌握西藏省无线电行业在频率使用、台站设置、无线电新技术应用和无线电管理政策需求，为引导西藏自治区无线电行业健康快速发展摸清了情况，为无线电管理政府职能转变和提升服务水平打下了坚实基础。三是为维护国家主权，筑牢边境电磁长城，西藏自治区无线电管理局会同国家无线电监测中心开展了日喀则地区樟木口岸尼泊尔公众通信网络越境覆盖情况调查测试工作，摸清了频率使用和设台情况，为今后中尼边境国际间频率协调提供了基础数据。

（二）扎实做好无线电台站和设备管理工作

一是严格频率台站管理，科学合理指配频率资源，依法依规审批设台申请，共下达频率指配、台（站）新建、续用、注销等各类批复22份，清查、新建台（站）数量1506个。目前，全区无线电台（站）数量达17249个。二是根据《中华人民共和国无线电管理条例》、《西藏自治区无线电管理条例》无线电发射设备销售市场管理有关规定，今年重点对拉萨市拥有准销证的22家无线电发射设备销售商，在销售无线电发射产品、销售登记情况、准销范围3个方面进行了清理整顿，有效遏制了无线电发射设备违规销售和设置行为。三是整改了中国移动西藏分公司TD业务频率超范围使用违规行为。四是按照《工业和信息化部关于150MHz、400MHz频段专用对讲机频率规划和使用管理有关事宜的通知》要求，截至目前，对7家不符合要求的用频单位做出了调频处理；根据使用对讲机工作制式从模拟转数字的有关要求，对使用模拟对讲机的用频单位，重新核发了电台执照，提出了模/数转换的期限要求以及时间截点。五是为加强西藏全区业余无线电管理工作，按照国家有关文件要求，制定下发了《关于开展旧版业余无线电台操作证书换发工作的通告》，利用西藏自治区无线电管理局门户网站为业余无线电爱好者开设服务窗口，并首次组织业余无线电爱好者操作技能考试，顺利完成业余无线电台爱好者换证工作，进一步规范了业余无线电台管理工作。

（三）有力保障无线网络和信息安全，维护空中电波秩序

一是按照全国打击整治非法生产销售和使用"伪基站"违法犯罪活动专项行动工作要求，西藏自治区无线电管理局站在坚决维护国家安全、社会稳定和人民群众切身利益的政治高度，组织牵头建立了由区通信管理局、公安、三大电信运营企业等部门组成的打击"伪基站"领导小组，制定了行动工作方案，并召开全区电视电话会议进行动员部署，加强了联合执法、提升技术防范、加大宣传力度等环节的集中统一领导。在专项行动活动中，各单位强化分工协作，各司其职，各负其责，通过共同努力，查获"伪基站"7台（套），为维护国家安全，维护公共通讯秩序，维护人民群众根本利益发挥了重要作用。二是全年共受理、查处民航、铁路、电信等无线电干扰事件8起，有效维护了电波秩序和用频安全。三是认真开展民航、铁路等专用频率保护性监测，扎实做好监测信息收集、研判和报送工作，全区累计开展保护性监测15120小时。四是各地区无线电管理局按照当地党委政府的要求，积极参加各类维稳安保、反恐演练共6次，发挥了无线电监测技术支撑能力和有效管制水平。通过演练，检验了西藏自治区无线电管理应急处突预案的系统性、有效性、可操作性，达到了锻炼队伍，提高协同作战和处突能力的目的。五是全区各级无线电管理机构会同教育考试院等主考部门积极做好各类考试保障工作，先后完成了公务员考试、全国普通高校招生考试、国家司法考试等无线电考试监测保障工作。累计参加各类考试保障30次，动用各类设备80多台（套），压制可疑信号30余个，区域性阻断数字信号10余起，维护了考场无线电波秩序,确保了考试的公平公正，充分发挥了无线电管理服务保障作用。六是按照国家重要频率资源规划需求，扎实开展了无线电监测月报统计工作，全面掌握了解西藏自治区重点频段频谱占用情况、电磁变化态势，全区累计统计汇总监测月报84份，上报自治区政府、国家无线电办公室12份，为科学规划频谱资源、规范管理台站设置使用提供技术依据。

（四）推进无线电监管能力建设

一是根据年度技术设施建设计划，完成了24座遥控监测站点选址建站工作。其中包含4地区二类超短波监测站4座、边境县三类超短波遥控站17座、重点寺庙三类短波遥控站3座。此外，还完成了2辆移动监测车购置验收工作。截至目前，西藏自治区无线电区已拥有固定监测站37座，县级以上行政区域无线电监测覆盖能力达到50%，形成了以区、地（市）、县三级无线电监测网络架构。

拥有移动监测车 11 辆、无线电管控车 8 辆，无线电应急机动手段建设初具规模。二是完成了无线电管理一体化平台建设工作。通过数据、服务、功能高度集成，深度融合频率台站、应急监测、协同办公能力，实现工作流程自动化、业务服务规范化、数据资源共享以及领导决策科学化，全面提升了无线电管理信息化水平。三是为推动实施全国无线电管理"十三五"规划预研究工作，西藏自治区无线电管理局积极配合工业和信息化部电信规划研究院开展了全区重要用频单位调研、数据信息采集工作，分析研究西藏自治区各行业无线电管理和监管发展趋势，为西藏自治区无线电管理"十三五"规划的编制奠定基础。四是严格执行财建〔2012〕158 号《无线电频率占用费使用管理办法》，密切配合自治区财政厅和国家无线电管理办公室做好经费相关申报、使用和管理工作。完成了《西藏自治区行政事业性收费项目及收费标准目录》审定工作。五是严格按照政府采购流程实施固定资产采购，由自治区财政厅以直接支付方式付款，西藏自治区无线电管理局及时清点入账。六是配合自治区财政厅完成了西藏自治区新在线资产信息管理系统平台的数据确认和维护工作。并对林芝、昌都和日喀则无线电管理局再次开展了固定资产实物账务比对核查工作。

（五）推进无线电管理法制建设，依法行政能力和水平显著提高

一是《西藏自治区无线电管理条例》经由西藏自治区第十届人民代表大会常委会第九次会议表决通过，于 2014 年 6 月 1 日起正式颁布施行。《条例》的出台弥补了西藏无线电管理无地方性法规的历史空白，为进一步依法行政和无线电监督管理提供了法律依据。二是为加强无线电管理法律法规体系建设，规范无线电执法工作，提高行政执法水平，西藏自治区无线电管理局结合自身行政执法工作实际，制定了《西藏自治区无线电管理行政执法规范》。三是贯彻落实《条例》精神，西藏自治区无线电管理局组织开展了全区无线电管理行政执法工作，规范、整顿无线电设台单位、无线电设备销售市场，提高了全社会依法用频和依法设台的法律意识，共同维护良好电波秩序。四是提高服务意识，主动与自治区气象局建立《无线电气象专用频段保护工作长效机制》，修改完善民航、铁路等重点行业长效机制，为重点行业运行安全、维护社会稳定和人民生命财产安全提供有力支撑。

（六）加强无线电管理宣传和培训工作力度

一是在"世界无线电日"，通过在《西藏日报》、西藏无线电管理门户网站、三大电信运营企业全区各营业网点电子屏等宣传渠道宣传报道了"无线改变生活"宣传主题及无线电科普知识。二是按照《条例》宣传方案既定工作安排，西藏自治区无线电管理局在西藏自治区人大法制办及西藏自治区编译局的大力协助下，圆满完成了《条例》藏汉双译本统一印制工作，并在第一时间向区、地（市）、县级人民政府，人大、重要用频单位、国家和各兄弟省（市）无线电管理机构发放《条例》藏汉双语单行本 8000 本，让社会各界全面、深入、细致地了解《条例》内涵，为西藏自治区下一步更好地贯彻执行《条例》规定奠定基础。三是借助广播、电视、报刊等新闻媒体，面向公众宣传无线电管理工作职能、法律法规等无线电知识。进一步拓宽了无线电管理宣传渠道，加深了社会对无线电管理工作的了解，提高了公众对无线电管理法规政策的知晓度和参与无线电管理工作的积极性。四是 2014 年 11 月，按照自治区工业和信息化厅的统一安排，西藏自治区无线电管理局在拉萨市北京实验中学组织开展了无线电科普宣传进校园活动。通过发放宣传资料、讲解无线电科普知识、展示演示体验无线电设备、开展有奖知识问答等多种形式，进一步提高了在校学生对无线电的兴趣爱好，激发了对无线电技术探索的热情，树立了正确的无线电法律观念，进一步提升了无线电管理工作社会效应。五是严格落实党员集中学习制度，认真开展党的知识、党风政纪、法律法规和群众路线教育实践等活动，党支部的战斗堡垒作用进一步体现，党员干部的责任意识、进取意识和服务意识明显增强。六是注重培养团结和谐、共谋发展的团队意识，锻造了一支团结奋进、无私奉献、敢打硬仗的优秀团队。5 月 9 日，日喀则地区无线电管理局荣获"2013 年招生考试工作先进集体"荣誉称号。七是抓好人员在职培训。2014 年共参加全国性培训 20 余人次，组织开展各类专项交流培训 6 次，各地区监测站结合工作需要，广泛开展了设备操作训练活动，队伍专业技能明显提高。八是召开沪藏两地无线电管理工作座谈会，签订了双方合作框架协议，确立了人员培训、挂职锻炼双向交流机制，开创了内地兄弟省市无线电管理机构支援西藏无线电管理工作的先河。

第五节　重庆市

一、机构设置及职责

无线电管理局（重庆市无线电管理委员会办公室）职责：

（一）负责无线电频率资源规划、审批和管理；

（二）协调处理本市行政区域内军地间无线电频率使用、无线电台站设置、重大无线电干扰查处等无线电管理事宜；

（三）审批本市无线电台（站）的建设规划，指配无线电台（站）频率和呼号，核发无线电台执照和实施年度验证；

（四）负责组织、协调、指导本市行政区域内无线电监测、检测、干扰查处；

（五）负责本市无线电管理执法、监督，协调处理电磁干扰事宜，维护空中电波秩序；

（六）依法组织实施本市范围内无线电管制；

（七）负责本市驻华机构、来华团体、客商等外籍用户设置、使用无线电台（站）和携带或者运载无线电设备入境的审批；

（八）负责本市无线电管理工作的协调，负责本市无线电派出机构和无线电技术支撑机构的监督管理；

（九）负责组织本市无线电技术基础设施的规划、建设和管理；

（十）依法负责征收无线电管理相关费用；

（十一)负责对本市无线电发射设备的研制、生产、进口、销售实施监督和管理；

（十二）指导无线电管理等相关协（学）会工作；

（十三）承办市无线电管理委员会办公室的日常工作。

二、工作动态

（一）科学规划、统筹配置无线电频谱资源

（1）协调保障重大活动与重点行业用频需求。加强与民航、广电、交通、气象、公安等行业部门的沟通交流，协调解决重点行业用频需求；主动协调解决了"2014重庆国际马拉松赛"、"2014中国500强企业高峰论坛"、"2014环中国国际公路自行车赛"等重大赛事无线电用频问题；圆满完成韩国总理郑烘原、新加坡副总理张志贤、马来西亚副总理穆希丁来渝访问临时使用频率指配工作。

（2）积极指导重点行业部门规范无线电用频管理。指导重庆轨道交通集团规范超短波通信系统、数字无线集群通信系统和视频监控系统的频率使用；帮助重庆市电力公司梳理频率使用情况，帮助其建立无线电管理机制、规范无线电内部管理；指导重庆宜家家居有限公司等8家企业完善无线对讲系统使用，完成各项

无线通信系统频率指配。

（3）积极开展无线电频谱资源有关课题研究。与重庆电信研究院、重庆通信学院和重庆邮电大学等科研院所合作,开展了《无线电频率资源市场化体系研究》、《频率台站审批辅助决策系统》、《公众应急信息无线电发布系统项目》、《物联网频谱资源的有效供给机制研究》等课题研究。

（4）完成 12 份频率、台站和通信网络电磁兼容分析报告。主要包括国网重庆电力、重庆港务集团 1.8G 无线接入系统、民航重庆空管分局微波通道保护、万盛通用机场和直升机应急救援基地拟建站、巫山神女峰机场拟建站以及重庆机场集团、家利物业、嘉益地产、宜家家居、丰诚物业、康田置业、悦来两江国际会议酒店等 400MHz 对讲通信系统。

（二）做好无线电台站和设备管理工作

（1）开展公众移动通信基站专项工作。按照国家无线电台站规范化管理专项工作的后续要求,对重庆市 2013 年国家规范化管理专项活动中清理的公众移动通信基站进行分析、梳理,按照一定比例对通信基站进行验收。规范运营商设置、使用基站的行为,提高行政效率,促进公众移动通信业务的健康发展,对新设、变更的公众移动通信基站办理行政审批,共审批公众移动通信基站 16831 个（移动 GSM 基站 4129 个，TD-SCDMA 基站 3049 个；联通 WCDMA 基站 4626 个，GSM 基站 2607 个；电信 CDMA2000 基站 2420 个）。

（2）严格按程序办理无线电频率申请、无线电台站设置行政许可事项,截至 2014 年 11 月,共审批办理无线电行政许可 611 份,办理无线电台站执照 1253 本。全市登记注册的无线电台站为 6 万余台。

（3）完成型号核准初审 12 批次；完成型号核准测试 12 个,测试样品 66 台。检测业余电台调频设备 285 台,检测无线电对讲机、车载台 184 台,为公安机关检测"伪基站"设备 90 套,完成武隆民用机场、万盛直升机机场、民航第三跑道等 11 个单位拟建广播电视台、微波站、卫星地球台站、雷达站、导航台等大型无线电台站电磁环境测试,出具电磁环境测试报告 56 份。

（4）办理规划环节并联审批项目 3 项 [渝北两路组团 F17-2/02 地块（渝北图书馆）、重庆中冶红城置业有限公司江北区铁山坪配套服务区控规组团 F-2/02 号地块、重庆瑞安天地房地产发展有限公司化龙桥片区 B5/03、B6/03、B9/03、B10/03 地块],妥善处理重庆市大型重点台站保护和城市建设相关问题。

（5）积极推动市级重大项目建设。完成了民航重庆空管分局、机场通信公司、重庆电力国网通信公司、万盛通用机场和直升机应急救援基地、渝利铁路、兰渝铁路等重点设台单位的技术方案论证讨论工作；完成了民航重庆空管分局新建三跑道雷达导航系统与军用雷达系统的协调分析。

（6）修订了《无线电台站验收实施细则》，严格按照细则规范重庆市台站验收程序。

（三）保障无线网络和信息安全，维护空中电波秩序

（1）加强日常监测。全年累计监测时间在 36000 小时以上，监测设备利用率保持在 95% 以上，全年专项监测共 10 次，重点针对航空、水上、公安、广电重点频段。认真统计分析监测数据，做到测试规范、分析严谨、结果准确，按时完成监测月报。

（2）及时受理用户干扰投诉。全年共受理并查处无线电干扰投诉 30 起，主要涉及公安、民航、广电、公众通信运营商等重要设台部门。3—9 月集中力量打击"伪基站""黑广播"；7 月，协助国际电联处理卫星干扰；8 月，处理联通公司、白市驿机场干扰；10 月，快速处置重庆市公安局渝中区交巡支队 350MHz 指挥调度系统干扰，及时准确定位干扰源，确保 350MHz 指挥调度系统正常工作，收到市公安局发来的表扬信一封。

（3）打击整治生产销售使用"伪基站"违法犯罪专项行动成效明显。采取"机制联动、技术武装、全面撒网、重点突击"等一系列措施，投入资金近 120 万元，购买"伪基站"侦测设备 7 套，出动执法人员和技术骨干人员共开展查处"伪基站"联合行动 116 次，缴获"伪基站"设备 86 套，出动监测车 480 车次，动用监测定位设备 820 台次，出动执法和监测人员 1320 人次，工作时长 11880 小时，鉴定设备 90 余套，出具检测报告 70 份。

（4）打击整治"黑电台"取得显著成效。针对"黑电台"出现高峰时段及重点区域，与公安、文化等部门多次开展联合打击行动，制定周密的非法广播查找方案，专门成立 2 个执法监测小组，由执法技术骨干担任组长，分工负责，执行查处任务，共查获非法广播电台 6 起，没收非法广播电台设备 6 套。

（四）推进无线电监管能力建设

（1）五期网工程取得了突破性进展。25 个三级站设备已安装完毕，其中 6

个进口设备三级站已完成专家评审验收，其余 19 个站已调测完毕。2 个二级站和移动站已安装完毕，进入验收测试阶段。移动指挥中心已完成设备安装、场地测试等，进入工程验收阶段。寨子山机房即将完成装修，预计 2015 年底投入使用。南山一级监测站已完成国土用地审批和建设用地规划许可，即将启动南山一级监测站土建项目招标工作。

（2）大力推进无线电检测中心项目建设。已通过市发改委、市财政立项审批，即将全面启动建设工作。建设总投资 1.27 亿元，搭建无线射频（RF）检测、电磁兼容（EMC）检测、电气安全与环境可靠性（Safety）检测平台，构建 10 米法电波暗室系统、5 米法电波暗室系统、屏蔽室系统等检测环境。

（3）其他项目有序推进。除完成往年采购项目的设备验收之外，2015 年同步启动项目建设 36 个，其中集中采购项目 21 个，分散采购项目 15 个，涉及建设资金 3440 余万元。

（4）按照财政部、工信部关于印发《无线电频率占用费使用管理办法》的通知精神，加强对频占费的使用管理，草拟了《重庆市无线电办公室频率占用费征收工作内部管理规范》，规范全市无线电频率占用费征收行为。全年共征收无线电频率占用费 400 余万元。

（5）加强对项目资金使用的监管。指导市无线电监测站制定完善相关项目管理制度，出台了《技术基础设施项目建设管理办法（试行）》《政府采购分散采购管理暂行办法》。

（6）完成工信部统一下达的"十三五"规划预研课题《我国无线电频谱资源市场化配置研究》课题及《频率台站审批辅助决策系统》项目的立项工作。

（五）推进无线电管理法制建设，依法行政

（1）《重庆市无线电管理条例》文稿已初步形成。

（2）进一步修改完善了行政审批流程和办事制度；在重庆市无线电办公室挂牌后，梳理、公示了行政审批办事指南和重庆市行政事业性收费公示牌。

（3）坚持政务公开。大力推动重庆市无线电管理门户网站建设，公开行政许可事项、办事程序和监督联系方式，及时发布无线电管理最新动态。

（六）加强无线电管理宣传和培训工作力度

（1）充分利用《重庆工业和信息化工作简报无线电管理专刊》及重庆市经济

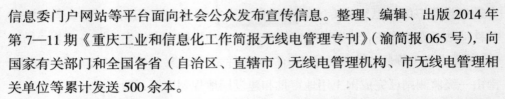

信息委门户网站等平台面向社会公众发布宣传信息。整理、编辑、出版 2014 年第 7—11 期《重庆工业和信息化工作简报无线电管理专刊》（渝简报 065 号），向国家有关部门和全国各省（自治区、直辖市）无线电管理机构、市无线电管理相关单位等累计发送 500 余本。

（2）利用"世界无线电日"等时机，在《重庆日报》等主流报刊和轨道交通网络等宣传平台开展宣传。利用 9 月全国无线电管理宣传月活动，在全市范围内开展了形势多样、内容丰富、声势浩大的无线电宣传活动，得到了社会的认可，取得了较好的社会效益。今年来，重庆市无线电管理机构在《中国无线电》、《人民邮电报》等刊物发表文章 6 篇。

（3）采取"走出去"、"请进来"的方式，积极参加工信部无管局和国家监测中心等组织的各类学习培训，主动邀请行业专家来渝传送知识、技术交流。2014年，选派人员参加国家各类技术培训近 40 余人次；自主组织无线电新技术新业务培训近 10 次，培训人数达 150 余人次。指导中国联合网络通信有限公司重庆市公司对该公司各部门及各分公司无线电管理工作人员开展无线电管理培训。

（4）组织开展全市无线电管理综合演练。演练历时 5 天，包括了业务培训和技术演练两部分，设置了理论考核、指定区域信号源查找、"伪基站"信号源查找、卫星电视干扰器信号源查找四个项目。邀请工信部无线电管理局有关专家授课，实战演练针对"伪基站"、卫星电视干扰等当前无线电管理工作中的热点难点问题，突出以老带新、技术交流，取得良好效果。

第十一章　西北地区

第一节　陕西省

一、机构设置及职责

陕西省无线电管理委员会是全省无线电管理工作的领导机构，省无线电管理委员会办公室（简称"无委办"）设在省工业和信息化厅，下设无线电管理处和陕西省监测站。全省无线电管理业务实行省统一管理的体制，垂直管理西安、咸阳、宝鸡、铜川、渭南5个监测站以及杨凌、安康、汉中、商洛、延安、榆林6个地市级无线电管理机构。

陕西省无线电管理委员会办公室在上级无线电管理机构和同级人民政府领导下负责陕西省内除军事系统外的无线电管理工作，其主要职责是：贯彻执行国家无线电管理的方针、政策、法规和规章；拟订陕西省无线电管理的具体规定；协调处理省内无线电管理方面的事宜；根据审批权限审查无线电台（站）的建设布局和台址，指配无线电台（站）的频率和呼号，核发电台执照；负责陕西省内无线电监测。

二、工作动态

2014年，陕西省无线电管理工作在国家无线电办公室和省工信厅党组的领导下，认真贯彻落实党的十八大和三中、四中全会精神，积极围绕政府中心工作做好无线电服务，按照省工信厅要求，认真履行职责，加大对非法无线电设备和干扰的排查，维护了良好空中电波秩序，保护了各行业和部门无线电业务的安全畅通，促进了事业发展。

（一）认真组织开展联合打击非法广播电台专项行动

按照省委、省政府主要领导批示精神，2014年2月19日以来，全省开展了为期3个月的集中打击非法广播电台专项行动。省委、省政府主要领导高度重视此项工作，分管领导于2月19日主持召开了省无委会全体会议，专题研究打击非法广播电台工作，成立了由厅长任总指挥、省公安厅、省新闻出版广电局单位领导参加的省联合打击非法广播电台专项行动指挥部，集中开展为期3个月的联合打击专项行动。

专项行动共捣毁非法广播电台14处，非法电视台1处，共没收设备15套，取得阶段性成果。

针对违规广播电台(发射)大都发生在县(市)级广电部门(主体单位)的情况，广电部门认真清理整顿广电部门违规广播电台（发射）。按照指挥部对违规广播电台提出"关停一批、整改一批、完善一批"的工作原则。各市无线电管理机构对所辖地区的广播电台逐个县（市）、逐个电台开展监测，对违规广播电台（发射）进行定位，实时录音、录像，与台站数据库进行对比，与广电部门核实等方法，摸清了全省县(市)级广电部门违规广播电台情况。3月24日，省新闻出版广电局、省无委会办公室联合下发了《关于违规广播电台实行关停和整顿的通知》，对无任何审批手续、审批手续不全、擅自变更核定参数（更改频率、变更台址、增大功率）、播出内容不符合规定的县（市）级广电部门的违规广播电台进行了清理和整改。专项行动共关停县（市）级违规广播电台29个，非法广播电台已基本销声匿迹，广播电台播放秩序明显好转，有效净化了声频环境，维护了国家安全和社会稳定。

5月23日，工信部领导专题调研陕西省联合打击非法广播电台专项行动情况，在听取了工作汇报后，对陕西省打击非法广播电台工作予以充分肯定。指出陕西工作的特点是：领导重视、认识到位，组织有力、行动迅速，合作联动、成效显著。

为持久有效打击非法广播电台，防止事后反弹，由省无委会办公室、省公安厅和省新闻出版广电局联合商定，建立了打击非法广播电台长效工作机制和快速反应机制，制定下发了《关于建立联合打击非法广播电台长效工作机制的通知》，提出了具体工作要求。

（二）积极开展联合打击"伪基站"和非法安装卫星电视干扰器、非法使用无线电台专项行动

为贯彻落实中央领导和省委、省政府领导关于严厉打击利用"伪基站"实施违法犯罪活动的重要批示精神，省公安厅、省无委会、省通信管理局联合决定，自 2014 年 2 月 17 日开始在全省范围内开展为期 3 个月的联合打击利用"伪基站"实施违法犯罪专项行动。

专项行动期间，共处 35 起非法安装使用卫星电视干扰器案件，查处非法无线电台 178 起，收缴设备 200 余套。有效消除了恶意干扰卫星电视信号的行为，保障了人民群众正常收看卫星电视，受到当地群众欢迎。

（三）扎实做好频率和电台管理，积极服务经济社会

认真履行职能，主动服务设台单位，审批办理了西宝高铁 GSM-R 列控系统设台手续，针对西宝高铁列控系统频率干扰情况，多次协调干扰问题，并携带测试设备随车全线进行测试，保障了西宝高铁按期运营。审批办理了西安地铁 1 号线数字集群通信系统和乘客信息系统设台手续。办理 85 个规范广播电视台手续，办理了 1063 个超短波电台、11 个短波电台、1 个集群电台手续。办理了 2472 个电信运营公司新增基站手续。办理注销了 107 个小灵通基站，3 个 GSM 基站，4 个广播电台，3 个数传，13 个微波，93 个超短波电台手续。积极开展电磁环境测试评估，为企业提供服务。

加强业余无线电台管理，制定印发了《关于 2014 年业余无线电业务管理有关事宜的通知》，组织对业务管理人员进行对讲机和集群通信业务培训，组织 A 类、B 类业余无线电台操作证书考试，指配 448 个呼号，换发了 632 个新版业余无线电台操作证书。

积极落实教育实践活动整改措施，组织开展调研服务活动，共发函 40 余份给省级相关单位和各市机构征求频率需求和工作建议，收到回复 23 份，其中，有频率需求的 19 份，涉及超短波、微波接力、无线接入、集群、视频传输、航空遥测、WLAN、卫星通信等，还征集到了很多意见和建议。安排 2 期对陕西移动公司和陕西联通公司地市业务人员分别进行无线电管理业务培训。

认真落实保护民航专用频率长效工作机制，与民航陕西监管局联合发布了《陕西省民用航空电磁环境保护管理规定》，划定了陕西省 5 个民用机场及各导航台站电磁环境保护范围、技术标准和管理办法，并组织民航系统和派出机构业务人

员共同学习，具体落实保护规定。

（四）认真组织开展无线电管理条列和法规宣传工作

按照国家宣传工作实施方案要求，认真组织开展无线电管理法律法规宣传，坚持日常宣传与集中宣传相结合，有形宣传与无形宣传相结合，全面宣传与重点宣传相结合的办法把宣传工作落到实处。各级机构按照宣传要求，因地制宜，挖掘潜力，各司其长，开展了形式多样的宣传活动，力求既经济又节俭、既务实又高效。把宣传工作与落实八项规定、反对"四风"密切结合，打造具有地方特色的宣传品牌。全省共召开纪念《中华人民共和国无线电管理条例》颁布实施21周年座谈会27次，编印无线电管理宣传简报82期，制作宣传展板487块，板报18期，通过中国无线电管理网站、省工信厅、省无线电管理及各市门户网站宣传报道622次，通过《人民邮电报》、《中国无线电》杂志发表稿件10余篇，各市无线电管理机构通过当地报纸宣传26次，通过当地广播电台、电视台宣传1905次，通过LED大屏幕宣传8139次，5个地市通过当地政府年鉴进行宣传。宣传月活动期间，全省无线电管理机构共开展户外宣传15次，悬挂横幅、条幅280余条，印发宣传彩页资料约93000个，有4个地市开展了知识问答，参与人数达6000余人次，3个地市制作了无线电管理专题宣传片，收到好的预期效果。

（五）积极开展无线电监测，维护良好空中电波秩序

根据无线电监测和检测工作要求，充分发挥现有设备和人员专长，把日常监测和专项任务监测结合起来，积极开展监测和检测工作，截至2014年11月底，全省累计监测时间为44633小时，排查各类干扰24次。共完成向国家上报监测月报12期。在打击"伪基站"工作中，向公安部门出具"伪基站"检测报告14份。共完成外事监测保障（外国元首）3次。参与国家考试保障监测40次，监测到作弊信号182个，压制作弊信号149个，查获作弊信号33个，抓获作弊人员51人，查获作弊设备65台（套）。

（六）认真做好频率占用费征收工作

按照无线电频率占用费征收规定，年初制定了收费计划，下半年克服缴费困难，采用集中时间、主动上门送票据的办法做好收费服务工作，保证了应收费足额入库。

严格遵守无线电管理基金经费使用规定，确保资金的严格管理和使用安全。

按照程序稳步推进无线电技术设施建设，严格实行设备采购必须公开招标，纪检部门全程参加的监督办法，公开办事透明度。

第二节　甘肃省

一、机构设置及职责

甘肃省无线电管理委员会是全省无线电管理工作的领导机构，省无线电管理委员会办公室是负责日常工作的政府职能机构。2009年12月，根据省政府通知，省无线电管理委员会办公室划归到甘肃省工业和信息化委员会管理。全省无线电管理业务实行省统一管理的体制，省无线电管理委员会办公室内设行政综合、频率台站、技术、政策法规、信息中心五个部门，下设武威、定西、天水、酒泉、嘉峪关、金昌、平凉、甘南、临夏、陇南、白银、庆阳、张掖13个地市级无线电管理处以及相应的监测站。

甘肃省无线电管理委员会办公室主要职能有：

1. 贯彻执行国家无线电管理的方针、政策、法规和规章；

2. 拟定本省无线电管理的具体规定和实施办法；

3. 协调处理本省行政区域内军地、条块等无线电管理方面的事宜；

4. 按审批权限审查无线电电台（站）的建设布局和台址，指配无线电台（站）的频率和呼号，核发无线电台执照；

5. 组织本省行政区域内的无线电监测和监督检查；

6. 负责对全省无线电设备研制、生产、进口、销售购买、设置、使用等环节相关业务的申报和审批工作；

7. 负责无委系统干部职工的管理、组织建设和业务建设，组织专业培训；

8. 负责全省无线电管理费用的收取、管理和监督检查；

9. 负责对各派出机构业务和人、财、物的管理；

10. 承办省政府和上级主管部门交办的其他事宜。

省无线电监测站是省级无线电管理技术支撑机构，主要职责：

1. 监测无线电台（站）是否按照规定程序和核定的项目工作；

2. 查找无线电干扰源和未经批准使用的无线电台（站）；

3. 测定无线电设备的主要技术指标；

4.检测工业、科学、医疗等非无线电设备无线电波辐射；

5.国家无线电管理机构、地方无线电管理机构规定的其他职责。

二、工作动态

2014年，在工信部无线电管理局和甘肃省工信委党组的正确领导下，甘肃省无委办（省监测站）认真贯彻落实党的十八大和十八届三中、四中全会精神，围绕"三管理、三服务、一突出"的总体要求，针对省内电磁环境现状和存在的问题，以管理为基础，以服务为宗旨，以保障为目标，不断提高无线电管理的科学化和精细化水平，各项工作任务全面完成，重点工作取得明显进展。

（一）完善法规建设体系，提高依法行政能力

制定并出台了行政执法流程、行政执法自由裁量权标准等规范性文件；出台了对讲机销售备案制度，对具有型号核准证书、制频符合要求、合法经营的企业，颁发备案证书和铜牌，规范市场销售行为；规范了无线电干扰投诉申报制度，提高了执法力度和效率；将以市州为基础的区域性执法证更换为全省范围统一使用的执法证，优化了力量配置，形成了执法合力。

（二）开展打击"伪基站"专项行动，规范社会设台用频秩序

按照国家9部委关于打击整治非法生产销售和使用"伪基站"违法犯罪活动专项行动电视电话会议精神，协助省公安厅等部门联合打击和查处非法设台行为，共出动技术人员240余人次，出动监测车189车次，累计监测超过300小时，在全省范围内共查处"伪基站"案件18起，查处"黑广播"15起，查处卫星电视干扰器56起，有效遏制了生产销售和使用"伪基站"犯罪活动以及非法设台行为。

（三）实施无线电专项监测，排摸设台用频底数

以了解700MHz黄金频段占用度情况为出发点，对各市州府所在地、各县（市）、重点乡镇的广播、电视、小灵通、对讲机等12个频段的设台用频情况进行了排摸，第一次全面了解了县、乡一级的电磁环境和频率占用情况，取得了详实、可靠的基础数据。在专项监测中，还通过人机见面和数据比对，进一步提高了台站数据库的准确性和完整性，对一些可疑信号进行了登记备案，为甘肃省无线电管理工作奠定了坚实的技术基础。将专项监测延伸到县乡一级是甘肃省实施无线电管理以来的第一次，为今后做好年度专项监测工作趟出了路子，积累了经

验，开拓了思路。

（四）科学配置频率资源，提高频谱资源利用效率

加强频率配置的科学性和针对性，统筹保障重点设台单位、国家及省上重点工程的用频需求；利用国家实施宽带中国战略、加大信息消费和推进 4G 业务的有利时机，有效配置频率资源，推进相关业务开展；在白银市开展 700MHz 频段 4G 业务试点，探索盘活资源、提高资源利用率的方式和途径；支持省广电网络公司利用 1.4GHz 频段开展智慧城市业务，挖掘闲置频率资源的潜力；在 150MHz 和 400MHz 频段为兰州铁路局、兰州水上巴士公司、万达集团、省抗旱防汛指挥部等单位批复调度工作用频 25 对频点，支持各单位工作开展。

（五）强化无线电安全保障，竭力维护空中电波秩序

通过前期无线电监测清频、期间无线电监测保障、事后无线电干扰查处，保障了兰州国际马拉松赛、青海湖国际自行车赛甘肃赛段比赛的通信和电视直播的用频安全畅通；出动人员、设备和车辆，为高考等 30 多项考试提供防作弊无线电监测保障；为兰新铁路客运专线、兰渝铁路甘肃段进行 GSM-R 频段的电磁环境监测和清频工作，为两项重点工程的按期通车运行奠定了基础；监测并查处了干扰兰州中川机场飞机盲降着陆系统、干扰兰州西站货场火车调度系统、干扰民航塔台调度系统、干扰成都至兰州航线的飞机安全遇险频率等近 10 起重大事件。

（六）举办无线电应用展览，探索无线电产业发展路子

在去年 7 月召开的第十二届兰洽会上，举办了"无线电与物联网"展览，展示了无线电频率和无线电技术在信息化建设中的重要作用，特别是无线电在地质灾害预警、国土测绘、定位技术、精细化农业中的应用案例，展现了无线电产业发展的美好前景。展览取得了圆满成功，是无线电管理从资源管理、保障服务向产业发展的思路跃进，有助于更好地扮演好服务经济社会发展的角色。

（七）加强人员培训工作，不断优化人才队伍结构

通过分散与集中相结合，请进来与走出去相结合的办法，不断加强培训力度，提高技术人员的技能和水平。举办年度处长和站长培训班，开拓业务管理和技术管理负责人的思路和视野；举办无线电技术演练（竞赛），在检验技术人员技能水平的同时，对技术学习起到了引导和示范作用；通过与兰州交大建立的联合实验室，加强技术研发和技术交流，提高了技术人员的理论素养。有 2 名同志晋升

为工程师,4 名同志晋升为高级工程师,3 名同志考上了在职研究生。省办高级工程师已占干部总数的三分之一。

(八)加强无线电管理宣传,提高社会对无线电管理工作的认知度

紧紧抓住"2.13"世界无线电日、"5.5"业余无线电节、"9.11"《无线电管理条例》颁布纪念日三个节点,点面结合,加强宣传力度,充分利用城市核心区、广播电视、报纸刊物、手机短信、网站网页、大幅广告等平台提高宣传效果,特别是按照国家"五进"的要求,组织人员深入学校进行无线电技术和管理知识的宣传,取得了良好的效果。拍摄《考场电波暗战》专题宣传片,拟在甘肃电视台和各市州电视台播放,扩大无线电管理的宣传面,提高社会认知度。

(九)认真推进业余无线电工作,夯实维稳处突人才基础

为 2013 年通过业余无线电技能考试的 80 多名爱好者颁发了操作证书和电台执照,指配了无线电呼号。组织 2014 年已报名的 150 多名爱好者进行了技能考试,准备对考试合格的爱好者颁发操作证书。在"5.5"业余无线电节,成立了业余无线电爱好者骨干组成的应急保障大队和无线电管理义务监督员组织,力求通过发挥无线电爱好者这些"体制外"技术人员的主观能动性和技术能力,为"体制内"无线电管理工作提供助力。同时,为紧急时期的维稳处突工作做好组织和人员上的准备。

第三节　青海省

一、机构设置及职责

青海省无线电管理办公室(以下简称"无管办")是青海省负责无线电管理工作的政府职能机构。办公室内设综合处、业务处和监测站,省内无线电管理工作实行垂直化管理,共设 8 个派出机构,分别是:海东管理处、海西管理处、海南管理处、海北管理处、黄南管理处、果洛管理处、玉树管理处、油田管理处。

根据《中华人民共和国无线电管理条例》(1993 年 9 月 11 日国务院、中央军委第 128 号令)、《中华人民共和国无线电管制规定》(2010 年 8 月 31 日国务院、中央军委第 579 号令),青海省无线电管理办公室主要职责有:

1. 贯彻执行国家无线电管理方针政策、法律法规、行政规章;拟订全省无线

电管理地方性法规、规章和规定并监督实施；

2. 负责全省无线电频谱资源和无线电台站管理。依法规划和指配各类无线电台（站）的频率和呼号，根据审批权限和业务范围审查全省无线电台（站）设置使用。依法征收无线电频率资源占用费；

3. 负责全省无线电管理行政执法工作。组织实施无线电管理监督检查，查处全省违反无线电管理法律法规、规章和规范性文件以及其他无线电管理规定的行为；

4. 负责全省无线电监测和无线电台站检测工作，协调处理无线电干扰事宜，维护空中电波秩序；

5. 负责全省电磁环境管理。协调处理工业、科学、医疗设备、电气化运输系统、高压电力线及其他电器装置产生的电磁辐射和有害干扰，并在其选址、定点前会同城市规划行政主管部门共同协商确定；

6. 负责协调、处理全省军地间和省际间无线电管理事宜，承担军队委托的无线电监测，涉及军方的无线电干扰查处，组织实施军地双方无线电重大任务和突发事件无线电管控工作。协调、管理无线电涉外工作；

7. 组织实施无线电管制；

8. 负责全省维护社会稳定和网络安全、信息安全中无线电工作事宜；

9. 负责全省无线电管理基础设施、技术设施，以及无线电监测网和无线电管理信息系统的规划、建设、维护等工作；负责指导各州市无线电管理工作；

10. 承办省政府办公厅交办的其他事项。

二、工作动态

2014年，在国家无线电办公室和省政府办公厅正确领导下，无委办认真贯彻落实党的十八届三中、四中全会精神，按照"三管理、三服务、一突出"的工作要求，以打击非法无线电台站为重点，优化无线电频谱资源配置，创新监管手段和服务措施，强化队伍建设，改进工作作风，积极服务全省经济社会发展和国防建设，完成了年度各项工作任务。

（一）保障信息安全，开展打击"伪基站"专项行动

2013年第四季度，青海省陆续出现"伪基站"违法犯罪活动，无管办主动与公安、通信、工商、移动、联通等部门协调，联合下发了《关于联合开展打击"伪

基站"违法行为，维护公众信息安全专项执法行动的通知》，明确了专项行动组织领导、时间安排和责任分工。1月至11月，共开展了6轮专项打击行动，查获"伪基站"13套，抓获违法犯罪嫌疑人40人。为长期保持打击"伪基站"高压态势，无管办不断完善长效联动机制，公布举报电话，收集"伪基站"线索，与移动公司建立一日一报制度，双方主管领导签阅，每日实时掌握"伪基站"情况，投资近300万元建设了有8个监测点的西宁市区"伪基站"监测网，进一步提升了快速甄别能力和监测定位水平，为进一步打击"伪基站"违法行为奠定了基础。

（二）维护社会稳定，取缔宗教寺院非法设置使用广播电台

2014年以来，青海省一些宗教人员在寺院擅自设置使用广播电台进行宣教活动，违反国家关于设置广播电台和使用无线电频率的法律法规，对广播、航空通信业务构成有害干扰，成为影响社会稳定的安全隐患。无管办于3月下发了《关于配合开展广播电台专项清查治理工作的通知》，各市州无线电管理处开展了非法广播电台监测定位工作，海东管理处率先在民和、循化两县发现6起寺院非法设置使用广播电台情况。郝鹏省长对此问题高度重视，批示要求无管办与民委等部门共同行动，坚决取缔。8月，无管办与民委、公安、安全、文化、广电、工商等部门联合发布了《关于依法取缔宗教活动场所非法设置使用广播电台的通告》，抽调技术骨干组成小组，深入城乡对近千多座宗教寺院进行监测，共发现81部寺院"黑广播"，在民委等部门通力协作下，进寺院开展了宣传教育和联合执法工作。为把整治寺院"黑广播"工作常态化，全省无线电管理机构从8月开始将寺院"黑广播"监测列为重点内容，将巡回监测和日常监测相结合，与当地民委、公安等部门建立了长效联动机制，有力遏制了寺院"黑广播"现象蔓延之势。

（三）规范台站管理，开展广播电视台站、移动基站、无线电干扰器专项检查活动

为杜绝先建后报、建而不报、数量不清的现象，规范无线电台站设置使用行为，9月开始在全省开展专项检查活动，要求相关单位必须办理设台手续，领取电台执照。共对102单位进行了检查，检查广播台站452部，公众移动通信基站2867座，登记备案无线电干扰器3273部。西宁管理处对教育部门使用干扰器进行专项检查，登记备案711部，并指导设备管理人员正确使用方法，降低对公众移动通信网络的影响。海南管理处联合公安、工商部门开展了专项检查，登记备

案 252 部。还举办了青海省首次 A 类业余无线电操作技术能力考试，全省 42 名业余无线电爱好者参加，通过率达到 95%。截至 11 月底，全省无线电管理机构共指配频率审批 130 个，收回频率 110 个，新增台站 985 部，延期台站 1399 部，核发执照 2384 个。目前，青海省注册无线电台站有 38368 部，其中广播电台 940 部，移动基站 21353 座，短波电台 175 部，超短波电台 13325 部，卫星地球站 44 座，微波站 59 座，业余电台 79 部，无线电台站频率管理规范有序。

（四）服务重大活动，保障无线电安全

一是在"春运"、"国庆"及全国"两会"期间，加强了对广电、航空、铁路等无线电业务监测，省办领导深入铁路、民航、森林防火等部门检查无线电安全保障工作，了解情况，支持频率使用，共同维护好无线电安全。二是召开 2014 年高考无线电安全保障工作会议，积极与省教育厅、省招生办联系沟通，制定《2014 年高考无线电安全保障工作方案》，拟定职责，确定了考前电测、无线电压制、信号源查找、技术装备配备等程序。三是全年保障了高考、研究生、公务员招录等考试共 27 次，共出动保障人员 500 人次、车辆 110 台次，阻断疑似作弊信号 31 个，确保了考试秩序。四是落实航空无线电专用频率长效保障机制，海东管理处协调当地政府，下发《关于加强西宁机场无线电安全保护的通知》，维护民航无线电安全。五是全程保障了首届环青海湖电动汽车挑战赛，指配临时频率 10 个，被赛事组委会授予优秀贡献奖。六是保障第十三届环湖赛无线电安全。在赛事筹备期间，无管办会同甘肃、宁夏无委办成立领导小组，召开专题会议，确定保障方案，协调论证频率，指配临时专用频率 19 个，备频 3 个，对赛段沿途进行电磁环境测试，开展保障演练。赛事期间全程开展监测，实时记录工作情况，建立工作日志制度，排除干扰 2 起，确保了赛事无线电安全，被评为先进单位。

（五）科学配置频谱资源，多措施促进信息产业发展

一是根据省促进信息消费领导小组工作部署，无管办对 700MHz 频段试商用情况进行了可行性调研，测试该频段占用度并分析研究，向省政府上报了《关于在青海省利用 700MHz 频段开展 TD-LTE 4G 实验网建设的意见》，建议在青海省利用该频段来解决农牧区无线网络覆盖问题。二是派出 4 个监测小组对移动 TD-LTE 试验网拟建 41 个基站站址进行了电磁环境测试，取得了详实监测数据，科学预指配了 TD-LTE 试验网频率。试验网建成后在首届环湖电动车赛事网络直播

中，由于图像传输速率快、质量高，赢得了电视新闻媒体赞扬。三是为支持光伏产业发展，掌握光伏企业对无线电频率资源的需求情况，帮助解决问题，无管办开展专项调研工作，其中拟建德令哈光热电站项目拟使用 2.4G 频段与紫金山天文台德令哈观测站天文观测频段发生冲突，积极与双方协商，努力保证各方利益。四是积极服务全省民生工程，配合广电部门推进"西新"五期项目建设和高山无线发射台站基础设施改造项目，在无线电用频需求、电磁环境测试分析及台站执照办理等方面提供了便利服务。五是全年受理无线电发射设备检测申请 33 件，测试无线电发射设备 57 件，出具检测报告 33 份，其中个人申请 27 件，单位申请 6 件，为 27 个业余无线电爱好者检测电台 43 台，鉴定"伪基站"12 部。还受理民航、气象、移动等部门拟建无线电台站电磁环境测试项目 19 件，撰写分析报告 19 份，为青海省重点工程西宁机场 ADS-B 场面站、花土沟机场导航台、格尔木机场二次雷达、气象风廓线雷达、移动 4G 实验网等项目提供了电磁环境测试服务，确保了这些重点项目的顺利建设。

（六）强化专项监测，排查多起干扰，维护电波秩序

充分发挥"空中警察"管理职能，日常监测 2400 小时，查处干扰 11 起，切实维护无线电波秩序。一是加强重点地区监测，"两节"、"两会"和敏感时期值班监测共 840 小时，主动向当地党委政府汇报，密切与公安、武警、维稳办等部门沟通协作，及时为党政部门提供无线电监测信息和技术保障支撑服务。二是在海东、黄南、果洛三地建设小型监测站 12 座，在国家要求重点监控的 4 个目标处建立了小型监测站，加强了超短波业务和中短波广播频率的监听工作。其中 2 个目标位于深山，设立小型站极大方便了监测数据采集。三是突出公安、武警、广电、民航等部门重要无线电业务保护性监测，确保无线广播电视安全播出和重要部门无线电业务通畅。四是在干扰查处方面，兰新高铁建设方申诉 GSM-R 无线通信系统青海段有 9 个基站出现干扰，经无管办和海东、海北管理处技术人员测试分析，确定为铁路高压电力线影响，并提出了改进方法。联通青海分公司多次投诉其基站受到干扰，监测为公安部门设置的"电子围栏"所致，经无管办积极协调，公安部门将影响降低到最小程度。对民航出现的 2 起干扰及时分析，督促广电部门履行职责，调试管理好所属广播电视台站，保证了航空飞行安全。

（七）推进基础设施建设，提升技术装备水平

一是西宁无线电监测综合楼建设项目已正式启动，海南无线电监测综合楼项目完成验收，省无线电监测指挥中心改造完成，建成了西宁城东区红叶谷监测分站。玉树管理处完成固定监测站设备调试正式投入使用，标志灾后重建工作实现了胜利"收官"。二是完成年度技术装备采购验收工作，重点建设控制中心 1 座、固定监测站 2 座，新建小型监测站 12 座，改造 4 座，配置了移动压制车 4 辆，移动监测车 3 辆配备基层管理处使用。完成了上述监测设备和 DZM-80 便携式自动无线电监测测向、EMC 电磁环境兼容分析系统的验收工作。三是根据"十二五"规划中期评估情况，在 2015 年度资金使用计划编制中，加大了应急机动大队、铁路 GSM-R 无线监测网络建设和县级小型监测站建设投入，向国家无线电办公室上报了资金使用计划。四是全面维护检修设备，为各类设备仪器建档立案，向基层管理处配备了设备架，进一步了规范设备仪器管理。检修了 16 座固定站监测铁塔，对发现的生锈、松动等问题进行了维修整治。召集 4 家设备生产厂商对现有监测测向设备进行了维护校正。对西宁地区 A 级监测网外站基础设施进行了检查维修。五是落实无线电应急机动大队建设，与工信部电信规划院共同制定了应急机动大队建设方案，确立以省无线电监测应急指挥中心为主，东部、西部、青南三个应急机动分队为支撑的组织架构，配备了压制车及移动监测车，招标采购了具有综合通信功能、联网控制功能、指挥调度等功能的应急指挥车，配置了便携式监测设备，项目完成后将大幅提高青海省应急处置能力。六是完成了无线电管理信息一体化平台项目和铁路 GSM-R 专用无线电监测网络建设项目论证工作，12 月初完成设备招标采购任务。

（八）加大宣传力度，扩大社会影响，树立无线电管理新形象

青海省进一步加大宣传力度，制定年度宣传工作计划，加强与媒体合作，制作专题宣传片，宣传工作质量和效果明显提升。一是开展了"世界无线电日"宣传活动，通过发送宣传短信、播放宣传片和发放宣传资料、宣传品等方式向群众普及无线电知识和管理法规。二是开展纪念《无线电管理条例》颁布 21 周年宣传活动，走进社区、校园开展宣传，向群众和学生播放宣传片，展示无线电设备，发放宣传品，西宁管理处走进青海大学开展了主题为"防范考试无线电作弊"的宣传活动，海南管理处和地震部门共同进校园举办科普知识讲座，海北管理处深入全州 131 座宗教寺院宣讲无线电管理法规，取得了良好效果。三是省办和西宁

管理处网站，以及《青海无线电》、省办《无线电管理快讯》（39期）和各管理处简报质量明显提高。四是建成青海省首个无线电科普园地，投入近30万元专项资金，多方收集无线电设备和科普资料，于10月中旬开始对外开放，已免费接待青少年800多人，省内多家媒体进行了专题报道。五是积极联系省内外媒体，在《人民邮电报》、《中国电子报》、《中国无线电》和《青海日报》、《西海都市报》、《青海法制报》以及国家无线电监测中心网站登载青海省信息新闻达30余篇，其中长篇报道5篇，国内多家网站转载，省电视台播放新闻2篇，数量和质量较往年有大幅提高。

（九）创新培训方式，强化岗位练兵，提升队伍整体能力

一是结合"三基"建设，全年共举办了7期全省性培训班，邀请省外专家来青讲课，还举办了公文写作和保密知识讲座，选派基层工作人员6人参加国家无线电监测中心举办的培训。二是开展了环湖无线电监测技术演练，省监测站和西宁、海北、海南、黄南、海东等5个管理处共41名人员参加，出动9辆监测车，检验移动监测车性能、测向系统和逼近式监测设备应用。三是召开了高考保障、环湖赛保障等业务专题会议2次，监测检测设备知识介绍会议2次。四是举办了全省第八届无线电监测技术演练，9个管理处共45人参加演练，此次演练提升了竞赛科目难度，设立了理论知识竞赛、徒步查找信号源、电磁环境测试、综测仪操作、监测设备操作、监测车信号分析及定位、撰写电磁环境测试报告、体能测试等8个课目，考验和锻炼队员技术和意志，达到了相互学习、相互促进的作用。

（十）积极协调沟通，与相关部门交流合作更加密切

一是重视与各州市政府工作联系，办领导专程赴当地征求政府领导对无线电管理发展的意见和建议，争取工作支持。二是深入西宁机场、青藏铁路公司、移动和联通等重点单位调研，检查春运期间无线电安全工作，及时了解情况，征求意见。三是在打击"伪基站"和取缔"黑广播"专项行动中，无管办主动联系协调，牵头开展活动，得到了公安、广电、民委、移动等部门的大力支持，建立了良好工作机制，相互配合密切，共同完成了专项行动。四是选举产生了青海省无线电协会第二届理事会，强化了会员单位联系，不断发挥协会的桥梁作用。

（十一）改进工作作风，加强机关内部建设

一是各级领导深入基层调研，听取各基层无线电管理机构及重点用频单位意见建议，了解真情实况，帮助解决问题，全年调研 23 批次，班子成员和副处级以上干部近 60 人次参加。二是进一步完善行政审批服务大厅（无线电干扰受理中心）政务公开、管理措施、信息发布、保密审查等相关制度，实现"一站式"服务，新修改了台站审批、干扰查受理、设备检测等工作流程，对已有制度进行梳理，形成制度 45 项，并汇编成册。三是积极争取国家转移支付资金，保证基础设施和技术设施建设需要，严格按程序做好项目申报审批工作，加强建设资金监督管理，确保规范使用。收取的频率占用费全部上缴省财政，严格按照收支两条线管理。四是按照年度工作要点和各派出机构重点工作，修改完善了考核评分内容和标准，派出两个工作组对基层进行了年度工作考核。五是创建文明处室活动常抓不懈，办公楼卫生保持良好，工作纪律不断加强，迟到、早退、串岗现象消失，人员精神面貌良好，在考试保障和专项监测等工作中，大家加班加点，毫无怨言放弃周末休息时间坚守工作岗位，外出监测中甚至在人身遭受威胁情况下坚持工作，确保了各项任务的完成。六是积极参加干部联系群众服务基层、定点扶贫、党政军企共建示范村、万名干部下乡等活动，为联系点和结对帮扶户办实事、解难题，开展"博爱一日捐"活动，动员广大党员干部职工捐款献爱心。举办"微心愿"活动，省办全体党员认领滨河路社区 17 名居民心愿，捐赠了电饭锅、手机、书包文具、电脑和手杖等物品，帮他们实现了心愿，得到了社区群众赞扬和好评。

第四节　宁夏回族自治区

一、机构设置及职责

宁夏回族自治区无线电管理委员会办公室（以下简称"无委办"）是负责宁夏地区无线电管理的政府职能机构。在上级无线电管理机构和同级人民政府的双重领导下，负责辖区内除军事系统外的无线电管理工作。办公室下属 2 家事业单位，分别是宁夏回族自治区无线电监测站和西部区域无线电监测网控制中心。同时在 5 个地级市设立了派出机构，分别是：银川市管理处、石嘴山市管理处、吴忠市管理处、固原市管理处、中卫市管理处。

宁夏回族自治区无线电管理委员会办公室主要职责是：

1. 贯彻执行国家无线电管理的方针、政策、法规和规章；

2. 拟订地方无线电管理的具体规定；

3. 协调处理本行政区域内无线电管理方面的事宜；

4. 根据审批权限审查无线电台（站）的建设布局和台址，指配无线电台（站）的频率和呼号，核发电台执照；

5. 负责本行政区域内无线电监测。

二、工作动态

在自治区无线电管理委员会的正确领导下，在国家无线电办公室和自治区政府办公厅党组的关心和支持下，自治区无委办认真贯彻落实 2014 年全国无线电管理工作会议精神和政府办公厅年度工作会议精神，紧密围绕年度重点工作及改革任务，努力提高无线电管理的科学化水平，大力推动"四个体系"建设，较好地完成了各项无线电安全保障任务及无线电管理业务工作。

（一）以开展"行政执法年"活动为抓手，在建立健全完善的法律法规体系上下功夫

1. 建立无线电安全管理联席会议制度，健全无线电安全保障联动机制

为有效查处无线电非法干扰事件，提高突发事件应急处理能力，严厉打击干扰民航专用频率、"伪基站"、"黑电台"等不法行为，保障人民群众的合法权益，2014 年上半年，自治区政府秘书长、无委会副主任王紫云受宁夏区党委常委、常务副主席袁家军委托主持召开了无线电安全管理工作专题会议，会议决定建立联席会议制度，制定了《自治区无线电安全管理工作联席会议制度》由自治区政府办公厅印发执行。从管理制度层面进一步完善了自治区无线电管理的多部门协同机制，对于进一步增强无线电管理力量发挥了重要作用。

2. 强化日常无线电监测，及时捕捉不明信号

全区无线电监测利用监测控制中心及外围固定监测站、小型站和移动监测车，进行详细的频谱监测和数据统计工作，春节、"两会"等重要时期，坚持 24 小时值班监测。截至 2014 年 10 月底，仅自治区监测站全年监测时间累计达到 29383 小时。全年全区共计查处不明信号 18 起，及时阻断了非法信号干扰。

3. 持续开展非法无线电台专项治理，重点查处"伪基站"、"黑广播"等干扰公共通信案件

从 2013 年开始，"伪基站"违法犯罪活动在全国范围内呈高发态势，根据中

央领导同志重要批示精神，按照工信部无线电管理局的安排和部署，无委办结合全区实际情况，积极参与由国家 9 部委联合开展的"打击整治非法生产销售和使用'伪基站'违法犯罪活动专项行动"，对"伪基站"给予严密监测和从严打击。全年在全区查处"伪基站"24 起，没收设备 20 台（套），涉案人员 46 人，罚款金额 29000 元。

与此同时，无委办全面加大对"黑广播"的查处力度，开展了打击"黑广播"专项活动，在公安等有关部门的大力配合下，全年全区查处"黑广播"8 起，没收设备 7 台（套），涉案人员 7 人，目前部分案件已移交公安机关处理。

此外，截至 12 月，全区查处各类非法设台（站）、非法使用无线电频率案件 25 起。其中，没收设备 15 起，没收设备 16 台（套）；行政警告 5 起；罚款处理 4 起，罚款金额 12000 元；责令整改 20 起。目前部分案件已移交公安机关处理。

（二）以开展"台站管理巩固年"活动为契机，在建立健全完整、先进的技术标准规范体系上做文章

一是按照削减压缩后的无线电行政审批事项，建立并推进全区无线电管理行政审批备案制度，完善单项行政审批流程优化，积极推进网上审批工作；二是对银川市无线多媒体集群通信网、银川河东国际机场三期扩建工程、干塘至武威南增建铁路二线工程重点工程、宁夏地震局地震应急超短波备用通信系统等大型项目的无线电电磁环境进行技术审查和用频率审批；三是严格按照工信部无线电管理局关于无线电台站月报的上报要求，高质量完成自治区无线电台站月报工作；四是做好日常的技术支撑工作，提高了无线电管理一体化平台应用水平。

（三）以开展"县级无线电协管年"活动为动力，在建立健全高效、权威的行政管理体系上见成效

为健全区、市、县三级无线电管理体系，进一步增强县域无线电管理能力，服务宁夏县域经济发展。2014 年 3 月，全区各市及各县区的无线电协管员队伍全部建成，共计 50 人，分别由当地政府办公室副主任担任协管办主任，另配一名工作人员担任协管员。2014 年 8 月，举办了全区无线电协管员培训班。来自区无委办、区无线电监测站及各地市无线电管理处的相关人员及各市、县（区）无线电协管员 60 余人参加了为期 2 天的培训学习。培训班抽调自治区无委办工作经验丰富、业务能力强的相关部门负责人为学员授课。内容涉及无线电管理领域业务知识、法律法规、监测技术等。培训对于县级无线电协管员熟悉无线电管理法律法规、业务办理流程、无线电监测基本技术等发挥了重要作用，同时培训讨论并明确了协管员与各地市管理处上下联动的工作机制，为切实开展县级无线电协管工作奠定了坚实基础。此外，无委办认真开展日常业务培训，按照年度培训计划，全年共计完成系统内业务培训4次，另外，先后邀请中国移动、中国联通、中国电信等电信运营企业的技术专家，讲授移动通信技术的演进和原理以及对无线电管理及电磁环境保护提出的新思维、新挑战4次。

（四）坚持技术进步，敢于先行先试，在建立健全有力、高水平的技术支撑体系上求突破

一是2013年在银川城区建设了网格化无线电监测系统，在全国无线电管理行业中属于首创。经过近半年的试运行，在今年7月通过了中国无线电协会无线电监测与检测专业委员会组织的专家组终验，正式投入使用。二是率先在宁夏建设了全国首个无线电监测测向系统标准校验场。今年7月，该项目通过了国家无线电监测中心专家和国家无线电管理高级顾问组的评估验收，已具备面向全国无线电管理机构和设备厂商提供监测测向系统的标准开场校验能力。9月，为山东省无线电管理机构集成的15辆无线电监测车和部分小型无线电监测站中抽取4辆无线电监测车和3个小型无线电监测站开场测试工作。三是完成了宁夏无线电管理应急系统的一期工程和全区电磁环境测试系统升级改造项目的建设工作，目前已经交付投入使用。四是启动了宁夏4市4类无线电监测站覆盖工程、全区无线电管制系统二期等技术设施建设项目，完成了可行性研究报告和建设方案的制定等前期工作，预计12月完成项目设备招标采购工作。

（五）积极开展频率资源管理研究

为了推进自治区无线电频谱资源的科学规划与合理配置，全面满足社会各行各业对无线电频率的需求，不断提高频谱资源的利用率。今年无委办以《宁夏无线电频率资源挖掘与利用》为课题，全面梳理了自治区无线电频率资源利用情况，并深入到全区重大项目和重要设台单位，充分了解当前及今后一个时期对无线电频率资源的需求情况，在国家无线电办公室的指导下，认真分析了自治区频谱资源需求及发展趋势，就如何加强管理，合理开发，提高频谱资源利用率理清了思路，提出了措施，形成了《宁夏无线电频率资源挖掘与利用》调研文章，对今后频率资源管理具有较强的指导意义。

第五节　新疆维吾尔自治区

一、机构设置及职责

新疆维吾尔自治区无线电管理局是具体负责自治区辖区内的无线电管理工作的政府职能机构，其主要职责是：

1. 贯彻执行国家无线电管理的方针、政策、法规和规章；

2. 根据国家频率分配，做自治区频率规划，合理安排、有效利用频率资源；

3. 根据审批权限审查无线电台（站）的建设布局和台址，指配无线电台（站）的频率和呼号，核发电台执照；

4. 协调处理自治区无线电管理方面的工作事宜；

5. 负责自治区无线电监测站的建设规划，加强无线电监测管理，维护空中电波秩序；

6. 负责对各地州市无线电管理局的业务管理；

7. 完成上级交办的其他工作。

新疆维吾尔自治区无线电监测站是下属事业单位和主要技术支撑机构。根据《中华人民共和国无线电管理条例》和上级工作安排，监测站的主要职责是：

1. 监测无线电频谱资源的使用情况和电磁环境变化态势。

2. 监测无线电台（站）发射是否按照规定程序和核定的项目工作。

3. 实施特殊无线电监测和保护性无线电监测任务。

4. 监测境外无线电台（站）在自治区境内的无线电波是否遵守国际规则或与我国所达成的协议。

5. 查找无线电干扰源、非无线电设备辐射干扰源和未经批准擅自使用的无线电台（站）。

6. 按照国家规定，检测无线电设备的主要技术指标；检测工业、科学和医疗应用设备、信息技术设备和其他电气设备等非无线电设备的无线电波辐射。

7. 按照国家规定，测试有关电波参数和电磁环境。

8. 经国家或地方无线电管理机构批准，采取技术措施制止或阻断非法无线电发射。

9. 负责全疆无线电监测网、全疆信息网和全疆视频会议系统的运行和管理工作。

10. 帮助地（州、市）监测站完成无线电监、检测任务。

11. 负责全疆计量认证工作。

12. 负责全疆无线电监检测设备的故障判定工作。

13. 负责全疆技术设施的统计工作。

14. 负责监测站所属固定资产的管理工作。

15. 负责公众移动电话机和固定电话机质量的鉴定工作。

16. 国家无线电管理机构、地方无线电管理机构规定的其他职责。

二、工作动态

2014年，新疆无线电管理工作以贯彻落实全国无线电管理工作会议、自治区经信工作会议精神为主线，紧紧围绕自治区党委、政府中心工作，以保稳定、促发展为主要目标，按照"三管理，三服务，一突出"的要求，克服人员紧缺、维稳任务重等困难，较好地完成了年初制定的各项工作任务。

（一）科学规划、统筹配置无线电频谱资源

1. 科学配置频率资源，服务经济社会发展。全区无线电管理机构积极融入丝绸之路经济带发展战略，主动介入高铁、地铁、企业园区等重点经济、民生建设项目，做好频率资源支撑和服务保障工作。

为确保新疆首条高铁——兰新客专铁路11月顺利通车，自治区无线电管理局与铁路、公安及电信运营企业建立协作机制，成立了兰新客专铁路GSM-R系统清频保护工作协调小组，制定了《GSM-R系统干扰排查绿色通道工作预案》。高铁沿线乌鲁木齐、吐鲁番、哈密管理局，历时5个多月，累计行程2000余公里，对高铁沿线88个站点开展了保护性监测和清频工作，共发现占用铁路GSM-R频段信号15起，整改处理14起，收缴无主设备1台，不但消除了外界干扰并针对兰新客专铁路GSM-R系统提出了优化建议。

乌鲁木齐地铁是新疆首个地铁项目，更是乌鲁木齐市的重点民生项目。在项目设计阶段，自治区无线电管理局即主动联系建设方、设计方，了解用频需求，同时从政策、技术等方面提出意见、建议，提前做好相关频率储备工作。

各地州市管理局还深入辖区工业园区和企业，了解信息化用频需求，为企业

建设无线通信网提供频率支持。特别是主动发挥技术优势，倡导企业使用国产数字对讲和数字集群技术，在满足生产指挥需求的同时也为企业节省了投资。

为支持 4G 通信网建设，全区主动开展 4G 业务频段监测和清频工作。乌鲁木齐局主动监测、查处私设无线 AP 和手机信号放大器案件，排除对 4G 业务频段的干扰。塔城局清理、关闭七师有线电视台 MMDS 系统，2 万用户顺利转网。

2. 下放审批权限，提升行政效率。为进一步提升行政审批效率，自治区无线电管理局只保留了跨区域使用频率、台（站）的审批权，其他审批事项全部下放至地州市。与此同时，加强了对地州市人员的行政审批能力培训，实施自治区无线电管理网上行政许可受理平台开发工作，力争做到让用户不出辖区即可办理各项许可。

3. 认真开展边境电测及频率台站国际申报登记工作，维护国家权益。根据工信部无线电管理局的统一部署，今年自治区首次启动无线电频率国际申报登记工作。完成了重点口岸公众移动通信基站 589 个载频，65 个边境口岸和人口稠密区 535 个频率纸面台站，125 个不同频段卫星地球站的申报工作。其中，重点口岸公众移动通信基站的 589 个载频已进入国际频率总表，获得了国际保护地位。

（二）无线电台站和设备管理工作进一步加强

为进一步加强对无线电发射设备源头的管控，各地州市管理局联合工商、质监、公安等部门开展了无线电发射设备销售市场专项检查。喀什局与辖区经销商签订《喀什地区无线电发射设备经销企业诚信机制合约》，建立星级诚信机制。克拉玛依局与建设局联合开展建筑施工企业非法使用无线电台（站）清查登记工作。塔城局与地区国土部门联合开展 GPS–RTK 台（站）执法检查，进一步规范测绘行业使用无线电设备的行为。阿勒泰局与兵团第十师联合下发《关于对新疆生产建设兵团第十师辖区内各类无线发射设备进行规范化管理的通知》，建立了兵地协作机制。乌鲁木齐市局与客运统管办、建设交通局、公安局和行政执法局联合开展专项行政执法检查，严厉查处出租车非法安装使用车载电台的行为。

自治区无线电管理局充分发挥协会力量，委托自治区无线电协会承担了全区业余无线电管理工作。为做好此项工作，自治区无线电协会制定了《新疆业余无线电台管理工作计划》，按计划开展了业余无线电台操作技术能力考试、换证工作，五·五节通联和应急通信演练等活动。全年组织 A、B 类考试各 2 次，共 659 人参加，387 人获得通过，通过率达到 58.7%，换发新版《业余无线电台操作证书》282 本。

全区严格实施业余电台验机制度，由自治区无线电协会和各地州市管理局分别负责辖区业余电台验机工作，对拟用设备做到人机见面，逐一核对，通过验机的报自治区无线电管理局核发电台执照。全年共计核发业余电台执照 321 本。

（三）保障无线网络和信息安全，维护空中电波秩序

1. 根据国家无线电办公室《关于开展打击非法设置无线电台（站）专项治理活动的通知》的要求，全区开展了以打击"伪基站"、非法广播电台，整治非法安装使用卫星电视干扰器及出租车车载台等行为的非法设台专项治理活动。

自治区和各地州市分别成立了由无线电管理机构、通信管理局、通信运营商组成的打击"伪基站"专项工作领导小组。在打击利用"伪基站"进行经济诈骗活动的同时，严密防范利用"伪基站"宣扬极端宗教思想。全年共配合公安机关查办"伪基站"案件 12 起，缴获设备 11 套。非法设置使用"伪基站"的行为已基本消除。

非法广播电台具有价格低廉、无人值守、定时发射、隐蔽性高、覆盖面广、影响范围大等特点，若被三股势力利用，将造成恶劣影响。2014 年度，全区加大了广播电台的核查力度和广电频段的监测力度。区局协调兵团广电局开展了兵团系统广播台站的专项核查，消除了管理盲区。巴州局与文广局共同完成了辖区非法广播电视台（站）清查治理。通过主动监测和百姓投诉，全区共查处传播低俗药品广告的非法广播电台 6 个，未发现三股势力设置使用"黑广播"的情况。

今年，全区非法安装卫星电视干扰器的行为较往年有所增加，共收到非法安装卫星电视干扰器投诉 8 起，群众投诉多、意见大。各地无线电管理局高度重视，快速查处 6 起，另有 2 起自行消除，切实维护了人民群众正常收看电视的权益。

2. 无线电管理技术手段不断完善。2014 年，全区利用无线电监测设施开展监测累计时长 14.9 万多小时，完成监测月报 12 期，主动发现不明无线电信号 891 个，查处 778 个，受理用户干扰申诉 155 起，查处 149 起，有力地维护了空中电波秩序，确保了各项无线电业务正常开展。

根据工信部《关于印发〈边境（界）地区电磁环境监测规范〉的通知》的要求，自治区重新修定了边境测试规范并在南、北疆分别举办了边境电磁环境测试规范培训及实测演练，完成了中哈、中塔、中蒙、中吉、中巴等近 20 个测试点的边境电磁环境测试工作。

3. 圆满完成了"第四届中国－亚欧博览会"、嫦娥五号试验星、"第23届中国丝绸之路—吐鲁番葡萄节"、自治区第十三届运动会、第六届残运会、第八届少数民族传统体育运动会、第四届自治区青少年科技节和昌吉州、巴州、博州成立六十周年大庆等活动及哈萨克斯坦、吉尔吉斯坦等国政要访问新疆的无线电安全保障任务。全区派出人员864人（次）、车辆234台（次）、各类监测设备375余套（次），为42场各级各类考试提供了无线电保障，共查处作弊信号39起，抓获涉案人员81名，没收设备73台（套）。巴州局首次查获驾驶证考试中利用无线图传和对讲设备串通作弊案。

4. 认真做好反恐维稳无线电安全保障工作。2014年，全区无线电管理机构将加强反恐维稳无线电用频监测，保障反恐维稳无线电安全，防止敌对势力利用无线电进行破坏作为首要任务来抓。

全区进一步加强了对公安、武警、安全、街道社区等部门反恐维稳用频的保护性监测，主动发挥技术优势，快速排查干扰，确保维稳处突通信指挥畅通。对街道社区、乡镇建立的无线应急指挥通信网，各地州市均优先安排监测并提供技术支持。在完成正常工作的同时，各地州市管理局努力克服人员少等困难，按照当地党委、政府的要求开展了24小时维稳值班。喀什、阿克苏等管理局作为地区联合指挥部成员单位参加了24小时值班备勤。

为进一步探索无线电管理机构在反恐维稳中的职能定位及能力建设途径，主动适应当前形势下反恐维稳无线电安全保障工作的需要。下半年，自治区开展了《探索新形势下如何提升新疆反恐维稳无线电安全保障能力》等课题研究，努力破解工作难题，寻求突破口，为今后的科学发展和管理提供技术支持。

（四）推进无线电监管能力建设

1. 加强基础和技术设施建设。今年，全区重点开展了新疆无线电安全保障实训基地，阿勒泰、奎屯、哈密、巴州无线电管理业务用房等基础设施建设，西部区域无线电监测网控制中心功能建设以及13座固定监测站、6辆无线电监测车、3辆无线电管制车、24座固定站升级改造、无线电管理综合平台等技术设施建设。

为解决自治区无线电监管机动能力不足问题，为三个无线电监管机动大队配备了先进的快速监测接收机、无线电管制车、便携式高频段频谱分析仪和综合测试仪，提高了无线电管理应急处突能力。

2. 为进一步做好顶层设计，今年自治区在符合"国家无线电监测网技术体制"和"国家监测网建设发展总体规划"的基础上，按照"统一规划，科学布局，突出重点"的原则，启动了《新疆无线电管理"十三五"规划》前期编制方案、《新疆无线电基础和技术设施"十三五"总体布局》等研究工作，为今后全面提升无线电管控能力奠定基础。

3. 无线电管理综合平台建设情况。自治区无线电管理综合平台项目于 2013 年 7 月进入实施阶段，目前办公 OA 和频率、台站、资产管理系统已陆续投入应用，行政执法、EMC、智能监测、数据分析、数据交换、数据质量等系统开发已近完成，各业务系统已完成服务化梳理工作并进入系统总集成阶段，预计 2015 年末可投入使用。

（五）推进无线电管理法制建设，依法行政

1. 加强法制建设。按照自治区立法计划，今年《新疆无线电管理条例》进入立法调研环节，全区无线电管理机构积极配合自治区法制办完成了相关立法调研。受《中华人民共和国无线电管理条例》修订的影响，《新疆无线电管理条例》立法计划已暂停。

2. 坚持政务公开。全区按照国家和自治区的有关规定，坚持透明管理，开通了外网网站，实现了管理政策法规和动向上网、上墙，管理人员信息和职责上网、上墙，监督信息上网、上墙等，政务公开工作进一步完善。

3. 规范行政执法能力。本年度，全区一方面利用视频远程教育和集中面授等形式，继续加强行政执法人员的业务培训，规范其执法行为。一方面加强监督检查，除自身组织的不定期和年终考核抽检、点评执法案卷外，还邀请区法制办及经信委法规处等专业人员对无线电管理执法程序和案卷进行评审，及时发现问题解决问题，有利推动了全区无线电管理行政执法能力的规范化建设。至今，全区没有发生一起无线电管理执法行政复议或行政诉讼案件，没有一位执法人员受到当事人的投诉。

（六）加强无线电管理宣传和培训工作力度

1. 加强无线电管理宣传工作。依托亚欧博览会、考试保障、非法设台治理等专项活动及宣传周、宣传月，全区通过电视、广播、报纸、网络、手机短信等多种媒体，采用户外宣传、校园科普等多种方式开展了丰富多彩的主题宣传活动，共发送工作信息 1031 条，对外宣传 1675 次，提升了无线电管理的认知度。巴州局在州第一中学建立了"巴州无线电科普教育基地"，参观人数已达 3000 余人次，扩大了无线电管理宣传的覆盖面。

2. 加强人才队伍建设。本年度，针对全区无线电管理队伍存在的专业管理人员比例低，新入职大学生专业水平不足等实际问题，全区以创建"学习型"队伍为主题，掀起了业务学习热潮。除参加工信部组织的各类培训外，全区结合新疆实际及年度重点工作，轮流抽调地州工作人员到区机关参加岗位实训，开展了综合平台及新建技术设施应用培训，边境台站国际申报培训，乌昌、南北疆机动大队演练和"通读一本书"等活动，全区干部的业务水平得到了一定提升。

（七）积极协调开展援疆工作

1. 积极推动部区合作。为进一步提升自治区反恐维稳无线电安全保障能力，根据工信部的统一部署，自治区认真调研，拟定了切合实际的无线电安全保障能力建设需求，积极对接，全力推动工信部与自治区人民政府尽快签订《共同加强新疆无线电安全保障能力建设协议》，在资金、政策、智力等方面获得国家和自治区层面的支持，助力新疆无线电管理事业发展。

2. 今年第二轮对口援建活动开始。浙江省经信委签定了浙江·阿克苏无线电管理及信息化第二轮对口援建活动合作协议，将2012年援建的PR100便携式监测设备升级改造为DDF007监测测向设备，使其与2012年援建设备组成集移动监测、测向和压制于一体的完整监测系统，为阿克苏地区无线电管理和维稳工作提供了有力的技术支持。上海局启动并开展了喀什市网格化无线电监测网规划设计。安徽省经信委援助和田地区200万元无线电监测设施专项资金已完成设备采购。

政　策　篇

第十二章　2014年中国无线电应用及管理政策环境分析

本章将从宏观层面分析 2014 年我国无线电应用与管理政策大环境。总体来说，2014 年我国出台的一系列相关政策对于我国无线电应用与管理都是十分有利的。国家的宏观政策不但对无线电应用与管理工作带来了有利的影响，还给无线电应用与管理工作带来了一些启示。下面具体分四节进行 2014 年我国无线电应用与管理政策的环境分析。

第一节　《中共中央关于全面深化改革若干重大问题的决定》

一、出台背景

2013 年 11 月 12 日，中国共产党第十八届中央委员会第三次全体会议通过了《中共中央关于全面深化改革若干重大问题的决定》(本节简称"《决定》")。《决定》明确指出全面深化改革的重大意义和指导思想，指出了包括经济制度、政府职能、财税体制、城乡发展一体化、社会主义民主政治制度建设、法治化建设、权力运行制约和监督体系、文化体制机制创新、社会事业改革创新、社会治理体制、生态文明制度建设、国防和军队改革等在内的十四项具体改革举措，并明确了党在全面深化改革工作中的领导核心作用。

二、意义

从《决定》可以看出，此次提出的各项改革任务和目标，比以往任何一次改革都更加明确和具体，是一次全面性的改革。我国改革开放取得举世瞩目的成就，但同时也积累了大量不可避免的系统性问题和风险，在当下，任何一个单一模式的改革，都难以破解这些系统性疑难问题。只有切实进行一场协同、系统、全面性的改革，才能够逐一破解问题，继而破解整体的问题。

三、对无线电应用与管理的影响

作为全面深化改革的重要组成部分，无线电管理工作应以第十八届三中全会精神为指引，以全面深化改革这一议题为核心，立足"十二五"中期建设的实际，着眼"十三五"远景规划，紧密结合无线电管理"三管理、三服务、一重点"的工作内涵，从实际工作出发，总结经验、找准问题、理顺关系，以做好无线电管理体系的顶层设计为抓手，制定"一揽子"计划，带动无线电管理相关工作的全面改革。2014年无线电管理工作主要应进行以下几方面的改革：

（一）大力推进无线电管理工作的法制化建设

在无线电管理法治化建设方面，国务院、中央军委联合颁布了《中华人民共和国无线电管理条例》、《中华人民共和国无线电管制规定》等法规；国务院及其组成部门则制定了50余部与无线电管理相关的部门规章和规范性文件；一些地方人大和政府也相继制定了地方性无线电管理法规规章，共同促使我国无线电管理事业在有法可依和依法行政的法制环境下不断发展。但无线电管理的立法仍较为滞后，如重要频率无线电业务法律保障力度不够，尚未对重要业务的保护性预防以及非法使用无线电设备危害国家安全等做明确规定。

（二）推进无线电管理工作标准化、规范化建设

完整、先进的无线电管理技术标准规范体系是无线电管理工作的依据。目前无线电管理的建设规范、运用规范、执勤维护等各类标准规范不能满足建设要求，影响了无线电规划、协调、审核等的科学性、时效性，限制了各类无线电管理系统、装备效能的发挥。

（三）建立全国无线电管理协调机制，加强集中统一管理

建立健全高效、权威的无线电行政管理体系，着力推动以下五个方面的协调工作：一是与军方协调保障无线电用频和管制问题；二是与广电、交通运输部门等协调对重要业务、重点行业、重点工程的用频保护；三是与公共安全部门共同打击利用无线电犯罪的行为；四是与质检、工商、海关等部门合作，强化监督无线电设备的研发、生产、销售、进口等环节；五是与地方省市无线电管理机构协

调，维护边境地区的电波秩序和国家权益。

（四）加强无线电管理机构自身建设，进一步加快政府职能转变

加强自身建设，坚持依法行政，推进政务公开，推广"外网受理、内网办理"工作模式，提高公共服务水平。改进工作作风，严格落实中央"八项规定"有关要求，坚决反对"四风"，切实解决人民群众反映强烈的突出问题。加强无线电管理人才队伍建设，抓好政治理论、政策法规、专业技术等的学习教育培训。

第二节 国务院关于落实《政府工作报告》重点工作部门分工的意见

一、出台背景和意义

2014年的政府工作报告主要从三个方面进行了总体部署：一是向深化改革要动力，二是保持经济运行处在合理区间，三是着力提质增效升级、持续改善民生。针对《政府工作报告》提出的这三个方面任务，2014年4月18日，国务院发布了关《于落实〈政府工作报告〉重点工作部门分工的意见》(本节简称"《意见》")。《意见》将任务进行了细化，指出2014年重点工作包括推动重要领域改革取得新突破，开创高水平对外开放新局面，增强内需拉动经济的主引擎作用，促进农业现代化和农村改革发展，推进以人为核心的新型城镇化，以创新支撑和引领经济结构优化升级等。《意见》同时明确了各项细化任务的落实单位和部门。《意见》的出台，为《政府工作报告》的落实指明了方向和实施路线。《意见》所指出的"深入推进行政体制改革"、"加强事中事后监管"、"统筹多双边和区域开放合作"、"把消费作为扩大内需的主要着力点"等工作要点与无线电管理工作密不可分。

二、揭示问题

针对意见所提出的各项要求，这里梳理总结了无线电管理工作目前存在的一些问题：

（一）对无线电管理发展战略和规划等宏观问题的研究不够深入

无线电频率资源是国家重要的战略资源，直接服务于经济社会发展和国防建设，无线电安全也直接关系到国家安全和社会稳定，做好无线电管理工作意义重大。在以往工作中，国家无线电管理机构往往缺乏对无线电管理发展战略、规划

等宏观问题的深入研究。比如，如何深化军民融合发展，统筹无线电管理在经济社会发展和国防建设中的重要作用；如何进一步发挥规划的指导性作用，引领和促进与无线电业务相关的产业更好地发展；如何有效发挥无线电管理技术设施作用服务于国家安全战略；如何优化无线电管理体制和机制，进一步提高管理工作效率等。

（二）对推进无线电管理立法工作力度不够

现行《中华人民共和国无线电管理条例》（以下简称"《条例》"）已经明显滞后于新形势下无线电管理工作的发展需要，给地方无线电管理工作造成了较大的被动影响。当前尤其是要推动新修订的《条例》尽快出台，同时，还要抓紧着手进行"无线电法"的立法工作，并列为"十三五"规划的一项重要任务。要进一步加大执法力度，规范行政执法工作。建议国家每年组织开展一些专项执法活动，聚焦热点，综合治理，健全长效机制，形成无线电管理工作的有效抓手。

（三）对地方无线电管理工作指导的针对性不强

全国无线电管理工作会议部署年度工作，包括下发的年度工作要点，往往谈国家本级的事务多，对下布置的任务少；讲具体的业务多，面上宏观的指导少。国家无线电管理机构应从具体的业务圈子中跳出来，进一步简政放权，如继续大力推进台站属地化管理；研究下放一些频率资源给省一级指配，以支持地方经济发展等。

（四）对无线电管理技术设施建设缺乏统一的标准和规范

近年来，国家每年在无线电管理技术设施建设上投入近20亿元，地方无线电管理机构也加大了技术设施建设的力度。但由于缺乏统一的建设标准和规范，各地标准不一，导致了网络难以实现互联互通，影响了技术设施整体效能的发挥。同时，也给设备招标采购工作带来一定困难。

三、对无线电应用与管理的启示

针对意见所提出的各项要求、无线电管理工作的问题总结以及无线电管理改革发展工作的思考，2014年无线电管理工作的一些改革建议如下：

（一）大力推进无线电管理工作的法制化建设

在无线电管理法治化建设方面，无线电管理的立法仍较为滞后，如重要频率

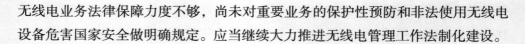

无线电业务法律保障力度不够，尚未对重要业务的保护性预防和非法使用无线电设备危害国家安全做明确规定。应当继续大力推进无线电管理工作法制化建设。

（二）推进无线电管理工作标准化、规范化建设

完整、先进的无线电管理技术标准规范体系是无线电管理工作的依据。无线电管理的建设规范、运用规范、执勤维护等各类标准规范不能满足建设要求，影响了无线电规划、协调、审核等的科学性、时效性，限制了各类无线电管理系统、装备效能的发挥。

（三）推进无线电频率资源的高效集约利用，探索通过市场机制配置资源

加大战略性、前瞻性研究，特别是在一些频率需求量大、商用化程度高、经济价值高的频段，可考虑市场方式进行定价。目前的收费体制是中央收缴，然后以专项经费转移支付给地方进行管理使用，可研究考虑中央授权地方收缴，由地方无线电管理机构用于地方的无线电管理工作。首先，研究制定频率占费由中央委托地方代收代支体制，转变频率占用费专项转移支付的性质；其次，研究频谱资源市场化交易机制，在部分地区试点，对部分商用化程度较高的频段，如优先考虑公网通信和电力等领域，选取部分省市开展拍卖试点工作。在电力领域考虑1.8GHz频段及230MHz频段的频谱拍卖试点。探索频率资源市场化、精细化管理方式。

（四）推动审批制度改革，建设无线电管理网上服务平台

按照中央关于政府职能转变的总体要求和统一部署，降低准入门槛，简化审批流程，推行告知承诺，加强事后监管。对各级无线电管理机构的依法行政行为进行统一规范，变被动服务为主动服务。2014年无线电管理工作要着力落实网上办事大厅的建设。

第三节 《通信短信息服务管理规定》（征求意见稿）

一、出台背景

目前，垃圾短信的泛滥已是世界各国面临的难题。有的国家专门制定了治理垃圾短信的法律。例如，对于色情、暴力、诈骗类信息的发送者将量刑定罪，而对于商业广告类信息的发送者却持有条件的宽容态度。在我国，垃圾短信异常猖

獗，屡禁不止，移动终端用户深受其害。根据"12321 网络不良与垃圾信息举报受理中心"的调查数据，2014 年上半年用户平均每周收到垃圾短信 12 条。根据 360 互联网安全中心发布的《2014 年一季度手机安全状况报告》数据显示，360 手机卫士共拦截各类垃圾短信 208.8 亿条，用户举报垃圾短信 6130 万条。8 月，腾讯手机管家用户举报垃圾短信 5373 万条。垃圾短息不但是对通信网络资源的浪费，还影响了广大用户的正常工作与健康生活。

为了规范通信短信息（以下简称"短信"）服务行为，维护用户的合法权益，根据《全国人民代表大会常务委员会关于加强网络信息保护的决定》、《中华人民共和国电信条例》等法律、行政法规，工业和信息化部于 2014 年 10 月制定了《通信短信息服务管理规定（征求意见稿）》（本节简称"《规定》"），并面向社会广泛征求意见。《规定》明确了未经用户的许可，任何组织和个人向用户发送商业性短信都属违规。《规定》还畅通了用户维权的渠道，明确了如何举报、向谁举报以及触犯《规定》后所受的处罚。《规定》的出台为垃圾短信的治理提供了执法依据，并得到了广大用户的支持。

二、意义

《规定》的出台是对我国现有法律法规的重要补充。《消费者权益保护法》中规定了商家通过非法途径取得的消费者信息，将会对消费者的隐私权造成侵犯。另外，电话骚扰还会侵犯消费者的正常休息权。《规定》补充了短信骚扰内容，还把短信息的范围从单纯的手机短信扩充至包括微信、微博等新型社交媒体方式，渗透到用户信息生活的方方面面。在规范短信息服务方面有了明确的法律依据，不仅明晰了相关主体的责任和义务，还对违规违法行为明确规定了罚款、获刑定罪等处罚手段。

规范短信息服务的效果，很大程度上要依赖更多部门的配合，包括工信部、电信部门、工商部门、执法部门等。监管方面，信息产业监管部门可以要求电信运营商经常性地提交有关规范短信息服务方面的正式书面报告，变为运营商主动监督。电信运营商只能为获得了短信息业务经营许可证的从经营主体开通相关业务和代收短信息费用。电信运营商可以根据短信息经营主体上一月度收入按一定比例收取保证金，用于本月度的用户投诉和违规罚款等支出。

2013 年末，工信部组织开展短信端口集中整治活动，效果显著。中国电信关闭了所有商业短信端口，逐个审批合格后再予以开放。中国联通研究院正在试验利用大数据技术精确判定垃圾短信。通过改进手机功能使手机自动向电信运营商和监管部门发送免费的报告。通过安装反垃圾软件让用户主动屏蔽垃圾短信，提升用户自身的权益保护意识。

规范短信息的法律法规，在一定程度上可将识别垃圾短信的主动权交到用户手里。如果用户希望拒绝所有的垃圾短信，可以将手机号报给监管机构备案；如果用户希望有选择性地接收有用信息，那么发送方应当依法在征得用户同意的情况下才进行发送。详细研究相关规定和实际情况可知，不是所有的用户都对"垃圾"短信息一概拒之。

三、对无线电应用与管理的启示

（一）完善法律法规，有利于同国际接轨

进一步完善无线电应用与管理相关法律法规，明晰相关主体的责任和义务，对违规违法行为明确规定罚款、获刑定罪等处罚手段。

另外，国外有关治理垃圾短信息的法律对《规定》的制定也有借鉴意义。例如，2003年，美国设立"全美不接受电话推销名单"，并通过了首部全国性反垃圾邮件法案，用于合法避免垃圾广告信息骚扰注册用户。2003年，英国立法规定将兜售产品的垃圾信息视为一种犯罪行为。2003年，德国通过《联邦反垃圾邮件法案》，规定发送广告必须得到接收者许可，在发送时间上也有限制。2006年，印度最高法院要求议会和政府尽快就阻止垃圾短信制订相关法律条文和政策规章。因此，无线电管理相关法律法规的制定和完善也应当广泛借鉴国外的经验和教训，促进我国法律法规与国际接轨。《规定》还将涉及到联合跨国企业治理垃圾短信息等问题，例如苹果iMessage垃圾短信等。因此，我国与邻国的边境无线电管理的合作也应当参照联合治理的经验方案和手段等。

（二）明确责任，加强监管与惩处

无线电管理的效果，很大程度上也要依赖更多部门的配合，包括工信部、电信部门、工商部门、执法部门等。一方面，防止卷入违规利益链条。另一方面，增强各部门之间配合、协调程度。明确政策法规层面的管理办法，防止职能部门互相推卸责任，提高无线电管理行动的持续效果。针对无线电方面的违法行为严厉处罚，处罚较轻不足以产生制约和警示效果。

（三）提升技术手段

无线电监管应当通过必要的科学技术手段来进行。然而，针对信息内容的管理确实比较困难。可通过全面推行台站设备实名制，实现了无线电发送方溯源。鼓励业余无线电和设备商，利用大数据、云计算等新兴技术，健全监管系统，跟踪研究新问题的监测技术和防范手段。建立全国统一的无线电应用与管理举报号码、举报平台，并与工信部、工商部门、公安执法等部门进行深入合作与研究，探索建立长效机制与必要措施和手段。

第四节 《关于向民间资本开放宽带接入市场的通告》

一、出台背景

纵观国外市场，在一级宽带运营商以外的固定宽带业务者数量众多，而且业务模式丰富。可以粗略分为二级宽带运营商、三级宽带运营商与宽带业务代理商等。由于网络资源开放度、市场化程度均较高，有些国外的二级宽带运营商可以直接参与骨干网络的建设与运营。近年来，中国固定宽带用户规模持续增长，2014 年已突破 2 亿，预计未来中国宽带用户量同比增长幅度将不低于 5%。然而，中国的宽带到户渗透率低于 40%。中国的光纤到户 / 商（FTTX）的渗透率也不高，全国广大地区的宽带用户尚未从传统技术升级到光纤宽带技术。因此，国内整体的宽带接入速率偏低。根据 Akamai 报告，中国宽带平均连接速度仅为 1.7Mbps，与韩国的 14.2Mbps 相比差距很大。而且，美国联邦通信委员会（FCC）于 2015 年 1 月将有线宽带定义上调到下载速度至少达到 25Mbps。因此，中国固定宽带市场潜力有待发掘，光纤宽带技术的发展机会巨大，民营资本在其中的发展空间广阔。

为贯彻落实党的十八大和十八届三中、四中全会精神，按照国务院《关于印发"宽带中国"战略及实施方案的通知》《关于促进信息消费扩大内需的若干意见》和《关于鼓励和引导民间投资健康发展的若干意见》的有关要求，充分发挥民间资本灵活、创新的优势，结合我国宽带接入市场具体情况和特点，工业和信息化部于 2014 年 12 月 25 日发布了《关于向民间资本开放宽带接入市场的通告》（以下简称"《通告》"）。鼓励民间资本以多种模式进入宽带接入市场，促进宽带网络基础设施发展和业务服务水平提升。

二、主要内容

（一）鼓励民间资本以多种模式进入宽带接入市场

具体来说，第一种开放模式是通过参与宽带接入网络设施建设和运营。根据随《通告》制定发布的《宽带接入网业务开放试点方案》，16个城市率先展开试点，包括上海、重庆等，北京不在其中。工信部将根据试点情况适时扩大试点范围。《宽带接入网业务开放试点方案》将于2015年3月1日起实施，为期3年。第二种开放模式是通过参与宽带接入网络的投资并与基础电信企业开展合作。《通告》鼓励民营企业以资本合作、业务代理、网络代维等多种形式和基础企业开展合作，并分享收益。第三种开放模式是通过提供宽带转售服务。《通告》鼓励拥有因特网接入服务业务经营许可证的民营企业，利用从基础电信企业租用的接入网络资源来提供宽带上网服务。另外，《通知》提出民营企业可通过第一种和第三种开放模式以自有品牌为用户提供宽带上网服务，可通过第二种开放模式以基础电信企业品牌为用户提供宽带上网服务。

（二）对宽带接入市场的各方提出要求

为保障开放工作积极稳妥推进和宽带接入市场规范化运行，切实保障消费者的合法权益，《通告》还对基础电信企业、民营企业和电信管理机构分别提出了要求。首先，要求基础电信企业与民营企业进行公平平等的合作，并遵守相关法律法规和行业制度。企业应加强自身管理，逐步建立统一规范的制度体系，并向电信管理机构汇报合作情况。其次，要求民营企业在参与网络基础设施建设、业务运营以及转售过程中，遵守相关法律法规和电信行业管理。企业应首先保障用户的自由选择权，不得私自连接业务节点，自有品牌需要建立健全服务质量管理体系，保护用户信息安全，禁止再次转租等行为。最后，要求电信管理机构对本地开放宽带接入市场完善监管，推动资源共享，维护公平、公正的市场环境。

三、对无线电应用与管理的意义与影响

宽带接入是继虚拟运营商之后，工信部又一个重点推进的民间资本进入电信的业务。这也是时隔13年后，国内宽带市场再次向民间资本开放，其意义深远。一方面，是规范二级宽带运营商、三级宽带对宽带接入网络的投资、建设及运营，进一步明晰市场上存在的"灰色宽带"业务。从监管角度来看，在《通告》中对

基础电信企业和民营企业提出了要求，尽量保障消费者的合法权益。在开放试点过程中，主要围绕两方面实施监管，一是不断进行跟踪、总结，及时解决市场的困难和问题，努力为民营企业创造良好的政策环境；二是加强监管，促进公平竞争，确保网络与信息安全。另一方面，有利于解决目前宽带"最后一公里"的发展困局。从"宽带中国"战略角度出发，通过民营企业的业务优势，加速推动光纤到户、光纤到楼等普及。另外，由于基础电信企业在核心网的投资巨大，通过整合民间资本，加速国有资本投资的回收。

　　《通告》的影响显著。《通告》一出立即引发众多国有企业和民营企业的密切关注。早在工信部就民资入市宽带征集意见时，国内基础运营商和虚拟运营商就已纷纷摩拳擦掌，着手宽带牌照申请准备，都想在宽带市场拔得头筹。《通告》发出后，获得移动转售业务的虚拟运营商将成为首批尝鲜者。苏宁互联已经完成了宽带牌照申请资质材料准备，目前正通过其在各地的苏宁互联分公司与当地通管局接洽沟通。蜗牛移动也正考虑在某个试点城市进行申请。预期宽带接入市场将迎来众多民营企业的积极参与。因此，电信行业的监管对象将会增多，监管范围也将扩大，不但要监督电信运营商和民营企业，还要协调两者之间的关系。这同时也增加了对各级电信运营企业的管理难度。因此针对该类新生的市场，相应的监管必须尽快落地，监管部门应当进一步优化监督管理的方式方法。

第十三章　2014年中国无线电应用及管理重点政策解析

在我国有关无线电应用与管理的政策环境影响下，2014年我国无线电应用与管理领域修订并出台了一些具体的政策文件。本章将分四节具体解析2014年我国无线电应用与管理方面的重点政策。

第一节　《中华人民共和国无线电管理条例（修订草案）》（征求意见稿）

一、出台背景

2014年5月6日，国务院法制办公室与工业和信息化部联合发布了《中华人民共和国无线电管理条例（修订草案）》（征求意见稿）（本节简称"新《条例》"）。新《条例》总计80条细则，包括总则、管理机构及其职责、无线电频率和卫星轨道资源管理、无线电台（站）管理、无线电发射设备管理、发射无线电波的非无线电设备管理、涉外无线电管理、无线电监测和监督检查、法律责任及附则等10部分内容，以适应新形势下无线电业务发展对无线电管理工作提出的新需求。新《条例》从加强卫星轨道资源管理、强化无线电安全保障等方面进行了修订。

二、意义与影响

此次修订工作，顺应了新形势下无线电管理工作的新要求，体现了政府职能的转变。

（一）有助于更好地维护我国空间资源权益

目前，世界各国对卫星频率和轨道资源的开发日益加快，对其资源的需求日益增长，对卫星频率和轨道资源的竞争日趋激烈，争取在国际制空权中取得优势，由此可见，卫星频率和轨道资源对国家具有极其重要的战略意义。

新《条例》新增卫星轨道资源管理相关内容，包括卫星轨道资源规划（第二十一条）、使用（第二十二条、第二十四条）、卫星工程建设（第二十三条）及协调（第二十七）等具体条款，规范了国内卫星频率和轨道资源相关申报、受理及协调工作程序，有利于实现卫星频率和轨道资源的科学规划和合理利用，促进我国卫星应用产业的健康发展，维护我国在"空间资源"争夺战中的合法权益。

（二）促进无线电频率资源的高效利用

我国对无线电频率资源的分配一直沿用行政审批的单一模式，市场在频率资源的配置中没有充分发挥作用，导致某些商用频段蕴含的巨大经济价值没有得到充分的挖掘和体现。党的十八届三中全会明确指出，市场要在资源配置中起决定性作用。因此，推进频率资源的高效集约利用，探索通过市场机制配置资源，成为新时期无线电管理的重要内容。

新《条例》对促进频率资源高效利用从技术、市场、行政 3 个方面进行了深入扩展。技术层面，指明国家鼓励频率高效利用技术的自主创新（第五条）；为充分发挥市场在资源配置中的作用，第十八条中明确规定"对无线电频率颁发使用许可，应当采取招标、拍卖的方式"，将采取市场化手段配置频率资源提升到国家层面；同时为避免频率资源长期、不必要的浪费，第十九条和第二十五条分别对频率使用期限、回收机制进行了限定。通过上述细则，有利于完善无线电频谱资源价值形成机制，进一步实现频率资源的集约高效利用。特别是使市场机制在频率资源配置中起决定性作用，对于我国开展针对部分商用化程度较高的频段采取拍卖、招标、交易等市场化配置手段的试点工作奠定良好的政策基础，提升了我国频率资源市场化、精细化管理水平，保证在国际频率资源划分中维护国家权益。

（三）推动"无线电安全"纳入整体国家安全顶层设计

目前，无线电频率已经广泛渗透进国民经济、社会生活和国防建设各个领域，其安全性保障也被提到一个更高的认识水平。2014 年 2 月 27 日，中央网络安全和信息化领导小组宣告成立，将网络安全提升至国家战略层面。而无线电作为信息化无所不在的重要载体，其安全同样涉及国家政治安全、经济安全、国防安全和社会安全，是国家网络安全的重要组成部分。

新《条例》将无线电安全内容纳入国家顶层设计，贯穿整个条例，对无线电设备产业链中的研制、生产、进口、销售和维修等环节（第五章）以及非法的无线电发射活动查处（第六十四条）等内容都进行了明确规定，能有效打击生产、销售和使用非法站台(如"伪基站")的相关活动,维护空中电波秩序,对非法台(站)做到从"源头"治理。与此同时,新《条例》针对境内/外主体设置无线电台站(第五十四条）的行为进行约束，从而进一步做到密切关注社会热点，依法治理卫星电视干扰器、"伪基站"、非法广播电台等人民群众反映强烈的问题，充分发挥无线电管理在实现"确保国家安全"的战略目标中的重要作用，以适应新形势下我国网络信息安全的需求。

（四）加快推动政府职能转变

党的十八届三中全会以来，加快政府职能的转变，全面深化行政体制改革，成为党中央、国务院相关部门的重要工作任务。简政放权和政务公开是贯彻落实十八大政府机构职能改革的两项基本内容。通过减少和下放行政审批事项、强化社会对政府工作的有效监督等措施，加快行政审批制度改革，激发市场的创造力。

新《条例》针对无线电台（站）管理（第四章），进一步简政放权，推进无线电台站属地化管理工作，同时针对行政审批许可的时间期限进行了明确，第二十九条明确规定"无线电管理机构应当自受理申请之日起30个工作日内审查完毕"，提高了行政审批的工作效率。此外，为进一步做到政务公开，强化社会监督机制，第五十八条中对于建立无线电电磁环境监测和评估制度，并接受社会监督进行了规定，进一步提升无线电管理工作的透明度，落实无线电管理机构改革相关措施。新《条例》通过对无线电管理简政放权、政务公开等措施，进一步实现无线电管理工作由事前审批更多地向事中、事后监管的转变，有利于建成精简高效的无线电行政管理体系。

（五）强化电磁环境保护

近年来，无线电相关产业广泛地渗透到国民经济发展和国防建设各个领域，如公众移动通信、广播、公安、军队等，伴随着用户密集度增加，无线电环境日益复杂,电磁环境污染限制相关产业的可持续、健康发展成为社会广泛关注的问题。

面对上述形势，新《条例》针对电磁环境保护相关内容设定了相关条款，对电磁环境保护区的划定（第三十二条），采取措施对周边电磁环境进行保护，防止电磁环境污染（第三十六条）等内容进行了明确阐述。无线电频率资源是宝贵的战略基础资源，使用不当极易造成污染，严重制约相关产业的发展。因此，将电磁环境保护纳入国家层面，有利于无线电频率的合理开发及应用，同时避免电磁环境污染对人体健康、空中电波秩序及相关产业造成负面影响，加快我国经济结构调整和产业的转型升级，有利于生态环境的保护和智慧生态中国的建设，增强我国战略性新兴产业的国际竞争力。

三、落实建议

新《条例》是对 1993 年《中华人民共和国无线电管理条例》（本节简称"93版《条例》"）的修订，是为了适应新时期无线电管理工作的实际需求，为相关监管工作的推进提供法律依据。下一步，为了做好相关内容的落实，还需在国家统一领导下，从政策、人才、技术及协调工作等方面重点着力，从加快地方新《条例》修订、强化部际协调联动机制建设和人才队伍建设等方面加大工作力度。

（一）推进地方《条例》修订工作

93 版《条例》是目前指导我国无线电管理工作最为权威的文件。由于无线电管理具有地域化的属性，且国家层面的法规在一定程度上无法完全兼顾不同地域无线电管理的实际要求，因此，地方在与 93 版《条例》立法精神不相违背的前提下，结合本地实际工作的需要，出台本地无线电管理条例作为有效补充，在地方无线电管理工作中起到了很好的作用。伴随着新《条例》发布，地方无线电管理机构可以借鉴前期立法经验，积极推动新《条例》修订工作，进一步完善无线电管理国家和地方相结合的法律法规体系。

（二）强化部际协调联动机制

无线电频率协调涉及国家层面不同的行业部门，需集中统一管理，确保其高效利用。目前，国家对于无线电管理部际协调联动机制日益重视，如中宣部、公安部、工业和信息化部等 9 部门联合打击"伪基站"的专项行动就是一个很好的实践例子。为保障新《条例》对于频率资源集中统一管理、频率市场化配置及频率回收等细则的贯彻落实，提高无线电管理的综合监管和应急事件处理能力，必须加强各部门之间的高效协调，进一步完善日常协调机制，建立长效的无线电管理联动工作机制，提高协调效率。

（三）加强相关保障机制研究工作

技术创新是频率资源高效利用的核心动力，我国应加大对高频频段应用方面的新技术和新产品的研发投入，鼓励频率资源高效利用技术创新，建立频率高效利用技术保障体系。此外，针对新《条例》中频率收回的细则，应结合我国实际国情，综合考虑频率补偿对象的特点、补偿范围、补偿资金的来源和补偿具体标准制定方法等因素，针对国家关注的频段，分阶段研究制定适应我国短、中、长期无线电业务发展需求，可操作性强的频率补偿机制，实现频率释放和回收的高效推进。

（四）强化人才队伍建设

目前，无线电产业发展日新月异，各种新应用层出不穷，对无线电管理工作人员提出了更高要求。因此要注重加强对无线电管理工作人员的国际规则、无线电监测及数据库建设、无线电业务国际协调等培训，并定期开展日常监测、数据存储及处理等培训活动，提高无线电管理人员处理复杂问题、应对无线电干扰突发事件的能力，不断提升无线电管理人员自身业务水平和综合素质，完善无线电管理的长期人才储备机制，将新《条例》中的各项工作落到实处。

第二节 《中华人民共和国无线电频率划分规定》（2014版）

一、出台背景

无线电频谱资源是一个国家重要的战略性资源，随着技术的不断发展、人民需求的快速增长，未来无线宽带对于频谱资源的需求量将会更大，由于受到技术和无线电设备的限制，国际电信联盟（ITU）当前只划分了9Hz—400GHz的频谱范围。实际上目前使用的无线电波频段都在几十GHz以下。尤其是公众移动通信领域，在目前的技术条件下，适合的频段更为狭窄。从目前2G及IMT系统的用频来看，各国的移动通信业务都工作在3GHz以下（尽管ITU将3400—3600MHz确定为4G用频，但目前未有国家正式使用），适合移动通信的频段的使用已过度密集，可用频率十分紧缺，频谱资源的稀缺性可见一斑。

2013年11月28日，工业和信息化部公布了《中华人民共和国无线电频率划分规定》（中华人民共和国工业和信息化部令第26号，本节简称"《规定》"）。《规定》自2014年2月1日起实施。

划分规定主要参照《无线电规则》第 5 条 "频率划分" 部分进行制定。ITU《组织法》第 6 条（国际电联法规的执行）第 37 款规定："各成员国在其所建立或运营的、从事国际业务的或能够对其他国家无线电业务造成有害干扰的所有电信局和电台内，均有义务遵守本《组织法》、《公约》和行政规则的规定，但是，根据本《组织法》第 48 条规定免除这些义务的业务除外。"11 月 5 日，工业和信息化部第 5 次部务会议审议通过了《规定》；11 月 28 日，公布了《规定》。

《规定》的制定正是为了在社会各个领域更为充分、合理、有效地利用有限的无线电频谱资源，保障频谱资源的合理分配和高效利用，从而实现最大化的经济和社会价值，《规定》的制定依据包括《中华人民共和国无线电管理条例》和国际电信联盟（ITU）发布的《无线电规则》，同时结合我国无线电技术及应用发展的实际情况。修订主要依据以下几项原则：1. 合理、有效、节约使用无线电频谱资源；2. 符合国际惯例；3. 实事求是、适度超前；4. 维护国家主权。

二、意义与影响

随着无线电新业务、新技术的不断应用，频率资源稀缺的状况日益突出，各国维护、拓展本国无线电频率和卫星轨道资源权益的竞争也愈演愈烈。新版《规定》在密切结合国际最新进展与中国国情的基础上，还针对我国市场需求为未来无线电新技术、新业务留存了发展空间，具有重要意义 [1]。

有关研究认为新版《规定》为我国无线电产业的未来发展布局谋篇 [2]：

第一，加强无线电频率的规划，做好公众通信和专业系统的频率规划，加强宏观指导，是国家无线电管理 "十二五" 规划的要求。此次修订工作，结合国际相关规定和我国无线电业务的发展实际，根据各行业技术发展和应用需求，新增、调整频率资源划分数百条，在鼓励频谱资源共享的前提下，进一步完善了频率动态管理机制并促进了频率管理向精细化管理转变。尤其是在 L 频段的国内划分中增加卫星移动业务，为我国卫星移动业务的长远发展奠定了基础，为 L 频段的合理高效使用创造了条件。

第二，新版《规定》在国内多个频段提供了新的业务划分，这牵动了各类新业务背后的行业链条，较好地激发了这些链条中产、学、研等环节的工作。修订工作充分结合了新一代信息技术等战略性新兴产业的发展及信息化和工业化的深

---

[1]　中国无线电管理网：《解读〈中华人民共和国无线电频率划分规定〉（2014）》。
[2]　晓雨、王坦：《新版〈划分规定〉为我国无线电未来发展谋篇布局》，《人民邮电》2014 年 1 月 22 日。

度融合，有助于促进无线电技术在工业领域的应用，促进各部门各行业内部形成一股合力，引导我国自主知识产权的无线电技术发展。据国家无线电监测中心有关负责人介绍，《划分规定》还对多个频段发射限值进行约束，进一步规范了相关设备、台站的研发及使用，为保障各类合法台站的安全运行、维护良好的空中电波秩序夯实了基础，对营造无线电产业持续、健康、和谐的发展环境起到了推动作用。

第三，此次修订中涉及多个频段的新增划分有助于引导相关基础研究，如将495kHz—505kHz频段划分为水上移动业务的专用频段，为我国从事海岸向船舶实施数字化安保信息广播通信的相关研究奠定了基础。修订后的《划分规定》，既是过去无线电技术研究成果的间接体现，又将为无线电管理基础研究提供新的发展思路，为研究实现频谱共享和高效利用无线电新技术指明方向，有助于进一步完善我国无线电管理基础研究体系。

三、落实建议

有关研究给出了针对《规定》的具体落实建议[1]：

第一，统筹规划军地无线电频率资源，促进军民融合深度发展。

第二，加强频率协调和国际合作，争取和维护我国国际无线电合法权益。

第三，统一无线电管理认识，增强无线电管理意识，夯实我国无线电管理的思想基础。

第四，加强无线电管理的领导工作，促进各方协作，强化我国无线电管理的组织基础。

第五，建立健全无线电频率政策法规制度，促进我国频率划分与时俱进。政策法规的制定和贯彻实施是一个不断完善的过程，应当与时俱进。

第六，科学地分配无线电频率资源，根据我国无线电相关产业的未来发展科学合理定制分配方法和手段。

第七，进一步优化核心资源配置，规范行业行为，维护电波秩序，引导无线电产业持续健康发展。

第八，通过支持基础研究，提高无线电管理相关技术，为我国无线电发展打下坚实的根基等。

---

[1] 慧芳：《新规定实现"三促进"》，《中国电子报》2014年1月7日。

第三节 《无人机系统频率使用事宜》(征求意见稿)

一、出台背景

无人机系统包括无人机和配合无人机运行的装置和设备。近年来由于美国的无人机系统在战场上的应用取得了令人惊讶的战果,无人机系统引起了世界各国的高度关注。未来无人机系统的需求将不断增长。国际电信联盟(ITU)给出了民用无人机系统的市场预测,预计未来5年内民用无人机系统年使用小时将会增加3—5倍。

我国民用无人机市场尚处于初期阶段,民用无人机企业中很大一部分为航模生产企业转型而成,技术实力较为薄弱。但随着国家信息化建设不断深入和相关产业发展,民用无人机市场逐渐得到了重视。我国已逐渐加大对民用无人机的研究和生产投入,充分显示了我国对民用无人机的发展越来越重视,这对我国民用无人机形成产业链的发展至关重要。

无人机的快速发展和安全操作必然对接入的无线电频谱提出新的要求。目前我国无人机系统用频比较混乱,不同研制生产厂家,不同型号的无人机使用的频率各不相同。为规范我国民用无人机系统的使用频段和相关技术参数,支撑我国民用无人机系统的快速发展和广泛应用,避免对已有无线电系统形成有害干扰,急需对我国民用无人机系统的使用频率进行规划研究,以保障和促进我国无人机系统良性有序发展。

为满足无人机系统测控与信息传输链路频率使用需求,根据我国无线电频率划分规定及频率资源使用情况,工信部无线电管理局拟在840.5—845MHz,1430—1446MHz和2408—2440MHz频段增加无人机相关应用,并起草了《无人机系统频率使用事宜》(征求意见稿)。本节简称"《使用事宜》"。

二、规划原则与意义

《使用事宜》对无人机系统的上行遥控和下行遥测信息传输链路的频率进行了划定,并规定个别频段应优先保证警用无人机和直升机视频传输使用,还规定了无人机系统无线电设备的射频指标。《使用事宜》中候选频段840.5—845MHz,

1430—1446MHz 和 2408—2440MHz 的确定原则主要有以下几个方面：

第一，以国家频率划分规定为指导。根据《中华人民共和国无线电频率划分规定》（2014 版），无人机系统属于航空移动业务，以国家频率划分规定为指导既保证了以上三个频段的合法性，又能保证业务适用性，还能减少电磁兼容的复杂性。

第二，尽量避免系统间干扰。目前，频谱资源非常紧张，民用无人机系统的频谱只能通过与已有的无线电业务共用频谱。因此，应当选择民用无人机系统实际应用和其他系统间存在干扰较小的频段。例如，840—845MHz 在我国被用于远距离 RFID，而且应用较少。1430—1446MHz 在我国被用于移动航空遥测业务和为数不多的固定—点多址微波接力系统业务。2408—2440MHz 在我国被用于工业、科学和医疗（ISM）设备，例如 Wi-Fi，该频段是开放频段，原则上不受保护。

第三，兼顾现状，着眼发展。频率规划应考虑到我国民用无人机系统市场和使用频段的现状，还应考虑未来民用无人机系统的发展所需的频谱容量。

第四，参考 ITU 原则和方法。通过研究和借鉴 ITU 关于无人机系统的频率规划、频谱需求分析和电磁兼容分析等研究成果，结合我国民用无人机系统的实际应用情况，有效、合理地进行规划，避免造成无人机系统间或与其他系统间的有害干扰。

《使用事宜》的频率规划建议有以下突出意义：

第一，较好地满足了民用无人机系统频率规划的上述原则，即符合国家频率划分规定，在考虑到未来民用无人机系统的发展前提下，兼顾到现有民用无人机系统的现状，实现了军民无人机系统频谱的一定融合，借鉴了 ITU 关于无人机系统频率规划的一些原则和方法。

第二，能够满足民用无人机系统灵活的频谱接入需要，即能够适应不同传输速率、调制类型和视频压缩格式的要求，满足民用无人机系统下行链路的各种带宽需要，如 1/2/4/8MHz 等。

第三，能够实现频谱资源的高效利用。不但能够满足两个民用无人机系统在同一个蜂窝覆盖区同时进行下行链路的操作，而且还能满足不同蜂窝的频率复用要求，达到频谱资源的高效利用。

第四、能够满足民用无人机系统安全的频谱接入。根据有关专家对候选频段840.5—845MHz，1430—1446MHz 和 2408—2440MHz 中的民用无人机系统和其他系统的共存进行分析，相应的规划可以较好地实现民用无人机系统与其他已有的无线电业务共存，避免产生相互间干扰。

三、落实建议

落实《使用事宜》以及解决民用无人机系统频谱资源稀少的几点建议：

第一，技术方面。加强用频技术研发，提高频谱资源利用率。通过频谱共享机制，如软件无线电和认知无线电等技术创新提高频率共用能力，通过数据压缩增大相对带宽，以及通过干扰协调与抑制等技术提高抗干扰性能等。研发更好的管理协调工具，如研发新的工具或者改进现有的工具，从而实现准确、实时和合理地分配电磁频谱资源。获取更多频谱资源，即临时或永久性地获取更多军用频率和带宽以及获取短期的频段保障，例如从其他运营商租用频段等。

第二，法规标准方面。加快制定和发布国家和行业的民用无人机用频标准规范，完成《无人机频率规划》并付诸实施。立足产业发展和军民融合，大力扶持国有企业和机构加入无人机用频标准技术研发行列，研究发展我国民用无人机的管理措施以及相应的政策、法规、标准等规章制度，规范民用无人机系统相关通信设备的生产和使用，规范频率合理使用，整顿用频秩序，促进产业界竞争和有序发展。

第三，监管方面。建立和完善与民用无人机相关的用频管理体制机制，加强用频管理，规范用频秩序，促进民用无人机产业快速发展，为经济和国防建设服务。规范管理流程，通过授权具有确定参数的某一类设备使用限定的频段，即从设备生产开始规范其用频范围和射频指标，可使之后的管理流程更具灵活性，同时也可以减小对其他系统的无线电干扰。。

第四，制度方面。建立无线电主管部门牵头，民航、公安、军队各部门协调的用频制度。探索民用无人机与军队、民航和公安共同开发利用频谱资源的可能性，充分利用军民融合的契机，加强频谱租赁市场化运作可能性，通过多个渠道、多层次逐步增加我国民用无人机的可用频谱资源，繁荣民用无人机应用市场，促进产业健康发展。

第四节 《1447—1467兆赫兹（MHz）频段宽带数字集群专网系统频率使用事宜》（征求意见稿）

一、出台背景

集群通信，即无线专用调度通信系统，已从"一对一"的对讲机形式、同频单工组网形式、异频双工组网形式以及进一步带选呼的系统，发展到多信道用户共享的调度系统，并在各行各业的指挥调度中发挥了重要作用。集群通信发展的必然趋势是由模拟向数字方向发展。

数字集群专网的主要用户为两类：一类是对指挥调度功能要求较高的特殊部门和企业，包括政府部门（如军队、公安部门、国家安全部门和紧急事件服务部门）、铁路、水利、电力、民航等；另一类是普通的行业用户，如出租、物流、物业管理和工厂制造业等。

在全球数据流量猛增的大背景下，宽带化升级已成为我国无线专网的发展趋势。视频传输、数据查询等高速宽带通信业务在公共安全、交通运输、政务和能源等行业需求巨大。然而，我国无线专网大多还停留在2G时代，这给无线专网的发展带来了巨大挑战。因此，如何实现数字集群和宽带接入的共网化、宽带化成为当前市场需求的主流。

为适应政务、公共安全、社会管理、应急通信等对宽带数字集群专网系统的需求，根据《中华人民共和国无线电频率划分规定》及我国频谱使用情况，经工信部无线电管理局研究，起草了《1447—1467兆赫兹（MHz）频段宽带数字集群专网系统频率使用事宜》（征求意见稿）。本节简称"《使用事宜》"。

二、意义与影响

《使用事宜》将1447—1467MHz频段规划给政务专网使用。使用该频段的宽带数字集群专网系统采用时分双工（TDD）的工作方式，并规定了无线电通信设备主要技术指标。《使用事宜》在以下几个方面有明显的意义和影响：

（一）我国专网基于TD-LTE技术的宽带化升级趋势显著

我国主导制定的TD-LTE是4G国际标准之一，其在提供无线宽带接入时，具有频谱资源配置灵活、传输速率高、可与 LTE FDD 融合组网等优点。不仅如此，从产业角度来看，我国已形成较成熟的 TD-LTE 产业链，具有雄厚的产业基础。我国除了在公网方面正在加快 TD-LTE 商业化的进程，并且已有意识在专网领域发挥其优势。目前我国已有电信设备制造商开始生产基于 TD-LTE 技术的无线专网设备，并已在部分行业和领域的宽带专网建设中得到应用。

（二）我国重点发展基于 TD-LTE 技术的政务专网

目前已有北京、天津和南京等城市开始建网和使用。从 2011 年到目前为止，北京市政务物联数据专网的基站数量超过 200 个，主城区基本实现覆盖，重点业务主要为多方会议电话、联席办公、远程实时监控等；天津市同样选择了 TD-LTE 技术建设覆盖全城的政务网，目前一期网络建设已基本完成，并且滨海部分地区也已部署了 TD-LTE 专网宽带网络；南京市政府建设的全球首个 TD-LTE 宽带多媒体数字集群政务专网，为第二届亚青会的顺利举办保驾护航，成功实现了中国自主技术 TD-LTE 宽带集群对国际重大赛事的通信指挥保障。除政务专网以外，国内公共安全、能源、高铁、民航、交通运输等行业和领域都在积极部署或者正在规划原有专网基于 TD-LTE 技术的宽带化升级。

（三）缓解频谱资源在专网宽带化升级中的稀缺性

频谱是所有无线电技术应用及相关产业发展的先决条件。在专网宽带化的进程中，首先必须面对频谱资源紧张的局面，目前适合移动通信的频段的使用已过度密集，可用频率十分紧缺，并且适用的频谱资源大部分已经规划或预留给了公网。相比之下，可供专网使用的频率资源就显得更加紧张。其次，专网宽带升级的频谱需求量大。专网与公网相比，分布分散、需求差异大，而这导致了专网频谱规划时的零散性。这种频谱规划方式在窄带通信时期能够满足频谱需求，但在宽带时期，随着数据应用的增多、数据流量的提升，专网对频谱的需求会不断增加，在建设初期可能就需要几十兆赫兹的频谱资源。当不同行业和领域的专网都需要向宽带化网络升级时，已不可能再有足够的频率资源可供规划，窄带通信时期零散的分配给每个专网独立使用频谱的方法也就不再适用。国家无线电管理机构在《使用事宜》中规定在 1.4GHz 频段上以 10MHz 和 20MHz 信道带宽的形式来分配频谱使用。

（四）弥补专网宽带集群标准缺失，加速专网规模化升级

在"窄带向宽带演进"这样一种必然趋势下，国内外很多联盟和协会以及诸多研究机构和企业都积极涌入到无线宽带专网产业链中。原本大家的意图是通过联盟和协会的推动，实现产业的规范化和标准化，整合产业资源，实现整条产业链的可持续发展。但现状是，标准制定严重滞后、无线宽带产业上下游同类企业之间仍各自为政。由于缺乏统一的标准，设备厂商结合自身情况，采用了有利于自己的技术方案，无法实现互联互通，出现了诸多的信息孤岛。标准不统一不仅降低了用户体验，而且还在一定程度上增加了终端设备的成本，已经成为专网宽带化升级道路上亟需突破的一大瓶颈。《使用事宜》的出台，在一定程度上弥补了这种标准缺失，体现了国家在专网规模化升级方面的高瞻远瞩。通过首先确定时分双工模式的用频，为我国自主的 TD-LTE 技术提供广阔的市场需求，进而为逐步出台一系列宽带数字集群专网相关标准奠定了基础，为加速各类专网的相应规模化升级指明了方向。

三、落实建议

对《使用事宜》的落实以及宽带数字集群专网系统发展的一些建议如下：

（一）加大频谱管理新技术、新模式的研究力度

欧美发达国家和地区为了满足无线宽带时期的用频需求，已对无线电频谱管理技术和模式进行了探索。例如，欧盟委员会于去年推出一项频谱共享计划，保证频谱能在不影响主用户频谱使用权的前提下使频谱资源得到最大化的共享利用；美国政府也于去年制定了频谱高速公路计划，该计划旨在通过频谱管理模式的创新，在一段频谱上实现不同无线电业务的动态共享使用。因此，我国首先应深入对认知无线电、频谱共享接入等先进无线电技术的研究，从技术层面上实现频谱利用率的提高；其次，应积极探寻适合我国的频谱共享管理模式，实施新的频谱框架体系和分配方式，从根本上解决专网宽带化升级中频谱匮乏的难题；最后，鼓励各级无线电管理机构在《使用事宜》的基础上提出更进一步的频率分配方案。

（二）宽带数字集群专网的发展需要借鉴经验和统筹规划

专网宽带化升级进程中需要专网用户统一频率使用认识，逐渐实现"共网"和"一网多能"的发展目标，这样不仅能充分利用频谱资源，还能节省建网及网

络后续的运维成本。例如，美国政府计划在 700MHz 频段规划建设基于 LTE 的全国性公共安全专网。由于同样采用 LTE 技术，公共安全专网和公网的无线及空口技术基本一致，因此用户可在专网与相邻频段的公网之间实现漫游，在专网暂时不能覆盖的区域里，公网能作为专网的有效补充。一方面，我国 TD-LTE 公网商用在即，相关部门应学习和借鉴美国专网的升级经验，统筹考虑 TD-LTE 专网与公网的协同发展；另一方面，我国公共保护和救灾领域（PPDR）大部分专网仍处在模转数阶段，而部分专网却已经显现出宽带化的需求，在发展 TD-LTE 专网时需同时考虑与警用数字集群通信系统标准（PDT）的关系，要分阶段推进 PDT+TD-LTE 的融合。

（三）切实落实《使用事宜》中对无线电设备指标的规定

主要包括无线电通信设备主要技术指标，即信道带宽、发射功率限值、载频容限、基站无用发射限值和其他的行业相关标准。在专网设备的研制、生产、进口、销售和设置的过程中严格按照《使用事宜》中对无线电设备指标的规定进行，可以大大简化审批、审核以及部署流程和成本，进而可以加速宽带数字集群专网系统的发展。

（四）加快基于 TD-LTE 技术的专网宽带集群标准的制定

截至目前，在中国通信标准化协会（CCSA）的牵头下，相关研究部门联合用户和设备厂商，正在积极开展 TD-LTE 专网宽带集群标准化工作。需要注意的是，专网宽带化标准的制定不能以牺牲网络的可靠性、安全性和接入时长为代价，要寻找到一个平衡传输速度和原有专网性能的最佳融合点，最终实现既能满足专网通信的可靠保障，又能满足宽带需求的目标。

热 点 篇

第十四章　2014年无线电技术与应用热点

第一节　移动通信飞速发展

一、新时期4G拉动经济飞速发展

2014 年以来，4G 通信开启大规模商用，工信部重点推进 4G 建设。据预测，2015 年 4G 的投资将达 1600 亿，并将带动超过 9000 亿的国内经济发展。4G 的商用将拉动产业链上下游的转型与升级，促进软件、芯片、移动金融、大数据、智慧城市等产业和新兴业态的飞速发展。4G 对经济发展的影响具体表现在以下方面：

将助力传统行业的信息化升级，4G 的商用加速了各行业信息化应用转型升级。在医疗方面，可实现可视远程会诊、远程医疗等，并促使资源分配方式更加高效；在交通方面，4G 将率先改变智慧交通系统；在金融方面，4G 为金融的信息化提供了智能平台和高速的网络环境，能改变金融业的商业模式；4G 网络还将给互联网提供上千亿元的经济市场。

将衍生出诸多新型业务形态，4G 的发展即将引发大数据革命，并促使新技术、新商业模式、新型服务不断涌现。比如，4G 将推动我国的云计算业再上新台阶；TD–LTE 的核心优势将有力地助力移动互联网的飞速发展，高速的网络将促使用户向移动端加快迁移，一大批的新移动 APP 即将出现，伴随而来的用户体验也会大幅提升；还将加快推动我国智慧城市进入实质性推进期；4G 的大规模商用终将促使大数据时代的到来，促进大数据从理论上转向实践和应用。

推动终端芯片业走向成熟，从 TD 产业的发展上看，推动通信芯片业成熟的关键是规模化经营。4G 大规模商用将推动我国终端芯片工艺的稳固提升；在多模芯片方面，国内企业在 2014 年年内已实现可达 28 纳米级芯片的大规模商用。

加快运营商产品服务的升级，运营商是利用增大服务的覆盖面获取用户和高速切入移动互联业务，来达到满足用户多方面的服务需求。随着 4G 的商用，三大运营商都出台了各具特色的 4G 品牌业务，这反映出数据业务已成为运营商关键的增长点。目前，各大运营商已开始学习互联网企业的服务方式、运营模式等，并积极探索适合自身发展需求的新商业模式。

二、4G进程随着运营商的发力提速

2014 年 2 月 14 日，广东电信在深圳、广州等 6 城市首批商用，正式推出天翼 4G 业务，并公布了电信 4G 套餐资费标准。目前，三大运营商都在加快推进 4G 发展，三大运营商预计 2015 年对 4G 投资额将超过千亿，据工信部等机构预测，4G 相关行业投资将加速释放。

中国移动加快推进 4G 网络规划。2013 年年底中国移动率先开展 4G 商用，2013 年其 4G 投资规模约为 417 亿。2014 年其 4G 基站建设分为两期，一期数量已达 28 万，第二阶段基站总数已达 50 万。中移动已经提前实现原本计划年中 100 个城市满足 4G 商用的条件，2014 年 10 月满足 4G 商用城市将达到 300 个。据预测加上其他辅助投资，中国移动 2015 年用于 4G 投资规模将达 722 亿。

中国电信快节奏跟进 4G 商用。4G 发牌后中国电信就积极推进 TD–LTE 商用，并向制造商出台了《中国电信 LTE 终端需求白皮书》。早在 2013 年底就开始了 LTE 终端首次采购招标，其中有 20 多家厂商的 50 款终端参与竞标，而其 4G 数据卡按要求在 2014 年一季度上市。中国电信在今年 2 月 14 日正式启动 4G 商用，与此同时还展开大规模采购 4G 终端，起初服务的城市将已达近百个。目前，国内 88 个城市已开始 4G 商用，2015 年内还将继续扩大商用规模。2014 年中国电信投资建设 TD–LTE 和 FDD–LTE 网络规模已达 450 亿。

中国联通大力建设 4G 网络。从发牌伊始中国联通就开始在国内部分城市测试 LTE–FDD 网络，目前已开通了 21M 的 4G 网络。中国联通采取实施 3G/4G 协同运营确保其领先优势。在国内预计于 2014 年 3 月启动 4G 商用，并将在年内加大 4G 网络的投资。从 2013 年年底中国联通宣布启动 4G 招标，到 2014 年 2 月公布了主设备商招标结果：包括中兴、华为在内的 9 家企业。2014 年联通计划总共投建 5 万个基站（TD 制式 1 万个，FDD 制式 4 万个）。预计中国联通 2015

年 4G 建网投资将超 1000 亿。

三、TDD与FDD融合发展是大势所趋

7 月 15 日，在北京举行了以"推动融合发展，实现成功商用"为主题的 2014 中国 LTE 产业发展峰会。此次峰会是在工信部批准中国联通和电信开展 TD–LTE 和 LTE FDD 混合组网试验的背景下举行的，引起了社会各界的广泛关注。可以说 FDD 与 TDD 融合将成 4G 发展的趋势。

自 2013 年工信部发放 TD–LTE 牌照以来，我们在 LTE 产业和网络建设上取得了优异的成绩，为推动 FDD 与 TDD 融合发展奠定了基础。促进 FDD 与 TDD 的融合发展，不仅能推动 4G 的发展，也能推动 TD–LTE 国际化的发展。

TDD 和 FDD 可以互补优缺。将 TDD 和 FDD 对比可看出，FDD 可用频段少，上下行均衡，有较强覆盖能力；TDD 有灵活的上下行比例，更易满足移动互联网需求。目前全球的 LTE 网络大部分为 LTE FDD，但随着其网络的发展，容量和频率资源不足等问题渐渐凸显，而 TDD 网络则拥有更多的频率资源。因此 FDD 与 TDD 融合组网不但可有效地缓解 FDD 频谱短缺问题，还能使得 LTE 全球漫游变为可能，为用户带来方便。所以说 FDD 与 TDD 融合组网，是将来 4G 网络建设的趋势。

4G 网络融合发展要做好三方面的融合。一是网络的融合。TDD 网络已拥有很多关键的技术，在混合组网方面有着优势，加快网络融合可以实现统筹管理，节约成本，共享网络资源。加快 TDD 和 FDD 业务的融合，可更好地统筹资源，扩大规模，带动 LTE 终端的大发展。二是应用的融合。目前移动互联网应用创新发展迅猛，正促使新一轮的 ICT 业务、技术和商业模式的变革，新型的 OTT 业务正在冲击和代替传统的业务，LTE 融合应用只有确切结合用户生活需求，提供以用户为中心的融合移动应用，才能促进 4G 服务市场和移动互联网业务的健康发展。三是频率的融合。LTE 网络要综合使用频率资源，要使应用层面对各个频段透明使用，就要通过 FDD 和 TDD 联合传输，实现两者之间的优势互补，这种技术实现之后，可为频谱的综合使用开辟新的道路。

FDD 和 TDD 的融合发展至关重要。混合是最低的要求，融合是最高境界，融合是在混合之上的逐渐提升，也是必然趋势。

第二节　虚拟运营商面临的机遇和挑战

2014 年 8 月 14 日，"2014 移动互联网国际研讨会"在北京开幕。在本次电信业开放与虚拟运营论坛上，在场众多的虚拟运营商行业人士中，仅有不到 10 人使用虚拟运营号码。可见我国移动转售业务的发展还有很长一段路要走。

我国移动通信转售业务面临多种挑战。一是市场环境方面，我国是在普及率超过了 90% 情况下开展的移动转售业务。因此，在市场的自然增长率大概是 10% 的环境下，整体市场和移动用户是不是还有空间？对虚拟运营商进入市场来说，用户需要理由来选择使用虚拟运营商 SIM 卡，这是当前面临最大的挑战。二是竞争挑战方面，虚拟运营商现在面临的问题是如何参与竞争，且怎样凭借差异化的优势来获得一席之位。运营商之间的竞争是很激烈的，特别是在零售和批发业务中的竞争问题。对于虚拟运营商，批发价意味着成本，这个方面是虚拟运营商业务发展中的关键。三是竞争手段方面，从国内市场来看，流量服务和资费计划方面已体现出了差异化。对国外市场来说，流量服务，私人订制，以及个性化套餐这方面，已有近 10 万用户，也面临发展的瓶颈。这种一招鲜会被更多的对手模仿，仅凭流量服务和个性化套餐，后期会受到一些掣肘。

移动互联网的发展带动了移动转售模式的创新，推动了整体产业的发展，所以虚拟运营商的发展应结合移动互联网。我国虚拟运营商首先要考虑和三大运营商的差异化，避免进入大宗市场的竞争。在当前的情况下，虚拟运营商发展的必由之路是资源捆绑。首要的是要融入互联网业务中，不仅包括自有业务，还要有互联网企业合作业务，实现自有和合作资源捆绑。其次是和各个行业进行合作，促使转售业务快速启动，在我国中小企业的市场有很大的发展空间。第二是营销合作，这包括产品、品牌和渠道三者协同营销，当前在我国还存在很多困难，基础运营商和虚拟运营商没有深度的合作，双方在很多市场还存在一些混战，这些需要更深层次的合作才能解决。第三是差异化的合作方式。对于重要的合作伙伴，要保证在互换资源之上，在批发价方面可以一企一政策或一企一议。虚拟运营商和基础运营商之间，可以采用统一比例的批发价模式，也可以采用多样化的模式，这样既能资源互换，又能促进双方良性发展。

第三节　技术融合是无线城市建设的方向

2014年9月22日，全球领先的信息与通信解决方案供应商华为宣布其 eLTE+WLAN 融合解决方案成功中标鄂尔多斯东胜无线智慧城市项目。该项目包括移动政务、公交及执勤车实时视频回传以及室外、公交内移动 Wi-Fi 接入等多种业务需求，实现移动办公、移动执法等办公需求和公交、室外上网等便民措施。

无线城市是使用高速宽带的无线技术全方位覆盖市区，通过无线终端为群众提供获取信息的服务，大众可以任何时间任何地点接入高速的无线网络。经历起伏后，现在无线城市发展在 4G 规模网络的背景下，再次出现建设热潮。各种网络与无线技术的融合、对新模式的探索，促使无线城市在我国逐渐繁荣。

网络技术融合是其发展的基础。早期建设无线城市技术以 Mesh Wi-Fi 为主，后来又加入 WiMAX 技术，这两种技术已成为无线城市建设的技术主流。目前，随着 3G、4G 网络的规模商用，使这两种技术的广域覆盖和移动性优势得到充分体现，3G、4G 技术也参与了进来。我国目前无线城市的建网模式存在多样性，从长远角度来说，将 WiMAX、WiFi、3G 和 4G 技术的有机融合，实现网络的全面区别覆盖，已成为必然趋势。这样既有利于发挥各种技术的优势，又有能针对不同区域进行细分运作。根据我国无线城市建设的经验，以政府为主导，以政府业务为主营，其他商用业务为补充，多方合作参与，更益于无线城市的运营和发展。

"无线政务、无线产业、无线生活"是无线城市的发展目标，目标中涵盖了网络、技术、政策、业务以及模式等多方的融合发展。技术融合体现在 TD-SCDMA 技术与 WiMAX 技术二者相互结合应用，发挥各自优势。WiMAX 技术应充分利用其易于批量生产、提高性价比、互联互通等优势，体现更高的市场价值。TD-SCDMA 技术则需务实推进，有效利用频谱资源，细分市场终端，注重后向兼容的性价比优势。无线城市的网络融合是指互联网、广播电视网、移动网以及固网之间的互补融合，融合的程度关系着无线城市建设的效果，网络融合同时也涉及到业务和政策上的融合。目前，世界各地都在推行网络融合，各国都针对网络融合发布了新政策，很大地缓解了跨网应用的矛盾；各类制造商和运营商面对广大市场，为了提高收入，在技术研发时，都在努力开发多网络兼容的新型业务。在建设无线城市中，政府是管理者和倡导者，企业是维护者和实行者，只有二者合作，开展融合的新商业模式，才能发挥出无线网络的真正价值，实现完美的无线城市。

第四节　物联网颠覆传统服务模式

2014 年 2 月 19 日，中科院微电子研究所举办了关于物联网典型行业应用研讨会。在这个以物联网为核心话题的座谈会上，有不少业内专家都提出，2014 年将是物联网发展元年。我国物联网产业的规模预计到 2020 年将超过 5 万亿。我国物联网产业发展有四大趋势：

一是以应用为先导，市场的递进趋势是从公共管理和服务市场，到行业应用市场，再到个人家庭逐步发展成熟。目前，我国的物联网产业还没有完善成熟的技术标准和体系，还处于前期和逐步形成阶段。二是物联网标准体系将呈现出从应用方案提炼成行业标准，以行业标准带动技术标准，逐步演进成标准体系的趋势。三是伴随着行业应用的逐渐成熟，新的物联网技术平台将出现。四是商业模式的创新将会把人的行为模式与技术充分的结合。

物联网代表了未来的发展方向，被称为继计算机、互联网之后世界信息产业第三次浪潮，具有庞大的市场和产业空间。针对我国物联网产业的发展提出以下几点建议：

重视物联网标准化工作。正视标准化的战略地位，制定出物联网平台、终端、各种通信协议和产业的标准集，实现完备的业务和技术标准化，掌握主动权。物联网标准体系中的内容较多，应该有步骤、有重点地推进标准化工作，我们要分清主次，首先攻关其中重要的、关键的标准。同时还要保持与国际主流标准的兼容，做好自有标准在国际上的推广工作。

重视与有效推进芯片技术与产业的务实发展。RFID、传感器等识别感知设备是物联网发展的基础，也是物联网技术突破的核心。物联网正在成为全球发达国家竞相布局的战略制高点，而中国能否胜出的关键之一就看是否拥有作为产业核心技术的中国芯片。目前我国芯片厂商比较缺乏、相关芯片技术水平不高，这是制约物联网发展的一大难题。政府需要从全产业链的角度进行政策支持和引导，加大研发力度，芯片制造不能缺乏"市场"，我们要逐步自主掌握先进的芯片技术的发展。

积极推广重点行业的应用，并探索新应用。物联网发展的关键问题不仅是技术，更为重要的是市场应用。在初期可借助政府平台，大力推广应用试点项目，针对重点行业推广物联网的关键应用，逐步达到规模化增长和产业突破。同时，还要注重两点，一方面重视对已有产品的扩展、提升和维护，逐渐培育新产品，丰富行业应用；另一方面还要不断总结经验，选择好盈利模式和运营模式。

建立良好的产业政策环境。作为新兴产业，还需政府的大力支持，在准入、试点项目、投资和价格等多方面营造出较为宽松的产业环境，为其提供必要的资金以及政策上的支持，为推动产业链的发展提供保障。同时，还应及时出台政策法规用以对物联网发展中出现的新市场进行规范和指导。

第五节　抢占产业制高点需力争 5G 标准

在中国科学技术部、工业和信息化部及国家发展和改革委员会等相关政府部门的共同支持下，未来移动通信论坛于 2014 年 11 月 6—7 日在北京召开。国内外著名专家、主要电信运营商、制造商代表以及来自欧盟、日本、韩国、中国台湾等国家和地区的 5G 项目组代表在裕龙国际酒店汇聚一堂，共同探讨 5G 技术的未来走向。产业发展，标准先行。知识经济时代的到来，使得全球的技术标准的竞争愈演愈烈。4G 方兴未艾之际，世界各国已把注意力投向了 5G 的研发工作。5G 将改变未来的生活和服务型态，为通信产业带来新的契机，预计 8—10 年内，5G 技术标准可定案。谁能在基础标准方面确立优势，谁就可以在 5G 竞争中占领制高点，并在未来产业化的过程中，获得更多的先机。对我国来说，3G 技术着手太晚，4G 技术仍与国际 FDD–LTE 标准存在差距，如果 5G 标准"中国元素"太少或不能自主，将导致我国在芯片等高附加值产品的生产上受制于人。若要在5G 时代掌握主动，就必须从技术标准入手，提前布局。5G 标准研究对我国意义重大，抢占 5G 技术的制高点，将有利于改善我国通信产业大而不强的情况，使我国在移动互联浪潮中占据领先优势。因此在 5G 标准研发上，我们必须夺取战略主动。

国内外 5G 技术标准研发进展。目前，包括韩国、欧盟、英国以及我国在内的绝大部分国家和地区对 5G 的研发仍处于前期阶段。按照 ITU 的时间表，全球将在 2016 年启动 5G 标准化的工作，目前主要推进的是对 5G 的频谱规划、需求论证等前期工作。其中 5G 技术推进最好的是韩国，在 2013 年韩国成立了"5G Forum"，旨在推动 5G 进展。2014 年韩国首次开发出比 4G 快 20 倍的 5G 移动技术，已遥遥领先于其他国家。2014 年韩国投资 1.6 万亿韩元进一步确定了以 5G 发展总体规划；2013 年 5 月，欧盟宣布一项针对 5G 的 METIS 项，并设置了多个 5G 的研究课题，计划投资 2700 万欧元。其研究主要是未来 5G 物理层技术，包括新型的多址方式、多载波调制技术等。METIS 项目在 2015 年将扩展为 HORIZON 2020，而其中成立的 5G PPP 推进组，计划到 2020 年各方共投资 14 亿欧元，深入研究 5G 通信设施的技术、标准以及架构等；2012 年，英国政府投资 3500 万英镑创立 5G 创新研发中心，致力于 5G 网络核心技术的研究与评估验证、关键性能指标等。

综上可以看出全球发达国家和地区虽然在 5G 技术标准的研发上成立了许多推进组织，投入了大量的人力财力，但目前还只是处于初始研发阶段，还没有正式推出 5G 的技术标准，我国虽也是刚刚起步，不过正好赶上抢占 5G 技术标准制高点的机遇。把目光聚焦国内，2013 年我国成立 IMT–2020 推进组，旨在推动自主研发的 5G 技术成为国际标准，首次确立了我国将在 5G 标准制定过程中起引领作用的目标。另外，还持续加快推动专项研究"新一代宽带无线移动通信网"向 5G 转变、国家 863 计划"5G 系统前期研究开发"等。2014 年我国科技部投入 1.6 亿开始 5G 技术前期研发项目立项，积极组织技术研发和 5G 标准建设。现在我国在 5G 技术研发道路上正有条不紊地迈出了步伐，有很大机会在 5G 到来之际引领未来通信产业。

我国在 5G 技术标准研发过程中面临诸多挑战：（技术和系统有效融合的挑战：随着智能终端的飞速发展和芯片技术的提升，各种技术设备的功能相互渗透并相互融合，例如：无线宽带接入、广播电视网络以及卫星移动通信等多系统通过应用和终端正在快速融合。5G 网络将是一个多接入技术、多业务、多层次覆盖的系统。如何将多种接入技术、多层次覆盖以及多种业务网络有机地融合，合理利用，达到可持续的利润增长和最优化的利用资源、为各运营商提供最匹配的网络能力、为用户提供最佳的业务体验，是一项重要的技术挑战。）

容量和效率提升的技术挑战：5G 的目标是实现任意情况下 100Mbps 的速率保证、1000 倍的流量需求、百倍以上连接设备数等，这需要通过采用提升空口效率、增加频率和站点密度、提升系统覆盖层次等多种技术手段。其中，能够极大提升空口效率的先进的空口传输技术，如新型的多天线技术，成为5G重要的研究方向。这些新型组网方式和传输技术，将带来设备研发成本和实现复杂度，网络的建设、运营以及维护等重大挑战。

网络成本与能耗大幅降低的挑战：未来5G网络在确保1000倍的流量下，需要保证网络总体成本和能耗基本不变，也就是说需要提升1000倍端到端的比特能耗效率，降低1000倍单位的比特开销，这对内容分发、网络架构、交换路由、空口传输以及网络管理、规划和优化等各方面的协议和技术设计带来严峻的挑战。

频率资源不足与利用率不高的挑战：据ITU-R预测，未来用于移动通信的频率需求量为1490—1810MHz，而目前世界各国分配的该部分频率都在几百MHz左右。未来IMT产业面临的巨大挑战是如何为IMT分配足够的频谱资源支持业务发展。当前我国无线电监管主要采用的是固定频率分配，一是新的频率需求不断提升，无线系统不能分配得到足够的频谱，另一个是频谱利用率低，频率资源使用不均衡。这给灵活地使用频率和调整无线电规则也带来新的挑战。智能利用频率，除了持续不断研究和完善技术外，还需兼顾无线频率使用和监管规则的调整。

加快我国5G技术标准研究的措施建议。积极探寻灵活的频谱利用和拓宽频带技术：一是探寻灵活的频谱技术，未来需求的井喷式增长，再加上频率分配和利用低，需要探索新的频谱利用方式。如认知无线电技术能动态地感知无线电业务的使用情况，实时地调整用户和系统使用的频率及参数，以此来实现机会式使用空闲频段，提升频谱利用率。未来的研究方向可侧重于：对于低功率范围小的覆盖，实行多个运营商共享频段的技术；对于半静态使用空闲频段，可建立基于频谱的地理数据库。二是拓宽使用频带，当前各国的研究大多集中于6GHz以下频段，而高频段的利用能够满足更大的流量和带宽的需求。高频段的利用应从覆盖半径、穿透能力、传播特性、移动性支持能力等因素着手。

加快网络与技术的融合：5G泛技术的时代，融合将成为一种趋势。一是多领域跨界融合，未来5G网络需要融合多个领域的技术，以满足多样终端设备的无缝连接性的要求，并高速处理各种联网信息。各种领域技术的跨界融合不单是指应用技术和终端问题，未来5G系统要有意识地开展空中接口、网络架构以及业务服务等的设计和优化。二是多层次融合，未来移动通信系统内的多层覆盖、多链路以及多种接入技术之间需紧密耦合，协调合作为用户服务。未来异构融合的方向可以分为：多层次互操作，实现多种网络之间的业务切换和合理选择；通过接入层的聚合，提升速率，并实现随意分配承载的业务；通过多种方式连接，降低系统开销和时延，实现灵活的网络；最终实现多连接、多层次、多技术制式的复杂网络自组织自优化。

引入竞争与协作机制：首先，尽快建立以企业为主体的技术标准形成机制，发挥市场和企业在标准制定过程中的主动作用。我国制定技术标准仍是以行政主导和政府集中控制为主。要想标准的先进性得到保障，企业要取代政府成为标准的修订主体。其次，鼓励不同技术方案的主体在 5G 标准制定中开展竞争。要保证标准的先进性，就应该鼓励不同技术方案的主体展开竞争，以实现 5G 技术创新，打造开放、透明的标准制定内部环境。最后，积极开展国际协作，企业和政府要积极地参与国际标准化组织，加强与全球协作，扩大制定研发标准的力度。可建立与国际 5G 发展标准以及与之相关机构的互动机制，以加快引进技术，促进国内 ICT 产业升级，在国际上使产业界对我国 5G 研发能力认可，提高我国通信业发展的知名度和国际视野。

重视技术创新与政府引导的结合：我国要在 5G 技术的国际竞争中掌握主动，就必须技术创新和政府合理引导相结合。技术创新，特别是增强自主创新能力，是推进 5G 标准研发顺利进行的关键。我们应坚持以人才队伍为支撑，重点实验室和企业研发中心为平台，加深自主研发核心技术的力度，才能逐渐提升 5G 技术的创新力和竞争力。同时，政府也应重视正确引导的作用，在国内营建一个以企业为主体、产学研相结合的技术创新体系，还要重视培养高层次创新人才，探索完善的研发与管理体制，为 5G 技术标准的制定营造良好的政策环境。

第六节　Wi-Fi 蓬勃发展带来信息安全困扰

2014 年 6 月 17 日，央视《消费主张》节目报道了使用无线网络的巨大的安全隐患。节目中，安全工程师在多处场景进行测验表明，咖啡馆、火车站等公共场所的一些免费 Wi-Fi 热点很多都是钓鱼陷阱，市民在不知情的情况下，造成个人敏感信息泄露，上网如同"裸奔"，会直接造成经济损失。随着我国公共场所免费 Wi-Fi 的不断增多，黑客攻击免费 Wi-Fi，其技术门槛低、操作简便，因此大众免费上网时必须谨慎。免费 Wi-Fi 的安全问题包括：社交软件账号、恶意利用和密码被劫持；文件和照片等个人信息泄露；用户的支付宝和网银等移动支付的资金被盗刷等等。

Wi-Fi危险无处不在：Wi-Fi钓鱼陷阱，一个名字与商家类似的免费Wi-Fi接入点，吸引网民接入。一旦连接到黑客设定的Wi-Fi热点，你上网的所有数据包，都会经过黑客设备转发，这些信息都可以被截留下来分析，一些没有加密的通信就可以直接被查看。于是，你在免费上网，就如同在互联网上"裸奔"。黑客可以知道你上网买了什么东西，在朋友圈看了什么图片和视频，还可以冒用你的身份去发微博，查看你和朋友聊天的私信。

Wi-Fi接入点被偷梁换柱，除了伪装一个和正常Wi-Fi接入点雷同的Wi-Fi陷阱，攻击者还可以创建一个和正常Wi-Fi名称完全一样的接入点。无线路由器信号覆盖不够稳定，你的手机会自动连接到攻击者创建的Wi-Fi热点。在你完全没有察觉的情况下，又一次掉落陷阱。

黑客主动攻击，也是最危险的，属于明显带有敌意。黑客可以使用黑客工具，攻击正在提供服务的无线路由器，干扰连接，家用型路由器抗攻击的能力较弱，你的网络连接就这样断线，继而连接到黑客设置的无线接入点。

攻击家用路由器，这种危险与以上三种不同，攻击者首先会使用各种黑客工具破解家用无线路由器的连接密码，如果破解成功，黑客就成功连接你的家用路由器，和你共享一个局域网。攻击者并不甘心免费享用你的网络带宽，有些人还会进行下一步，尝试登录你的无线路由器管理后台。由于市面上存在安全隐患的无线路由器相当常见，黑客很可能破解你的家用路由器登录密码。甚至不用破解密码，直接使用黑客工具攻击你的网络，强制让你点击一个利用漏洞攻击路由器的链接，路由器DNS（域名解析服务器）就会被篡改。这种攻击你的目的是让你天天上网帮他点广告挣钱，甚至还有可能会欺骗你点击钓鱼网站，让你蒙受更大的损失。

Wi-Fi是普通民众上网、节省资费的重要方式，虽然面临一些安全问题，但不可能弃之不用。针对其安全问题的几点建议：

第一，在公共场合使用Wi-Fi时，一般不要进行网上银行和网络购物的操作，避免个人泄露，甚至有可能被黑客转账；第二，养成使用Wi-Fi的良好习惯。现在的手机都有记录使用过的Wi-Fi热点的功能，如果Wi-Fi一直处于打开状态，遇到同名的热点就会自动进行连接，存在被钓鱼风险。所以在公共场所，尽量不要打开 Wi-Fi，避免连接上恶意 Wi-FI；第三，安装安全软件。安全软件一般可以过滤大多黑客常用的钓鱼等攻击方法，可以及时拦截提醒。第四，及时修改家用路由器后台管理系统的登录账户和密码，Wi-Fi 密码的设置应选择 WPA 2 加密的方式，复杂的密码可大大提高黑客破解的难度。

第十五章　2014年无线电管理热点

第一节　治理"伪基站"和"黑电台"取得初步成效

一、治理"伪基站"需打"组合拳"

自 2013 年以来,"伪基站"犯罪团伙日益猖獗,广东移动仅 8 月至 10 月间在广东省多次协助公安机关破获"伪基站"犯罪,抓获 103 人,刑拘 99 人,逮捕 41 人,缴获 70 套"伪基站"设备。

"伪基站"是一种能实施电信诈骗的高科技仪器,能够搜取一定范围内的 SIM 卡信息,还可任意冒用其他号码强行向别的用户发送广告推销、诈骗等信息。"伪基站"大量发送诈骗和垃圾广告信息,不仅严重干扰了民众的日常生活,侵害他们的财产,降低了公众通信的网络质量,而且还严重影响了国家的空中电波秩序。"伪基站"犯罪猖獗的原因主要是两个方面:1. 不法分子能牟取暴利。"伪基站"设备成本低、收发量大而且利润高,一个"伪基站"24 小时内能发几十万条信息,只需一个月就能收回成本。而且不必利用公众通信网络渠道,不易被短信防范系统阻拦,所以迅速蔓延开来。2. 违法成本低是造成"伪基站"屡禁不止的重要原因,现行无线电相关的法律法规对违法行为的处罚还不能起到震慑作用。

工信部近期通过进一步加强与工商、公安等部门的协作,针对"伪基站"的犯罪行为进行了严厉打击。首先,从态度上严肃对待,"伪基站"是现有电信领域监管中的突出性问题,工信部联合相关部分展开持续性的工作部署来加强"伪基站"治理工作。其次,约谈三家运营商,目标锁定为集中整治端口类的垃圾短信,同时进一步完善了整治"伪基站"的有效机制,立足于根本上解决"伪基站"

的问题。下一步，工信部还将着重从以下几方面采取措施：第一，坚决学习和落实人大《关于加强网络信息保护的决定》，将进一步加强短信业务的监管体制和标准体系的建设。第二，继续加强电信行业的监管和问责，促使管理要求精细化，督促运营商进一步落实所应承担的责任。第三，严厉打击"伪基站"的犯罪行为，进一步加强与工商、公安等部门的协同合作。第四，全面做好打击"伪基站"的社会宣传和监督工作，设立相应的举报奖励制度，还要发挥行业自律全面推进治理垃圾短信的工作。

二、打击"黑电台"迫在眉睫

2014 年 10 月 7 日，山东枣庄市无线电管理局发现一处频率为 92.6MHz 大功率非法"黑电台"。该电台每晚 10 点至凌晨 1 时播放"国药补肾养血丸"的虚假药品广告。这些"黑电台"多是犯罪分子为牟取暴利设置的，其内容普遍未经审查监督，通过虚假广告或信息获取暴利，对于这些日益泛滥的"黑电台"，需要进一步加大打击力度。

2014 年以来在北京、海南、天津、广东和云南等多个省市地区经群众举报发现了大量的高功率私设电台。这些"黑电台"不同于非法使用对讲机、违规数传电台等行为，其社会危害性和安全隐患更大。"黑电台"的危害性是多方面的：

一是危害社会秩序。这些私设电台播放的多是药品广告，语言粗俗，以假药来牟取暴利，严重污染了文化环境和扰乱了社会秩序。如果被一些组织利用来传播谣言，危害性就更大。二是危害民航和广播电视等行业的正常运营。这些设备可以随意设定频率，严重干扰了空中电波的秩序，特别是对民航和广播电台的正常运营埋下了很大的安全隐患。三是对居民身体健康和财产安全构成威胁。此类电台大都架设在居民小区，如果长期大功率发射可能影响附近居民的健康。另外，播放的虚假广告极有可能给广大民众带来经济损失。

鉴于"黑电台"对社会和广大民众造成的危害，下面给出了打击和排查"黑电台"的一些对策和建议：

第一，建立联合查处机制。无线电执法人员在排查私设电台时，以及在实施处罚的过程中，除了要加强执法能力，还要加强在协调联运和依法监管方面的能力。此外，还应加强与质监、工商等部门的联合协作，加大对无线发射设备的研制、生产以及销售等各个环节的监督管理力度；以及加强与广电、公安等部门联合，通过专项活动集中整治非法生产和使用私设电台的行为。

第二，加强监测设施建设。我国无线电监测的范围还不够全面，存在很多盲区。为了应对高楼大厦对电波的多路径效应，监测设施建设的侧重点可分为以下几个方面：一是加大对有害以及不明信号的排查，加强对电磁兼容的分析以及电磁环境的监测，还应加大对无线电设备的采购和应用力度以提高监测能力；二是为了提升联合协作的能力，应做好数据处理、联合监测、区域监测等配套建设工作。三是为了提高对重大活动和重要频率的保障能力，要加强对管制设施的建设。

第三，尽快完善法律以及加大宣传。我国现行的无线电管理条例以及地方的办法规定，随着通信行业的飞速发展，已不能适应现在形势的要求。为了杜绝"黑电台"的蔓延，必须尽快完善原有的法律法规，着重突出对频率的科学管理和使用，以及对人体健康和电磁环境的保护和关注。除此之外，针对"黑电台"蔓延的趋势，还要加大宣传力度，以提高知晓度和合法设台用频的意识。

第二节　TD-LTE-A 标准助力 4G 发展

2014 年 12 月 11 日，TD-LTE 工作组在北京召开了第 27 次会议，并发布了《4G/LTE-A 技术和产业发展白皮书》。TD-LTE-A 是全球两大 4G 标准之一。TD-LTE-A 作为我国自主研发的技术标准不仅能大幅提升行业的创新能力，还将有机会使我国企业成为标准的领跑者，以及产业的主导者。

顺应移动互联网的发展需求。TDD 在频谱效率方面具有先天的优越性，它采用了上行同步、接力切换、智能天线等先进技术，使 TDD 和 WiMax、CDMA 等技术完美融合，顺应了移动互联网的发展，不仅具有高速数据、高速移动和大范围覆盖等适于独立组网的特点，而且还能提高频谱效率、适于 2G/3G 网络过渡以及技术的升级换代，更加适用于互联网非对称业务。TD-LTE-A 正是延续了 TD 道路的演进标准，不仅继承了 TD 的很多优势，而且又受到了企业、科研机构、政府等多方支持。如果我国持续推行 TD-LTE-A，就可发挥自主技术的优势，符合移动互联网技术发展方向，进而建设成为全球最先进及高效的移动互联网。

能提升产业的综合竞争力。如我国三大运营商都能采用 TD-LTE-A，就能够营造良好的国内市场发展环境。市场需要有多家供应商，才能开展正当竞争，才能避免奇货可居，防止独家垄断。只有供需双方都是多家，国内市场才能发展起来，进而在芯片、设备，以及仪表仪器等领域上组成一个完整的产业链，这样就可使国产设备在市场占有率上迅速提高，就会在国家安全、经济发展、社会进步等方面获得力量源泉，就可大大提高我国信息和通信产业的国际竞争力。

具有完全自主知识产权。TD-LTE 被确定为 TD 的后续演进标准，受到我国政府的高度重视，且得益于企业、科研机构等多方的研发与合作，使我国拥有了一批先进的 TDD 技术标准。在 TD-LTE-A 标准专利中，我国的增速远超国外来华申请，并且占有了大部分标准框架核心专利。只要我国坚持科技创新，稳步推进先进的 TD-LTE-A 标准，就可集众家之长，在 4G 领域掌握较全面自主知识产权的核心技术标准。

第三节　无线电管理信息化建设稳步推进

2014 年 12 月，工业和信息化部正式颁布实施了《卫星频段监测数据库结构技术规范》等 22 项技术规范。技术规范的颁布实施，标志着我国无线电管理标准化、规范化工作取得了阶段性成果。鉴于我国无线电管理工作中的突出问题，我国要持续加大一体化平台的建设，重点做好标准规范建设工作，加快无线电管理信息化的进程。

打破信息孤岛，全方位提高资源使用率。我国无线电管理领域缺乏系统性标准规范体系的引导，且技术标准规范未形成规模化等问题一直较突出。无线电管理系统缺乏统一的数据和接口标准、调用方法、协作平台，由于缺乏全局规划造成了系统间彼此孤立，数据碎片化、资源的使用率偏低。搭建无线电管理一体化平台的目的就是建设一个统一的信息门户、应用平台以及数据平台，通过界面、数据、服务、流程等的一体化，支持全方位信息的共享、全业务流程的驱动，从而为现代化管理体系提供有效的服务和技术支撑。

加快建立随需应变的"平台＋应用"信息化架构。无线电管理一体化平台总体架构的指导思想是平台与应用相结合，将应用支撑与业务逻辑进行分离，业务逻辑通过应用来实现，而应用支撑是由企业级技术平台来实现，建立随需应变的"平台＋应用"模式的信息化架构。这种模式能够满足业务需求变化时，快速地满足变化的要求，同时也能降低成本、提高效率。

加快制定为无线电管理提供决策支持的标准。无线电管理信息化建设的基础性依据是标准化，从 2012 年《无线电管理与技术应用行业标准体系建设方案》包含的 12 项与管理一体化平台有关的技术标准，到 2014 年无线电管理机构编制 35 项标准规范，这些标准规范对继续完善无线电技术与管理的标准体系，促进各部门技术力量的协调发展，以及对各省区与研究中心研制标准规范的合作机制方面都具有重大意义。例如近期实施的《无线电管理一体化平台体系架构及应用规范》，为其他标准规范提供了总体指导和基础支撑，明确了体系架构设计、建设和运维的规范。《无线电管理一体化平台服务化工程分析设计规范》则为无线电管理应用领域的业务系统提供了工程开发建设的指导。陆续还将有《无线电管理一体化平台接入集成规范》等规范出台，进而形成一系列较完整的通用技术规范体系，支撑一体化平台建设、运行和管理。

第四节　我国宽带提速尚有绊脚石

2014 年 5 月 14 日，工信部、国家发改委、财政部等 14 个部门联合发文实施"宽带中国"2014 专项行动，文件对今年主要任务目标、保障措施等作出了明确规定。随着国家对"宽带中国"战略的大力推进，实际上仍有阻碍其步伐的因素存在。

移动运营商资金捉襟见肘，尽管近年来我国大力推动宽带发展，但一些地区仍进展缓慢，主要原因就是资金投入不足。我国运营商的网络投资已占其收入的 30% 以上，相比于国外的 10%—20%，已背负了沉重的资金压力，仅靠自身大幅增加投资已不现实。宽带运营商已陷入了"增量不增收"的困境，投资与回报不成正比。电信和联通作为"宽带中国"战略的两大支柱，还面临着大力投资 4G 网络的巨大压力。

老旧小区光纤到户改造困难，现在面临较多困难的是老旧小区光纤改造的问题。首先是缺乏管理依据和规范。运营商在老旧小区光纤改造时，没有政策依据来要求物业单位配合进行光纤网络的改造。再者很多居民不愿改造光纤网络。由于光纤改造需要穿墙、打孔等程序，很多居民不愿破坏已有的装修。其三是运营商资金有限，其在 4G 网络上的投资逐步加大，对老旧小区的光纤改造投资很有限。

宽带普遍服务数字鸿沟逐渐拉大，我国农村地区宽带普及的形势不容乐观，由于农村地区经济水平低，人口分散等因素，使得网络建设的投资和运维成本一直较高，而且回报周期长。我国未来宽带要深入到普通家庭仍面临着极大的资金缺口。这就使得农村地区的宽带建设发展缓慢，与城市之间的数字鸿沟进一步加大。

行业应用仍需大力推广，我国宽带网络产业链的建设极不平衡。宽带市场面临业务创新和内容匮乏的瓶颈。而其中远程医疗、智慧医疗、执法监控等方面对带宽的要求极高，但目前的带宽不足以满足许多行业的精细化需求。

第五节　无线电管理法律法规体系建设进入新阶段

2014 年 5 月 6 日，国务院法制办公室与工业和信息化部联合发布了《中华人民共和国无线电管理条例（修订草案）（征求意见稿）》。《征求意见稿》总计 80 条细则，包括总则、管理机构及其职责、无线电频率和卫星轨道资源管理、无线电台（站）管理、无线电发射设备管理、发射无线电波的非无线电设备管理、涉外无线电管理、无线电监测和监督检查、法律责任及附则等 10 部分内容，以适应新形势下无线电业务快速发展对无线电管理工作提出的新需求。

新《条例》的出台将给我国无线电管理带来深远影响：一是有助于更好地维护我国空间资源权益。新《条例》新增卫星轨道资源管理相关内容，规范了国内卫星频率和轨道资源相关申报、受理及协调工作程序，有利于实现卫星频率和轨道资源的科学规划和合理利用，维护我国在"空间资源"争夺战中的合法权益。二是进一步促进无线电频率资源的高效利用。新《条例》通过制定具体细则，有利于进一步实现频率资源的集约高效利用。特别是对于我国探索采取拍卖、招标、交易等市场化方式配置频谱资源的试点工作奠定了法律基础。三是推动"无线电安全"纳入整体国家安全顶层设计。新《条例》将无线电安全内容纳入国家顶层设计，贯穿整个条例，对无线电设备产业链中的研制、生产、进口、销售和维修等环节都进行了明确规定，能有效打击生产、销售和使用非法站台的相关活动，维护空中电波秩序，对非法台（站）做到从"源头"治理。四是加快推动政府职能转变。新《条例》针对无线电台（站）管理，进一步简政放权，推进无线电台站属地化管理工作。此外，对建立无线电电磁环境监测和评估制度，并接受社会监督进行了规定，进一步提升无线电管理工作的透明度，落实无线电管理机构改革相关措施。

第六节　虚拟运营市场进一步规范

一、虚拟运营牌照相继发放，市场前景看好

基础电信市场向越来越多的民资企业打开大门。2014 年 2 月 13 日，工信部公布了第二批获得虚拟运营商牌照的企业名单，至此已有 19 家企业获此牌照，这预示着民营资本已开始进入电信领域。

虚拟运营商，是指具备实力的企业通过租赁电信运营商的网络，经营某种类的电信业务。此次我国向民营企业开放的业务是移动通信转售业务。工信部将继续进一步研究加大民企参与电信领域的相关工作，虚拟运营商前景大好。

首先，运营商将电信网络资源转售给虚拟运营商部分的价格虽然很高，但阿里巴巴等互联网企业都"家产颇丰"，只差流量和人气。阿里、京东的电信套餐只是获取流量的一种手段，为此极可能会不惜用巨资来补贴。阿里等"赔本赚吆喝"的买卖，很可能为了吸引用户，而不惜豁免时间缓冲阶段的流量费。

其次，互联网企业软件开发的技术实力可有效利用电信网络流量，其开发的视频或音乐软件，只要缴纳低廉的费用，就能够不限流量地使用。互联网企业获得牌照，有利于继续研发类似应用产品。

第三，互联网运营商可在提供优秀网络的基础上更容易抓住用户的心理。如历来用户普遍对运营商的服务意见颇多却又投诉无门。如果互联网虚拟运营商的服务，用户能对其服务向淘宝一样可以给差评或好评，出现问题能够及时解决，那么相信很多用户会选择他们的电信网络。虚拟运营商还可以针对客户推出异地运营，香港电讯如若在内地虚拟运营，则基于认同度和亲切感，异地香港用户也会选择其号码。

第四，在某些特殊地域，虚拟运营商的服务质量可能比运营商的还要好。例如信号比较差的地铁，地铁公司如若成为虚拟运营商，推出能在地铁范围内高速网络业务套餐，那将成为地铁公司和运营商的双赢。

第五，作为民营资本的虚拟运营商，能够出高价招聘一流人才。这有可能使虚拟运营的服务和质量更上一层楼。

二、移动虚拟运营商需多方监管，营造良好竞争环境

2014 年 3 月 28 日，工信部组织召开转售业务的第二次例会，并研究制定了《移动转售企业与基础电信企业互联业务需求》标准。目前，随着国家对移动转售业务的大力支持，多家企业已完成了内部测试及系统对接，下阶段我国将开启试商用。随着移动转售业务的加速发展，我国将借鉴其他国家监管经验，结合移动通信市场的具体情况，制定多角度的监管政策，以促进我国整个移动通信市场的健康发展。

首先，可严格把关运营流程和市场进入。应针对虚拟运营商的市场进入及运营过程制定一系列的标准与规则，以规范虚拟运营商的市场进入及运营流程。可在考虑到频谱利用的有效性、入网许可证以及投资等问题上，确定服务资费、接入条件、营业规章等方面的标准和规则，为虚拟运营商进入通信市场参与竞争创造良好的条件。

其次，还要落实"携号转网"政策。"携号转网"能激活市场、促进竞争、拓展行业发展空间。为了促进我国虚拟运营市场的快速发展，在立法层面上推动"携号转网"，通过出台相关政策，减少运营商的限制性条款，"携号转网"流程。同时，在实施过程中，还应制定详尽的转网操作细则，以保证携号转网政策的顺利执行。

最后，要处理好运营商与虚拟运营商之间的关系。引入灵活、机动的虚拟运营商不仅能为用户提供更多个性化、多样化的通信服务，还为基础运营商提供直接的用户拓展渠道，而且能够促进移动数据业务的开发和推广，提高基础运营商的管道价值。可以说二者之间的关系应该是合作共赢的。在协调处理二者关系时，应本着公平的原则，一方面为新兴虚拟运营商创造各项优惠政策条件，保证其能够以公平合理的批发价格获取网络资源，以鼓励虚拟运营商快速发展；另一方面，也要保证基础运营商利益的实现，以营造互利共赢的市场环境，促进良性合作竞争，构建良好产业生态。

展望篇

第十六章　无线电技术发展趋势展望

第一节　5G 潜在关键技术有望突破

尽管目前对于 5G 标准还没有统一的定义，但是一些潜在的关键技术已经成为国际上大多数权威组织的共识，也是移动通信研究的热点。一是超密集异构网络部署。在移动数据流量保持快速增长的趋势下，超密集异构网络部署将成为现有移动通信网络面对移动数据业务挑战的一种有效解决方案。通过超密集异构部署，可以直观有效地提升网络容量，因此也成为了国际上研究的重点对象。当前该领域已经取得一定的研究成果，但是未来 5G 网络中还有一些未突破的研究内容，首先是密集多小区场景中基于干扰协调的干扰消除方法；其次是密集多小区场景中能量与频谱高效协作的波束成形方法。

二是 D2D（device to device）通信。目前，随着移动社交、近距离数据分享等应用的高度普及，近距离数据通信的使用频率和业务量逐渐增大。但是，传统的蜂窝系统在近距离通信业务中缺乏足够的灵活性，在面对不同业务时，很难达到实时性和可靠性方面的高要求。而 D2D 通信有助于无线数据流量的大幅提升、改善功率效率以及增强实时性和可靠性，能够对现有蜂窝通信系统起到非常好的支持和补充作用。未来 5G 网络中 D2D 通信仍有一些亟待解决的问题，例如无线频谱资源管理、干扰抑制等。

三是大规模 MIMO（Massive Multiple Input Multiple Output）。MIMO 可以在不增加带宽或总发送功率耗损的情况下大幅增加系统的吞吐量及传送距离，该技术在近几年受到关注。现有 4G 网络的 8 端口多用户 MIMO 不能满足频谱效率和能量效率的数量级提升需求，而大规模 MIMO 系统可以显著提高频谱效率和能量效率。

集中力量突破 5G 潜在关键技术，力求掌握更多的知识产权，进而推动我国 5G 通信设备和终端形成产业规模，在国际产业分工体系中占据有利地位。

第二节　LTE-Hi 渐行渐近

LTE-Hi（LTE Hotspot/indoor）的核心思想是使用 LTE 小基站满足热点地区以及室内覆盖的需求，该技术由国际标准组织 3GPP 在 2012 年启动的 Release 12（R12）标准化工作中首次提出。总而言之，LTE-Hi 的出现就是为了满足热点场景覆盖，可以说是 LTE 的演进技术。相比之下，LTE-Hi 速率更高、成本更低、频谱效率更高。2014 年，LTE-Hi 产业链各方，包括运营商、芯片厂商、设备提供商等，都在为推动 LTE-Hi 的大规模商用而努力。值得一提的是，2014 年 4 月，大唐电信集团进行了业界首个 3.5GHz 频段、基于面向商用的小型化基站的 LTE-Hi 综合业务演示，为推动 LTE-Hi 的商用又迈进了一大步。

LTE-Hi 结合密集部署场景的需求，通过 256QAM、动态开关及小区发现、空中同步增强等合力保证了 LTE-Hi 的高效运营。小基站室内稀疏部署时，256QAM 在 30% 的覆盖区域提升小区平均频谱效率 16%，有效增强了频谱效率。在动态小区开关和小区发现方面，LTE-Hi 降低了干扰和能耗，提升频谱效率 10% 以上；多跳空口同步增强满足 3μs 要求，有效降低网络干扰，提高网络部署可靠性和灵活度；同时可动态时隙配比，提升系统整体效率 30%。按照 3GPP R12 的规划，LTE-Hi 将于 2017 年进入预商用阶段。除了产业化的问题外，这项与 Wi-Fi 存在竞争关系的技术，除了电信级的安全保障、可管可控的优势外，用户最关心的还是资费。

LTE-Hi 的融合发展将成为今后的重点研究方向。LTE-Hi 作为传统蜂窝通信网络的补充，需要与宏蜂窝之间更好地融合，以实现满足业务发展需求的异频组网。同时需要注意的是，LTE-Hi 与 Nanocell 的融合演进也是未来技术发展的一种趋势。根据中国移动研究院的定义，Nanocell 是一种支持 GSM/TD-SCDMA/TD-LTE 标准的 Smallcell 和 WLAN（Wi-Fi）的解决方案，能够实现 TD-LTE 与

Wi-Fi 之间的共存部署和业务分担[1]。未来，随着 LTE-Hi 的部署和推广，如何实现 Nanocell 和 LTE-Hi 之间的融合演进、如何保护运营商已有投资、如何提升网络效率，无疑也将成为关键所在。

第三节　MIMO 与 OFDA 将深度融合

利用 MIMO 技术，信道容量随着天线数量的增大而线性增大，在不增加带宽和天线发送功率的情况下，频谱利用率可以成倍地提高，也就是说可以利用 MIMO 信道成倍地提高无线信道容量。利用 MIMO 技术不仅可以提高信道的容量，同时也可以提高信道的可靠性，降低误码率。MIMO 系统在一定程度上可以利用传播中的多径分量，也就是说 MIMO 可以抗多径衰落，但是对于频率选择性深衰落，MIMO 系统依然是无能为力。目前解决 MIMO 系统中的频率选择性衰落的方案一般是利用均衡技术，还有一种是利用正交频分复用（OFDM）。相较之下，OFDM 技术被认为是更合适的选择，而 OFDM 提高频谱利用率的作用毕竟是有限的，在 OFDM 的基础上合理开发空间资源，也就是 MIMO+OFDM，可以提供更高的数据传输速率。另外 OFDM 由于码率低和加入了时间保护间隔而具有极强的抗多径干扰能力。由于多径时延小于保护间隔，所以系统不受码间干扰的困扰，这就允许单频网络（SFN）可以用于宽带 OFDM 系统，依靠多天线来实现，即采用由大量低功率发射机组成的发射机阵列消除阴影效应，来实现完全覆盖[2]。

实际上，OFDM 技术之前已被广泛应用于 4G 以及之前的 Wi-Fi 标准当中。而 MIMO 与 OFDM 技术的结合也取得新的进展，2014 年，国内硬件厂商华为（将加入到 IEEE 802.11ax 的研发团队当中）已经完成了 MIMO-OFDA（OFDM 的变种）系统的测试，并在实验室当中使用现有 5GHz Wi-Fi 频段达到了 10.53Gbps 的联网速率，相信 2015 年 MIMO-OFDA 技术将被进一步开发利用。

---

[1] 曹汐、杨宁、孙滔等：《Nanocell：TD-LTE与WLAN的融合》，《电信科学》2013年第5期。
[2] 江丽娟：《MIMO-OFDM系统信道估计技术的研究》，西南交通大学2008年硕士学位论文。

第十七章 无线电应用及产业发展趋势展望

第一节 无线电应用发展趋势展望

一、我国4G建设将持续加速

从 2013 年 12 月，工业和信息化部正式向中国移动、中国电信和中国联通三大运营商颁发"LTE/ 第四代数字蜂窝移动通信业务（TD–LTE）"经营许可以来，我国 4G 建设在 2014 年取得长足进步。据工信部发布的《2014 年通信运营业统计公报》显示，2014 年 4G 用户发展速度超过 3G 用户，新增 4G 用户数为 9728.4 万户，在移动电话用户中的渗透率达到 7.6%，在短短的一年时间里，我国 4G 用户数从 0 增长至近一亿户，可以说是我国发展速度最快的移动通信技术。

从三大运营商发展来看，中国移动 4G 网络一家独大，据中国移动公布的数据显示，截至 2014 年底，中国移动 4G 用户 12 月净增 1883.4 万户，突破 9006.4 万户，超过 2014 年用户达 7000 万的目标。而中国联通和中国电信受限于 FDD LTE 牌照未全面开放，在 4G 方面发展速度较慢，无论是网络建设规模还是用户数量都仍处于小量级。

2015 年，一是 FDD 牌照有望颁发，刺激中国电信和中国联通 4G 业务快速发展。在 2014 年 12 月召开的全国工业和信息化工作会上，工信部部长苗圩重点强调，2015 年将推动加快 TD–LTE 网络建设和 4G 业务发展，4G 用户力争突破 2.5 亿，条件成熟时研究发放 LTE FDD 牌照。如 2015 年 FDD 牌照颁发，无疑会加速中国电信和中国联通在 4G 网络的部署建设；二是中国移动会进一步加快 4G 网络建设，扩大 TD–LTE 的国际影响力。按照中国移动的计划，到 2015 年底，中国移动 4G 基站数量将达到 100 万个，所有 4G 终端都将支持五模 10 频或五模

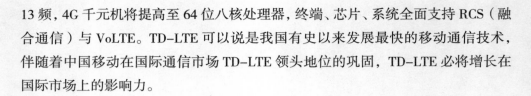

13 频，4G 千元机将提高至 64 位八核处理器，终端、芯片、系统全面支持 RCS（融合通信）与 VoLTE。TD-LTE 可以说是我国有史以来发展最快的移动通信技术，伴随着中国移动在国际通信市场 TD-LTE 领头地位的巩固，TD-LTE 必将增长在国际市场上的影响力。

二、5G标准制定与产业"走出去"协同推进

随着全球一体化进程的加速，世界各国的经济、文化、科技等领域的交流日益密切。作为信息化领域排头兵的移动通信技术，更是呈现出各国间高度渗透和交互的态势。众所周知，我国移动通信与欧美发达国家相比起步晚、底子薄，从1G 到 4G 时代，我国移动通信经历了旁观、跟随、追赶、并驾齐驱四个阶段。一方面，在短短的 20 多年里，我国移动通信领域的技术、标准、硬件制造都取得了革命性的成果；另一方面，从产业角度来看，我国主导的 TDD 制式标准虽然在国内得到了快速发展，但是相比 FDD 制式标准，TDD 产业的国际化进程不容乐观。从 3G、4G 技术标准制定和产业推广实践来看，只有主导的标准成为国际主流才能真正使我国移动通信产业"走出去"，进而在国际市场实现主导技术标准的更大价值。因此，2015 年，在 5G 研发进程中重视自主创新的同时，同样更要积极开展国际合作，最终促成 5G 技术标准的统一。

三、智能家居中无线电技术应用将更深入

一是国内智能家居市场发展加速。首先，从市场规模来看，随着物联网、云计算、大数据等新一代信息技术的快速发展，以及国家对智慧城市的大力建设，通信网络向 4G 演进等的促进推动，成为发展智能家居等物联网应用产业的强大驱动力。2013 到 2015 年我国智能家居产业将保持高速增长。预计到 2015 年，我国智能家居产业规模将达到 74.5 亿元。其次，从政策层面来看，根据"十二五"规划，到 2015 年，物联网行业将在核心技术研发与产业化、关键标准研究与制定、产业链条建立与完善、重大应用示范与推广等方面取得显著成效，并培育和发展10 个产业聚集区，100 家以上骨干企业。

二是无线电技术成为智能家居发展不可或缺的重要角色。智能建筑的核心是系统集成，而系统集成的信息传输基础则是智能建筑中的通信网络。作为物联网应用的一部分，智能家居具有物联网的一般特性。按照物联网概念的一般解读，物联网可划分为感知层、传输层和应用层，感知层获取的信息能不能快速、准确、

可靠地传输到应用层，完全依赖于传输层的性能。可以说，传输层在感知层与应用层之间起到了非常重要的桥梁作用。虽然传输层的信息传输可以采用有线和无线两种技术方式来实现，但是由于用户的应用场景往往是移动的和多样的，因此无线通信方式在传输层的重要性在某种程度上来说是唯一的解决方式。在现实和数字世界完美融合的网络里，不仅需要公众移动通信网的广域覆盖，更需要短距离信息交互的通信方式，如 Wi-Fi、RFID、NFC 等等，异构网络的融合已成为无线通信研究的热点和难点，而异构网络的融合正是下一代移动通信网络的核心。

三是多种无线电技术被广泛应用于智能家居行业。作为智能家居的主干，无线智能家居在物联网的推动下应运而生，并逐渐发展壮大。目前家居设备互联通信主要以无线连接为主，其中以基于 802.11 协议的 Wi-Fi 最为普遍，此外还有蓝牙、NFC（RFID）、Zigbee、Z-wave、UWB、IrDA 等也在不同的场景中有应用。ZigBee 是智能家居行业最流行的无线技术之一。ZigBee 技术是一种近距离、低复杂度、低功耗、低速率、低成本的双向无线通讯技术，相较于传统无线系统有资料传输安全和低功率低传输距离的限制，ZigBee 提出了根本的解决之道，以 AES128-bit 加密技术解决安全性的问题，并以 Ad-Hoc 的 Mesh 网络技术，排除低功耗本身传输距离的限制。ZigBee 无线技术逐渐成熟，费用成本逐渐降低，智能家居控制器与 ZigBee 无线技术正逐渐实现融合，最终无线智能家居控制将引领市场走向更为广泛的应用，包括商业之外甚至是军事领域的运用，智能家居的发展会因无线科技革命而经历蜕变并幻化出美妙的前景。蓝牙也是一项较为常用的无线连接技术。蓝牙支持设备短距离通信，一般在 10m 以内。智能家居设备可以通过蓝牙实现设备间的简单通信，也可以简化设备与 Internet 之间的通信。蓝牙采用分散式网络结构以及快跳频和短包技术，支持点对点及点对多点通信，其数据速率为 1Mbps。红外线传输是目前使用最广泛的近距离通信技术，红外遥控技术已经非常成熟，并且成本很低，在市场上有较大的受众。即使红外线传输技术有一些缺点，但在未来很长一段时期内，其仍然会在扮演智能家居控制系统中的重要角色。基于 Wi-Fi 的智能家居产品最为常见，因为 Wi-Fi 本身已得到了比较广泛的普及应用。对用户而言，基于 Wi-Fi 的智能家居组合最为省事，购买设备直接组网即可。在主打感知和控制的智能家居单品出现之前，Wi-Fi 主要用在大数据流的传输（如电视盒子、音箱），原因是它传输速度快，但缺点是成本和功耗比较高。此外，由于 Wi-Fi 智能家居要求时时在线，在智能家居组网中

Wi-Fi 对普通路由器的负载比较高，一般而言，一台普通家用路由器的负载大概在 8—10 个设备，之后稳定性会出现变化。通过 Wi-Fi 技术的运用，已成功将智能家居的各种设备和楼宇对讲衔接起来，提供比传统智能家居更舒适、安全、便捷的智能家居生活空间，优化了人们的生活方式，为用户带来了全新的家居生活。NFC 近场通信技术由非接触式射频识别（RFID）演变而来，它的特点是短距高频，在 13.56MHz 频率运行于 20 厘米距离内，传输速度有 106Kbit/ 秒、212Kbit/ 秒或者 424Kbit/ 秒三种。NFC 采用主动和被动两种读取模式。在智能家居应用中，用户可将手机用作大门钥匙。此外，还有一种无线技术，即 Z-wave，因其所用频段在我国是非民用的，故国内并不常见 Z-wave 智能家居，国外用得比较多一点。

第二节　无线电相关产业发展趋势展望

一、物联网产业

我国物联网产业在国家的支持下，2014 年，物联网产业总体规模突破 5000 亿元，成功实现上一年产业规模的目标。2014 年里利好和扶持物联网发展的政策保持与上一年的有机对接，有效保障了物联网产业持续健康发展。2014 年 8 月，《国务院关于加快发展生产性服务业促进产业结构调整升级的指导意见》，明确指出要积极运用云计算、物联网等信息技术，推动制造业的智能化、柔性化和服务化，促进定制生产等模式创新发展。另外，在资金扶持方面，《国家物联网发展及稀土产业补助资金管理办法》（财企〔 2014〕87 号）以及《关于做好 2014 年物联网发展专项资金项目申报工作的通知》（工信厅联科〔 2014〕74 号），重点支持物联网领域的技术研发和产业化、应用示范、标准研究与制定，公共服务平台建设以及国家级物联网创新示范建设。

2015 年，我国物联网产业的发展将呈现以下几个趋势：一是物联网产业发展会更加细化。物联网实际上是多个信息通信技术的集合体，可以运用在不同的行业和领域，进而实现高度的信息化渗透。目前来看，在智能制造、智能交通、智能家居等领域，物联网技术的应用较为广泛和成熟，产业规模也在不断增长。由于物联网涉及的技术、标准、行业和部门众多，想要在各行业部门间齐头并进几乎不可能，因此在细分的行业中取得突破，进而以点带面，实现加速推广；二是标准制定仍然是物联网产业发展亟待突破的瓶颈。以物联网产业中智能家居行业为例，目前国际上就有 ALL SEEN、OIC、Thread 等标准联盟，而国内市场中，又有海尔＋阿里＋魅族、美的＋小米为首的两大生态圈。由于目前国际上都缺乏统一的标准，而国内企业为了抢占产业制高点，都在加快布局，难免会产生内耗。总体而言，2015 年物联网产业中各细分领域标准的确立，仍是整个产业界各方关注和投入发展的重点之一；三是物联网成长空间更大。物联网的广泛渗透特性决定了其市场空间成长性高的特质，根据机构数据，预计到 2015 年，我国物联网产业市场规模将达到 7500 亿元，年复合增长率高达 30%，市场成长空间之大可见一斑；四是物联网发展将遇更大发展契机。无论是德国的"工业 4.0"还是美国的"工业互联网"，都体现了信息技术在工业领域的灵魂作用。在诸多的信息技术中，物联网是内涵丰富，集成先进技术多，代表性强和前瞻性高的信息技术之一，随着 2015 年我国"中国制造 2025"战略规划的正式发布，相信物联网技术将成为未来制造业中数据和信息最广泛载体的重要角色，其产业发展必将迎来新的重大契机。

二、移动通信业

一是移动通信业务收入遭遇"天花板"，但移动通信业务收入在电信业务收入中的占比，仍保持继续上升态势。如表 17–1 所示，根据工信部数据显示，在不考虑其他因素的影响下，从 2009 年到 2013 年，我国移动通信业务收入都是逐年增长的，但是 2014 年相比 2013 年，移动通信业务收入却首次表现为"负增长"，与之相对应的是我国电信业务收入也同样呈现增长速度大幅下滑的态势。但值得注意的是，自 2009 年到 2014 年，移动通信业在整个电信业务收入的占比都在持续提升，同比去年小幅增长 0.1%，如图 17–1 所示。2015 年，第一，我国移动通信业乃至整个电信业都将继续被市场饱和的"天花板效应"所困扰，产业亟需破局；第二，移动通信业的发展速度仍将快于整个电信业，其收入占比将继续提升。

二是移动通信业的收入结构将进一步发生变化。根据工信部的数据，2014 年，在移动电话用户增速明显放缓和互联网应用对话音和短信业务的替代双重影响下，全国移动电话去话通话时长 29270.1 亿分钟，同比增长仅 1%，比上年增速下降 4 个百分点，话音业务收入在移动通信业务收入占比进一步下降至 50.7%，比上年下降 5.9 个百分点。全国移动短信业务量 7630.5 亿条，同比下降 14.4%，降幅同比扩大了 13.8 个百分点；相较之下，我国移动宽带（3G/4G）用户发展迅猛，高速率宽带用户占比提升明显。移动宽带用户在移动用户中的渗透率达到45.3%，比上年提高12.6个百分点。可以预见，2015年话音业务的替代将会加速，而移动通信业中移动数据及互联网业务的收入将会持续攀升。

三是移动电话用户将加速向3/4G网络迁移。2014年，我国2G移动电话用户减少1.24亿户，占移动电话用户的比重由上年的67.3%下降至54.7%。4G用户发展速度超过3G用户，新增4G和3G移动电话用户分别为9728.4和8364.4万户，总数分别达到9728.4和48525.5万户，在移动电话用户中的渗透率达到7.6%和37.7%。其中TD-SCDMA和TD-LTE用户总净增达到1.43亿户，比上年净增数多4000万户，在用户增量、总量中的份额达到79.1%和57.4%[1]。2015年，随着我国4G网络建设的加速、4G产业链的不断成熟和完善，移动电话用户势必会进一步加速向3/4G网络迁移，这也与移动通信业中的收入结构变化相呼应。

表17-1　我国移动通信业务收入（2009-2014）

年份	2014	2013	2012	2011	2010	2009
移动通信业务收入（亿元）	8599	8697	7934	7162	6282	5808

数据来源：工业和信息化部。

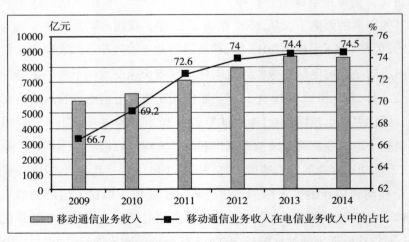

图17-1　我国移动通信业务收入及占比情况（2009—2014）

数据来源：工业和信息化部。

---

[1]　部分数据引用自《2014年通信运营业统计公报》。

三、北斗导航业

2014 年，我国北斗导航产业化加速。一是来自国家层面政策扶持。国家发改委、工信部、交通部等相关部委加快研究制定促进北斗导航产业的有关政策。二是来自地方政府的跟踪推进。在国家大力扶持北斗导航产业的背景下，很多具备电子信息产业优势基础的地方政府同时推进了本地区的产业布局，如北京、广东、上海、深圳等地加快部署北斗卫星导航产业联盟及相关产业园。三是来自互联网巨头的推波助澜。为了尽早地在北斗导航产业中分一杯羹，互联网三大巨头BAT（百度、腾讯、阿里）争相进入该领域，为北斗导航产业的发展注入了新鲜的市场活力。

除了政策和市场的推动，更为重要的是，我国自主研发的北斗卫星导航系统在关键技术方面实现了突破，有效降低了成本，为在我国民用市场的普及奠定了基础。过去，北斗的导航模组市场价格普遍在 50 元左右，是单 GPS 模组价格的一倍以上，进入民用市场举步维艰。而由中国中电国际卫星应用技术创新中心研发的最新一代北斗兼容型 SOC 系列导航模组，与单 GPS 模组处于同等价格水平，打破了长期限制北斗市场化推广的价格瓶颈。最新自主研发的北斗导航模组可以同时兼容北斗与 GPS 系统，配合地面增强系统，导航精度与可靠度都将大幅提升。根据此前导航定位协会的预测，2015 年北斗产业总产值将达 2250 亿元规模，年均复合增长率 47%，2020 年突破 4000 亿元。

第十八章 无线电管理发展相关建议

第一节 加快频谱资源市场化配置研究与试点

国外的成功经验表明，市场化手段是解决频谱短缺的一种有效方法。探索无线电频谱资源市场化配置模式，研究出符合科学发展观的无线电频谱资源配置方式，有利于频谱资源在我国的合理开发和有效利用，体现频谱资源的巨大经济价值，也有利于提高频谱资源利用效率，促进市场的有序竞争和繁荣。频率分配市场机制的重点方式包括用户间频谱自由交易或租赁、频谱定价或收费、频谱招标和拍卖等。在引入这些方式之前，首先需要开展基础预研，做好技术上和理论上的准备工作，比如开展我国频谱应用价值评估体系研究、确定可以释放或共享的可能频段、明确频谱交易的产权问题等。其次要制定一套完整的操作规范和程序。考虑到我国各地无线电业务发展不平衡，推行之前可以首先在频谱使用拥挤的地区开展频谱市场化机制的试点工作。

第二节 研究制定频谱共享有效机制

未来频谱资源存在巨大的供求缺口已经显而易见，可用的频谱资源是固定有限的，在当前情况下，利用频谱共享技术提高频谱利用效率是解决频谱短缺的一个有效途径。首先，政府需要积极提倡频谱共享，提倡频谱共享并不是反对独占牌照，而是在可行的基础上逐步演进，就如同移动通信技术的发展情况。其次，美国和欧洲正在大力推动授权的频谱共享技术的应用，要密切跟踪关注其进展，借鉴经验。第三，需要研究提出适宜于频谱共享的频段，选择部分城市进行试点，从安全性和保密性角度考虑，可以首先选择运营商之间进行试点。第四，适应频谱共享技术的要求，要研究改变无线电发射设备型号核准的标准规范，改变目前无线参数不允许改变的要求，改为允许部分范围内的自适应。

第三节　建立打击"伪基站"、"黑电台"长效机制

建立打击"伪基站"、"黑电台"等的长效机制，对于出现的非法台站快速有效的打击，即是对人民群众通信自由的保护，也是加强国家安全的需要，将成为无线电管理部门一项长期的工作职责。一是保持打击"伪基站"专项行动建立的跨部门、跨地区专项联合工作组模式，发挥各部门职能优势，确保打击整治力度。二是加强无线电监测。利用固定监测站、网格化监测等手段对公众移动通信频段进行监测，利用移动站对于商业繁华地段等"伪基站"出现概率较大区域不定时巡回监测，对"伪基站"、"黑电台"做到露头便打。三是加强舆论宣传和普及工作，发动全社会的力量，让人民群众成为义务监测员，出现问题及时举报。四是强化技术手段，加强探索识别和定位新技术的应用。

第四节　加大 5G 频率规划与标准制定的力度

从 3G、4G 技术标准制定和产业推广实践来看，只有主导的标准成为国际主流才能真正使我国移动通信产业"走出去"，进而在国际市场实现主导技术标准的更大价值。为此，一是在 5G 研发进程中重视自主创新的同时，同样也要积极开展国际合作，最终促成 5G 技术标准的统一。二是要加大 5G 研发的开放性。利用 IMT-2020（5G）推进组，与国际相关标准化机构（3GPP、IEEE 等），5G Forum、5G PPP、20B AH 等国外 5G 研究组织开展多种形式的技术交流活动，共同参与并推动 5G 技术标准的研究和制定。三是要积极参与国际频率规划的制定，争取有利于我国标准的频段划分。跟踪 IMT-2020（5G）系统研究进展，重点研究其频率需求特点，尽快确定候选频段。

后 记

  《2014—2015 年中国无线电应用与管理发展蓝皮书》由赛迪智库无线电管理研究所编撰完成，本书介绍了无线电应用与管理概况，力求为各级无线电应用和管理部门、相关行业企业提供参考。

  本书由樊会文担任主编，乔维担任副主编。主要分为综合篇、专题篇、区域篇、政策篇、热点篇、展望篇共六个部分，各篇章撰写人员如下：综合篇：彭健、滕学强；专题篇：薛楠、王慧贤；区域篇：彭健、王慧贤、薛楠、孙美玉、滕学强、孔雨飞、周钰哲；政策篇：周钰哲；热点篇：孔雨飞；展望篇：彭健。在本书的研究和编写过程中，得到了工业和信息化部无线电管理局领导、地方无线电管理机构以及行业专家的大力支持，为本书的编撰提供了大量宝贵的材料，提出了诸多宝贵建议和修改意见，在此，编写组表示诚挚的感谢！

  本书历时数月，虽经编撰人员的不懈努力，但由于能力和时间所限，不免存在疏漏和不足之处，敬请广大读者和专家批评指正。希望本书的出版能够记录我国无线电应用与管理在 2014 年至 2015 年度的发展，并为促进无线电相关产业的健康发展贡献绵薄之力。

面向政府　服务决策

研究，还是研究
才使我们见微知著

信息化研究中心	工业化研究中心	规划研究所
电子信息产业研究所	工业经济研究所	产业政策研究所
软件与信息服务业研究所	工业科技研究所	财经研究所
信息安全研究所	装备工业研究所	中小企业研究所
无线电管理研究所	消费品工业研究所	政策法规研究所
互联网研究所	原材料工业研究所	世界工业研究所
军民结合研究所	工业节能与环保研究所	工业安全生产研究所

编 辑 部：赛迪工业和信息化研究院
通讯地址：北京市海淀区万寿路27号电子大厦4层
邮政编码：100846
联 系 人：刘颖　董凯
联系电话：010-68200552　13701304215
　　　　　010-68207922　18701325686
传　　真：010-68200534
网　　址：www.ccidthinktank.com
电子邮件：liuying@ccidthinktank.com

赛迪智库

面向政府　服务决策

思想，还是思想
才使我们与众不同

《赛迪专报》	《两化融合研究》	《装备工业研究》
《赛迪译丛》	《互联网研究》	《消费品工业研究》
《赛迪智库·软科学》	《信息安全研究》	《工业节能与环保研究》
《赛迪智库·国际观察》	《电子信息产业研究》	《工业安全生产研究》
《赛迪智库·前瞻》	《软件与信息服务研究》	《产业政策研究》
《赛迪智库·视点》	《工业和信息化研究》	《中小企业研究》
《赛迪智库·动向》	《工业经济研究》	《无线电管理研究》
《赛迪智库·案例》	《工业科技研究》	《财经研究》
《赛迪智库·数据》	《世界工业研究》	《政策法规研究》
《智说新论》	《原材料工业研究》	《军民结合研究》
《书说新语》		

编 辑 部：赛迪工业和信息化研究院
通讯地址：北京市海淀区万寿路27号电子大厦4层
邮政编码：100846
联 系 人：刘颖　董凯
联系电话：010-68200552 13701304215
　　　　　010-68207922 18701325686
传　　真：010-68200534
网　　址：www.ccidthinktank.com
电子邮件：liuying@ccidthinktank.com